U0337607

低瓦斯赋存高瓦斯涌出高强度开采 矿井瓦斯精准治理技术

郑忠友　尉瑞　龚选平　成小雨　等　著

中国矿业大学出版社

·徐州·

内 容 提 要

本书针对目前部分低瓦斯赋存矿井高强度开采引发的高瓦斯涌出的瓦斯治理问题,综合采用理论分析、物理实验、数值模拟以及现场工业性试验等手段,系统地研究了低瓦斯低渗透煤层瓦斯地质精查及赋存规律、综放工作面瓦斯涌出分源及动态涌出规律、高强度综放开采瓦斯储运优势通道时空演化规律、低瓦斯赋存高强度开采瓦斯空间运移及分布特征,据此提出了低瓦斯低渗透煤层瓦斯"增透-压抽"强化治理技术、工作面瓦斯涌出分源动态预测及工艺参数优化技术、高强度开采采空区卸压富集瓦斯分时分区治理技术、矿井瓦斯监测数据集成与预警技术、高瓦斯涌出工作面通风实时监控及决策调控技术等矿井瓦斯综合精准治理技术手段,形成了低瓦斯赋存高瓦斯涌出高强度开采矿井瓦斯精准治理成套理论与技术体系。

本书可供安全科学与工程、采矿工程、岩土工程等领域的技术人员、科研工作者及高校师生参考。

图书在版编目(C I P)数据

低瓦斯赋存高瓦斯涌出高强度开采矿井瓦斯精准治理
技术/郑忠友等著.—徐州:中国矿业大学出版社,
2023.6

ISBN 978 - 7 - 5646 - 5815 - 1

Ⅰ.①低… Ⅱ.①郑… Ⅲ.①煤矿—瓦斯赋存—研究
②煤矿—瓦斯涌出—研究③煤矿—瓦斯治理—研究 Ⅳ.
①TD712

中国国家版本馆 CIP 数据核字(2023)第 083461 号

书　　名	低瓦斯赋存高瓦斯涌出高强度开采矿井瓦斯精准治理技术	
著　　者	郑忠友　尉　瑞　龚选平　成小雨　等	
责任编辑	黄本斌	
出版发行	中国矿业大学出版社有限责任公司	
	(江苏省徐州市解放南路　邮编221008)	
营销热线	(0516)83884103　83885105	
出版服务	(0516)83995789　83884920	
网　　址	http://www.cumtp.com　E-mail:cumtpvip@cumtp.com	
印　　刷	苏州市古得堡数码印刷有限公司	
开　　本	787 mm×1092 mm　1/16　**印张** 15　**字数** 374 千字	
版次印次	2023 年 6 月第 1 版　2023 年 6 月第 1 次印刷	
定　　价	66.00 元	

(图书出现印装质量问题,本社负责调换)

《低瓦斯赋存高瓦斯涌出高强度开采
矿井瓦斯精准治理技术》
撰写人员名单

郑忠友　　尉　瑞　　龚选平　　成小雨　　陈善文　　程　成
杨　鹏　　孙　峰　　曹文超　　张晓峰　　范晓刚　　白廷海
李红波　　陈　龙　　赵　刚　　付　栋

序

　　煤炭是我国能源保障的"压舱石",在能源消费结构中占有较大比例。尽管近年来由于经济增速逐渐放缓和清洁能源迅速发展,我国能源消费结构不断调整,但 2022 年煤炭消费量仍占能源消费总量的 56.2%,因此,预计未来的一段时间内我国煤炭消费量仍然会保持相对稳定的规模。

　　近 10 年来,我国对煤炭产业结构进行了大幅度调整,至 2022 年年底,生产矿井数量由 13 000 处减少到 4 400 处以内,平均单矿井年生产能力由 38 万 t 左右提高到 120 万 t 以上,年生产能力在千万吨以上的矿井达到 79 处,同时建成了一大批少人化、智能化的高效集约化矿井。

　　高效集约化矿井大多数开采的煤层瓦斯含量不高,但开采强度大、采掘推进速度快,一方面使采掘生产期间瓦斯涌出量大,另一方面给瓦斯治理提供的空间和时间远不能满足要求,使得瓦斯治理难度显著加大,极易出现局部瓦斯聚集和异常的现象。近些年不少瓦斯事故发生在低瓦斯矿井,说明低瓦斯矿井的瓦斯治理仍然存在许多问题,必须引起高度重视。

　　中煤能源研究院有限责任公司研究团队针对低瓦斯赋存高强度开采引起的高瓦斯涌出问题,以中煤华晋集团有限公司王家岭矿为研究对象,开展了系统性研究和技术攻关,取得了系列阶段性成果,也取得了显著的安全生产效果。该书是对这些系列阶段性成果的系统总结,详细阐述了低瓦斯赋存高瓦斯涌出高强度开采矿井瓦斯治理所面临的关键技术难题及其解决的技术途径和方法;基于对主采煤层瓦斯赋存特性的研究,建立了主采煤层瓦斯赋存趋势预测模型,为本煤层瓦斯强化治理提供了可靠的基础支撑;针对低瓦斯低渗透煤层高强度开采的条件,提出了基于瓦斯赋存预测的本煤层瓦斯强化治理技术,提升了低瓦斯低渗透难抽煤层瓦斯治理的针对性和高效性;基于煤层开采过程中多源瓦斯动态涌出规律,提出了考虑工作面瓦斯释放时空差异特征的开采工艺参数定量优化技术,为工作面开采关键工艺参数的合理确定提供了技术指导;依据开采工艺、地质条件和瓦斯赋存情况,提出了基于"开采-地质-瓦斯"综合信息的卸压瓦斯时空分区治理技术,确保了工作面各回采时期采空区瓦斯的高效治理;依托智能化开采工作面,开发了瓦斯预测与预警、通风决策与调控技术,形成了该条件下瓦斯精准治理成套理论与技术体系,通过现场应用,实现了安全高效开采,取得了显著的效果。

  该书内容丰富,系统性强,具有一定的学术深度,可供煤炭行业科研、设计及现场工程技术人员参考。随着我国高效集约化矿井的不断建设,低瓦斯赋存高强度开采条件的矿井将越来越多,由此可能会带来一系列新的科学技术难题,希望研究团队不断积极开展相关研究,为促进我国高效集约化矿井的安全生产提供理论和技术支撑。

重庆大学特聘教授

2023 年 4 月

前　言

目前大多数低瓦斯赋存矿井开采强度高、产量大，开采实践表明，虽然煤层瓦斯含量低，但是在高强度开采的条件下，工作面瓦斯涌出量大，局部瓦斯积聚，上隅角瓦斯异常甚至超限，严重影响了矿井安全高效生产。据统计，2019 年全国发生了 27 起矿井瓦斯事故，其中 11 起发生在低瓦斯矿井，且 3 起重大瓦斯事故都发生在低瓦斯矿井。

本书所述的"低瓦斯赋存"一般是指煤层瓦斯含量为 $2 \sim 6$ m³/t，"高瓦斯涌出"一般是指工作面绝对瓦斯涌出量为 $8 \sim 20$ m³/min，"高强度开采"一般是指工作面日产量超过 1 万 t。本书以我国典型的"低瓦斯赋存高瓦斯涌出高强度开采矿井"——中煤华晋集团有限公司王家岭矿为试验矿井，主要针对此类矿井瓦斯防治展开系统研究，取得了以下研究成果：

掌握了主采煤层煤岩物理力学性质、微观结构特性，以及煤层瓦斯基础参数；对主采煤层地质构造地面三维地震勘探成果进行了可靠性和准确性分析；采用主成分分析法，分析了影响主采煤层瓦斯赋存的主控因素，建立了煤层瓦斯含量多元预测模型，探明了主采煤层瓦斯分布规律。

掌握了工作面生产班和检修班瓦斯涌出分布及变化特征，划分了工作面瓦斯涌出来源；通过现场观测统计获得了落煤粒度分布特征，进一步模拟计算了不同粒度落煤瓦斯解吸规律；通过数值模拟分析了综放工作面煤壁瓦斯动态涌出规律；基于数值解算，研究了工作面开采期间采空区漏风及瓦斯涌出规律。

采用物理相似材料模拟、数值分析和现场实测的方法，研究了厚煤层高强度综放开采条件下覆岩周期性活动规律，分析了覆岩应力场、位移场和裂隙场的分布及变化特征，揭示了采动覆岩瓦斯储运优势通道的分布特征和演化规律。

采用数值分析的方法，分别建立了工作面采空区瓦斯流场数值计算模型及覆岩裂隙与瓦斯耦合数值计算模型，系统研究了低瓦斯赋存高强度综放开采采空区与工作面瓦斯分布及运移规律、采空区覆岩裂隙与瓦斯耦合变化规律，判定了覆岩瓦斯富集区的空间位置。

针对低瓦斯低渗透煤层采用单纯增透手段效果不佳的问题，提出了"先增透,后压抽"的煤层瓦斯强化治理方法,确定了煤层增透孔布置及增透参数,揭示了压抽过程二相二元混合流体流动机理,开展了压抽一体化抽采技术关键工艺研究及现场试验。

采用理论推导的方法,建立了考虑割煤速度、运煤时间、采出率、采放比等综放工艺特征参数的瓦斯涌出动态预测模型,并通过现场数据对模型进行了验证。依据瓦斯涌出动态预测模型,分别优化了工作面瓦斯涌出可控条件下割煤速度、运煤时间、采放比、采出率和瓦斯抽采流量的合理参数值。

针对工作面初采时期和开采稳定时期瓦斯涌出和聚集的差异性,提出了相应的工作面分阶段分区域卸压瓦斯综合治理技术,并通过现场观测对瓦斯抽采效果进行了考察。进一步统计分析了工作面各钻场钻孔全生命周期瓦斯抽采效果与日推进距离和钻孔位置之间的变化关系,得到了不同日推进距离区间下垮落边界变化形态函数公式,确定了高位定向钻孔的合理布置位置。

研发并搭建了矿井瓦斯监测子系统共享数据管理和预警平台,建立了瓦斯监测数据集成中心平台,实现了各子系统瓦斯监测数据实时显示及趋势图的实时更新、瓦斯报表在线生成和打印、瓦斯抽采达标自评价和预警。研发了工作面通风定量调节设施,开发了通风实时监测与控制系统、通风智能分析决策系统软件,通过工作面通风系统基础参数测试、三维通风模型建立,建设并应用了工作面通风实时监控及决策调控系统。

低瓦斯赋存高瓦斯涌出高强度开采矿井的瓦斯精准治理技术体系实施后,提升了工作面瓦斯治理效果,保证了工作面瓦斯浓度零超限,保障了矿井的安全高效生产,并取得了较为显著的社会和经济效益。

随着我国低瓦斯矿区煤炭开采深度普遍向深部延伸,开采强度进一步加大,构造趋于复杂,未来低瓦斯矿区将面临更大的挑战,相关的科研工作还需要进一步投入,这对低瓦斯矿区乃至煤炭工业的持续安全高效发展有着重大意义。

本书是集体智慧的结晶,长期以来,中煤华晋集团有限公司、中煤能源研究院有限责任公司的科技工作者开展了大量的科技创新工作,中国煤炭科工集团有限公司、中国矿业大学、河南理工大学、西安科技大学等单位协作完成了相关研究,他们为本书的形成做出了重要贡献。在工程研究和本书编写过程中,重庆大学特聘教授胡千庭给予了技术指导,并热心为本书作序,在此一并表示衷心感谢!

由于我们水平有限,书中疏漏之处在所难免,所提观点有待进一步探讨,希望得到相关专家和同行的指正,我们将不胜感激。

作　者

2022 年 10 月

目　　录

1　绪　　论

1.1　研究背景及意义

我国是一个典型的缺油、少气、富煤国家,在我国当前能源结构中,煤炭仍然占据着主导地位[1-3]。在未来一段时期内,煤炭将继续作为我国能源需求的主要来源,煤炭行业的安全发展仍然是我国能源与经济健康发展的重要保障[4-6]。

为了满足国家对煤炭的需求,全国各大矿区在扩大原有矿井产能的同时在短时间内建成了数座千万吨级矿井。然而,煤炭生产过程中,瓦斯、火灾、冒顶、透水和粉尘等五大灾害长期存在并且在集约化高强度开采矿井生产中更为突出,在我国煤矿生产安全事故中,瓦斯灾害对矿井安全的影响位于五大灾害之首[7-10]。根据相关统计资料可知,自中华人民共和国成立以来发生的煤矿特别重大事故中瓦斯事故占比远远高于其他类型的灾害,瓦斯被称为煤矿安全生产的"第一杀手",极大地影响着煤矿安全生产,对我国经济和社会的稳定发展造成了极大的影响,一直以来是我国煤矿安全发展中亟待解决的重大问题[11-12]。

目前大多数现代化矿井都逐步实现了煤炭资源的高效开发,高效工作面大多分布在低瓦斯赋存矿井[13]。开采实践表明,虽然煤层瓦斯含量低,但是在高强度开采的条件下,工作面瓦斯涌出量大,局部瓦斯积聚,上隅角瓦斯异常甚至超限,严重影响了矿井安全生产[14-16]。据统计,2019年全国发生了27起矿井瓦斯事故,其中11起发生在低瓦斯矿井,且3起重大瓦斯事故都发生在低瓦斯矿井[17]。

低瓦斯赋存矿井一般采用通风方式解决工作面瓦斯问题,但随着采煤机械化程度和矿井生产能力的不断提升,原来开采低瓦斯煤层的矿井也因高强度开采而升级为高瓦斯矿井,出现了一批低瓦斯赋存煤层高强度开采的高瓦斯矿井[18-19]。

中煤华晋集团有限公司王家岭矿(以下简称"王家岭矿")位于乡宁矿区西南部,是一座年设计生产能力为 6.00 Mt 的特大型现代化矿井[20]。王家岭矿主采 2 号煤层,煤层瓦斯含量一般不超过 5.5 m^3/t,属低瓦斯煤层;主采煤层厚度为 3.09～8.50 m,平均6.20 m,采用综采放顶煤开采工艺[21]。采煤工作面设计日产量超过 1 万 t,其高强度生产导致采煤工作面绝对瓦斯涌出量达到 7.66～18.51 m^3/min,是我国典型的低瓦斯煤层高强度开采导致的高瓦斯矿井,具有"低瓦斯含量、低透气性,高开采强度、高瓦斯涌出"的"两低两高"特征[22]。

此类矿井由于煤层瓦斯含量低、透气性差,煤层瓦斯抽采难度大,抽采效果不佳。王家岭矿工作面采用"U"型通风方式,上隅角瓦斯浓度正常时期最高在 0.70% 左右。开采强度的增加也对瓦斯治理技术提出了更高的要求,高强度开采过程中大量煤炭采落导致可解吸瓦斯集中涌入回采空间,通风稀释的方法难以有效治理工作面瓦斯,顶板来压时会出现瓦斯超限的情况,严重威胁矿井的安全高效生产。

因此,必须进一步提高煤层瓦斯抽采效果,降低抽采后的煤层残余瓦斯含量,提高采空区瓦斯抽采效果,控制工作面瓦斯涌出,杜绝瓦斯超限,切实保障生产过程的安全性,最大限度发挥现代化高效矿井优势。基于此需求,开展低瓦斯赋存高瓦斯涌出高强度开采矿井瓦斯精准治理技术研究的意义重大。

1.2 研 究 现 状

1.2.1 工作面瓦斯涌出规律研究现状

具体工作面瓦斯涌出规律特性的掌握直接关系着治理措施的选择和治理效果,而工作面瓦斯分布是瓦斯涌出与治理效果的综合体现。自 20 世纪 80 年代开始,国内各大高校和科研院所对工作面瓦斯分布展开了理论、实验和数值模拟研究,掌握了不同条件下工作面瓦斯分布的共性和特性,取得了大量具有指导意义的科研成果。进入 21 世纪后,随着计算机技术的快速发展,以计算机技术为基础的交叉学科大量应用于工作面瓦斯分布研究中。

徐青云等[23]为解决布尔台矿综采工作面瓦斯局部短时超限问题,通过理论分析和现场实测等方法,研究了布尔台矿 42101 综采工作面煤层瓦斯涌出特征和浓度分布规律,分析了瓦斯的涌出来源和主要构成,研究成果为综采工作面的安全生产和瓦斯综合治理提供了依据。

李树刚等[24]为研究综放工作面瓦斯涌出规律,采用理论分析和现场布点实测的方法对工作面瓦斯分布进行实测,得到了工作面瓦斯沿走向和倾向的变化特征,分析了工作面瓦斯的主要来源。

张培等[25]为了得到高瓦斯特厚煤层首采综放工作面瓦斯涌出分布特征,以小庄煤矿 40201 工作面为研究对象,采用立体单元测定法对工作面瓦斯浓度进行测定,得到了工作面沿倾向和走向方向的瓦斯分布曲线以及瓦斯涌出变化曲线。

郭玉森等[26]为了掌握采煤工作面瓦斯涌出的状况及随时空的变化规律,寻找瓦斯富集地点,确保工作面安全生产,采用单元法原理对新峰四矿 12160 工作面的瓦斯来源及构成进行了研究分析,得出了采煤工作面瓦斯涌出的分布规律,为工作面防止瓦斯积聚及改变瓦斯运移通道等瓦斯治理技术提供必要的指导。

崔宏磊等[27]为了掌握高瓦斯特厚煤层综放工作面瓦斯涌出分布规律,针对下沟矿 ZF301 综放工作面煤层厚度大、瓦斯含量高、地质条件复杂、地质灾害较重等特征,采用工作面划分单元原理,分析了综放工作面瓦斯来源及构成、瓦斯空间分布状况及不均衡性。

余博[28]根据漳村煤矿 3 号煤层采煤工作面测量的瓦斯浓度值,使用最小二乘法,结合 MATLAB 软件,运用线性、多项式、指数、对数函数的曲线拟合方法对采煤工作面瓦斯浓度进行拟合,得到了瓦斯浓度与采煤工作面距离之间的函数,从进风侧到回风侧瓦斯浓度呈递增分布,在两头瓦斯浓度趋于稳定,通过计算各拟合曲线的均方差,找出最优的拟合方案。

董海波等[29-31]为了研究采场的瓦斯分布规律,便于及时发现瓦斯超限区域,在对工作面瓦斯浓度分布测量结果进行分析的基础上,探讨了对实测瓦斯浓度数据的分析扩展原则,提出了基于现场实测的瓦斯分布重建技术,使得瓦斯分布更为直观化。

裴冠朕等[32]以王家岭矿 12318 综放工作面的上隅角正方形区域作为研究对象,基于MATLAB 软件对上隅角区域实测瓦斯浓度数据进行了分析,给出了上隅角区域的瓦斯浓度分布。

1.2.2　采动裂隙演化及瓦斯运移研究现状

综放工作面的回采活动致使采空区覆岩内部应力分布发生变化,引发覆岩周期性运动,形成便于瓦斯流动的裂隙网。

钱鸣高等[33]在 1982 年利用构建的采场覆岩结构力学模型分析了裂隙带岩层结构的动、静态平衡及其平衡条件,为实现采场更好的支护奠定了理论基础,并在 1994 年提出将采场的围岩看作有机的整体,将在围岩运动中起到骨架作用的岩层看作砌体梁,得出砌体梁关键块在结构稳定中的主导作用。

宋振骐[34]采用理论分析和现场试验的方法,根据采空区覆岩的不同岩性归纳总结了覆岩垂向"三带"高度的经验公式,为研究采空区覆岩的裂隙场提供了经验依据。

袁亮等[35]以顾桥煤矿 1115(1)工作面为试验点,运用国际先进的岩层应力、位移、孔隙流压等实时监测手段,围岩变形与水、气耦合的 COSFLOW 数值模拟技术以及研究采动区流场特征的 CFD(计算流体动力学)数值模拟技术,系统研究了深部煤层开采过程中的围岩应力场、裂隙场以及瓦斯流动场之间的动态变化规律,初步建立了低透气性煤层群瓦斯高效抽采的高位环形裂隙体及其判别方法。

魏有胜[36]以阳煤集团新大地煤矿综放工作面的地质条件为原型构建了覆岩变形破坏数值模型,得到了采空区覆岩"三带"高度分布规律,可以用以指导矿井在相似开采条件下选择高、低位抽采巷和顶板高、低位钻孔的布置层位。

柴华彬等[37]为了预测采动覆岩裂隙带的高度,选择工作面斜长、采放高度、覆岩岩性、采深作为影响采动覆岩裂隙带发育高度的主要因素,采用支持向量回归和遗传算法对 48 组实测数据进行分析和参数寻优,建立了基于 GA-SVR(遗传算法优化参数的支持向量回归)的采动覆岩裂隙带高度预测模型,并通过现场应用表明该模型预测的覆岩裂隙带发育高度值准确、可靠,精度满足工程实际要求。

钱鸣高等[38]采用物理相似材料模拟实验和离散元分析的方法,使采动裂隙呈现"O"型圈的特征得到验证,并在此基础上提出了瓦斯抽采钻井的布置原则。这一原则得到煤炭科技工作者的认可并在全国多数矿区进行推广。

李树刚等[39]创新了采动裂隙椭抛带理论,提出了椭抛带瓦斯抽采技术,揭示了煤岩瓦斯非线性失稳机理,并初步创立了基于采动裂隙椭抛带的煤与瓦斯安全共采理论与技术体系。李树刚等[40]还将采动裂隙椭抛带简化为圆角矩形梯台带的工程模型,有效指导了现场瓦斯抽采钻孔布置。

叶建设等[41]在分析瓦斯抽采巷布置原则时,通过归纳总结得出"O"型圈是顶板瓦斯抽采巷的最佳布置区域。

我国众多学者在采空区瓦斯运移及富集规律等方面开展了大量研究工作,为我国瓦斯治理奠定了基础。

周世宁等[42]在1965年提出了煤层瓦斯流动理论,以达西定律为基础,从渗透力学角度分析,将煤体很大程度上视为均匀分布的多孔介质,用数字方法和模拟方法解算了均质和非均质煤层中瓦斯流动的微分方程。

梁冰等[43]在1995年以弹塑性力学和煤岩流体力学为指导,研究了煤与瓦斯突出在煤-瓦斯耦合作用下的影响机理和失稳机理,对固-气耦合的数学模型进行了延伸和发展;并以渗流理论为依据,在质量守恒原理的基础上构建了统一的数学模型,将采场和采空区看作不同的介质并利用现场实测的数据求解了渗透系数。

姜文忠[44]对具有大空间的采空垮落区内运移的瓦斯进行研究,在布林克曼方程和菲克扩散定律的应用基础上构建了瓦斯扩散-通风对流运移的数学模型,并通过数值求解研究了采空垮落区内瓦斯运移的作用机理。

孙培德等[45-47]在1993年对瓦斯流动模型进行修正及完善,并在2001年以量子化学和应用统计热力学为指导理论,根据实验量化计算结果将煤体内游离瓦斯的状态以真实瓦斯气体状态的经验方程反映出来。

李宗翔[48]采用数值模拟方法对二维定常流场方程进行求解,绘制的风压分布等值线云图更加直观地显示了采空区风压和流场的分布情况。

胡千庭等[49]采用CFD数值模拟方法对采空区瓦斯运移及分布的情况进行了研究,并与现场实测结果对比,得出CFD数值模拟方法在采空区瓦斯流动规律的研究上是合理有效的。

李树刚等[50]依据采空区覆岩的破碎特征将其分为3个区域并计算了各区域覆岩的孔隙率,结合采空区瓦斯渗流方程,构建了CFD三维采空区模型,并利用构建的模型研究了漏风对采空区瓦斯涌出的影响。

1.2.3 低瓦斯赋存高强度开采瓦斯治理研究现状

张为等[51]根据"O"型圈理论、"上三带"理论及矿压规律,提出了一种低瓦斯矿井高效工作面瓦斯地面抽采技术,即施工地面垂直采动井组解决回风巷、上隅角及采空区瓦斯治理问题。结果表明该技术使得回风巷瓦斯浓度降低至0.8%以下,上隅角瓦斯浓度降低至0.4%以下,同时实现了对采空区瓦斯的有效抽采。王克武等[52]针对工作面推进过程中采空区、本煤层瓦斯的涌入致使工作面上隅角瓦斯常处于超限状态的问题,通过采用加大风量法、风机抽采法、正压稀释法、总排负压抽采法和改进总排负压抽采等方法,在低瓦斯矿井山西保利铁新煤矿工作面开展了工作面瓦斯治理的工业试验。试验结果表明采用改进总排负压抽采瓦斯技术对上隅角瓦斯进行抽采时,上隅角瓦斯浓度由正常通风时的1.6%下降到0.4%,有效降低了上隅角瓦斯浓度,能够解决低瓦斯矿井上隅角瓦斯超限的问题,同时经济投入小,为矿井的安全高效生产提供保障。

左前明等[53]研究了低瓦斯矿井的高瓦斯区域的瓦斯综合治理技术,除了采用合理加大工作面配风量、下隅角设挡风帘、上隅角设导风帘、隅角充填等传统方法外,分别采用高位钻孔抽采、临近采空区抽采、专用瓦斯尾巷的瓦斯综合治理措施,通过采取综合治理技术,使得所研究工作面的瓦斯整体抽采流量提高了 $5 \sim 6 \ m^3/min$,抽采率由原来的 35% 提高到 45% 以上,杜绝了瓦斯超限,保障了矿井的正常生产,提高了工作面产量。李成武[54]以邢台显德汪矿为例,提出了一套低瓦斯矿井的瓦斯治理方案,即研究异常区域的瓦斯赋存特征—识别与预测瓦斯异常区域—分析和确定突出敏感指标—现场实测确定其突出指标的临界值—在超过临界值的突出危险区域采取防突措施。该方案在显德汪矿得到了应用并取得了较好的经济效益。

邢纪伟等[55]以三交河煤矿 2-505 工作面为研究对象,通过理论分析和现场实践,分析了低瓦斯矿井工作面上隅角瓦斯超限的原因,并提出了上隅角充填、设置挡风帘和高位钻孔抽采的上隅角瓦斯治理措施。采取措施后,日推进距离由原来的 2.4 m 提高到 4.8 m 左右,工作面上隅角瓦斯浓度降低到 0.5% ~ 0.9%,彻底解决了 2-505 工作面上隅角瓦斯超限问题,确保了 2-505 工作面的安全生产。

吴联文[56]通过对福建省的低瓦斯矿井在通风管理中存在的问题进行了分析,分别剖析了安全管理、安全技术措施、技术装备措施和安全教育培训措施对矿井和工作面瓦斯的影响。刘明举等[57]运用瓦斯地质理论和多源瓦斯数据融合技术分析了低瓦斯矿井车集煤矿的瓦斯赋存规律,结果表明煤层埋深对车集煤矿瓦斯含量赋存影响最大,不同瓦斯地质单元主控因素不同。他们选用瓦斯含量作为主要影响因素,利用 SPSS 软件进行回归分析,获得了瓦斯地质单元瓦斯含量的多元线性回归方程,并经显著性水平检验及模型验证可知,所获结论能较好地反映车集煤矿瓦斯含量赋存规律,研究结果可为低瓦斯矿井的瓦斯涌出量预测及瓦斯治理等提供依据。

王跃明等[58]研究了低瓦斯矿井高瓦斯综采工作面的瓦斯治理技术,提出巷帮裂隙带钻孔抽采、邻近工作面顶板裂隙带钻孔抽采、本煤层抽采的瓦斯治理技术,有效控制了综采工作面瓦斯浓度,杜绝了瓦斯浓度过高对综采工作面开采的影响,确保综采工作面回风流瓦斯浓度在 0.34% 以下。王宁[59]针对上隅角瓦斯超限的安全隐患,提出了采用顶板高位钻孔抽采采空区瓦斯,建立了临时瓦斯抽采泵站,并对高位钻孔的参数进行了优化,优化后的瓦斯抽采纯流量得到了大幅增加,上隅角瓦斯浓度大大降低,最大浓度为 0.2%。

1.3 存在问题与发展趋势

由前文可知,相关专家和学者在工作面瓦斯涌出规律、覆岩裂隙演化与瓦斯运移规律及低瓦斯赋存矿井瓦斯治理方面做了大量工作,但在针对低瓦斯赋存高强度开采条件下的煤层瓦斯治理、工作面瓦斯涌出控制、采空区瓦斯治理、工作面瓦斯监测预警和工作面通风自主决策调控方面还需深入研究。本书以王家岭矿为研究对象,针对矿井现场具体问题结合同类矿井普遍问题进行系统研究,具体问题如下:

(1)低瓦斯赋存煤层瓦斯地质规律有待进一步明晰

主采煤层瓦斯地质基础参数不够全面,导致不能准确掌握和预测煤层瓦斯赋存分布情况,并且尚不明确影响煤层瓦斯赋存的主控因素,不能较好地为瓦斯治理提供可靠的瓦斯地质基础依据。

（2）工作面瓦斯涌出来源及分源涌出规律尚需查明

低瓦斯赋存煤层高强度综放开采条件下的瓦斯涌出来源、构成及各分源瓦斯涌出规律需进一步考察研究，特别是工作面初采时期的瓦斯涌出特征，以及瓦斯涌出的关键影响因素有待分析查明，以采取有针对性的瓦斯治理措施。

（3）高强度综放开采覆岩裂隙演化规律尚待进一步分析

采动覆岩裂隙（瓦斯储运优势通道）演化规律的研究是覆岩卸压瓦斯治理的关键，但目前缺乏从基础到现场的系统研究，难以全面掌握采动覆岩卸压瓦斯储运优势通道的发展规律，不能为瓦斯富集区的判定提供依据。

（4）低瓦斯高强度综放开采瓦斯富集区分布特征亟待研究

目前工作面瓦斯抽采布设缺乏系统可靠的基础支撑，仅凭经验和工程类比的方法具有一定的局限性，造成瓦斯抽采效果并不理想。究其原因，主要在于未能完全掌握采动覆岩卸压瓦斯富集区的分布和演化规律，而不能为瓦斯抽采布设提供可靠指导。

（5）矿井瓦斯分源精准治理技术体系亟须研究和构建

现有瓦斯治理方法比较单一，随着矿井产量的不断增加，已不能满足瓦斯高效治理的需要。因此亟须构建集本煤层强化预抽、工作面涌出控制、采空区精准抽采、瓦斯监测预警及通风自主调控为一体的矿井瓦斯分源精准治理技术体系，为矿井瓦斯高效治理提供有效的技术支撑。

1.4　研究方法与技术路线

本书以实现低瓦斯低渗透厚煤层高强度开采综放工作面的安全高效生产为目标，针对煤层透气性低、可解吸瓦斯量低、瓦斯预抽率低、开采强度大、瓦斯涌出集中、局部瓦斯浓度偏高等主要难题，构建以"瓦斯地质参数精准分析"为基础，以"开采层强化预抽、工作面涌出控制、采空区精准抽采、瓦斯监测预警、通风自主调控"为技术特征的低瓦斯赋存高瓦斯涌出高强度开采矿井瓦斯精准治理技术体系。

该技术可显著提高瓦斯抽采效果，实现矿井瓦斯分源精准治理，改善矿井"采、掘、抽"平衡，这对于提升矿井瓦斯治理能力和水平、提高矿井安全保障程度、充分发挥矿井高效优势具有显著的作用和意义。

本书综合采用理论分析、室内实验、数值分析和现场观测等方法，研究低瓦斯低渗透煤层瓦斯地质特征及赋存规律、工作面瓦斯涌出来源及动态涌出规律、高强度开采瓦斯储运优势通道时空演化规律、低瓦斯赋存高强度开采瓦斯空间运移及分布特征，据此提出低瓦斯低渗透煤层瓦斯"增透-压抽"强化治理技术、工作面瓦斯涌出分源动态预测及工艺参数优化技术、高强度开采采空区卸压富集瓦斯分时分区治理技术、矿井瓦斯监测数据集成与预警技术、高瓦斯涌出工作面通风实时监控及决策调控技术等矿井瓦斯综合精准治理技术手段，形成低瓦斯赋存高瓦斯涌出高强度开采矿井瓦斯精准治理成套理论与技术体系。

依据总体研究思路，制定了相应的技术路线，如图 1-1 所示。

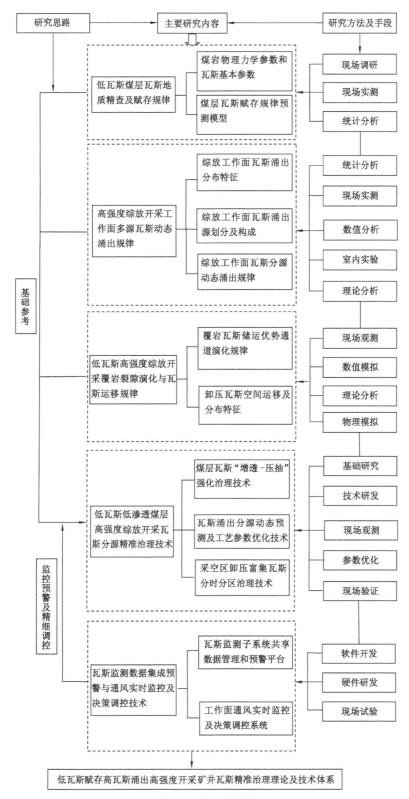

图 1-1 技术路线图

1.5　完成的主要研究工作

　　针对低瓦斯赋存高瓦斯涌出高强度开采矿井瓦斯精准治理存在的问题,根据研究总体思路、方法与技术路线,在建井后通过 5 年(2016—2020 年)的时间开展了大量的基础研究和现场工作,主要完成了以下内容:

　　(1)低瓦斯低渗透煤层瓦斯地质精查及赋存规律

　　测试了主采工作面煤岩抗压、抗拉、抗剪、内摩擦角和内聚力等物理力学参数,观测了煤的微观孔隙结构;测定了主采煤层瓦斯含量、透气性系数、坚固性系数、吸附常数和放散初速度等瓦斯基本参数;从可靠性和准确性两方面对主采煤层地质构造进行了精准分析;采用主成分分析法确定了影响煤层瓦斯赋存的主控因素,并建立了瓦斯赋存规律预测模型。

　　(2)低瓦斯赋存高强度综放开采多源瓦斯动态涌出规律

　　采用工作面空间网格测点布置法,测定分析了生产班工作面倾向瓦斯浓度、上隅角瓦斯浓度与采煤机位置的变化关系,检修班工作面倾向、垂直于煤壁方向、垂直于底板方向瓦斯浓度的分布特征;划分了工作面瓦斯涌出来源,考虑工作面采落和放落煤体瓦斯解吸关键粒度效应,采用图像识别技术,判识了落煤粒度分布特征,进一步通过数值模拟研究得到了主要粒度分布下落煤瓦斯涌出强度;考虑采空区瓦斯分布和漏风特征,通过数值模拟研究了采空区单位漏风面积瓦斯涌出规律;建立了工作面煤壁瓦斯涌出数值计算模型,模拟研究了单位面积煤壁瓦斯涌出规律;进一步分析了矿山压力、配风量、瓦斯含量和推进速度对瓦斯涌出的影响规律。

　　(3)高强度综放开采覆岩瓦斯储运优势通道演化规律

　　考虑工作面地表起伏状态,搭建了贴近现场实际的工作面开采覆岩活动和地表沉陷物理相似材料模型,模拟研究了沿走向分步开挖和倾向一次开挖的覆岩和地表活动规律;进一步通过数值模拟手段对采动覆岩裂隙场、位移场和应力场进行了计算研究;通过工作面微震监测和井上下钻孔窥视,在时间和空间上对工作面采前和采后覆岩活动规律进行了详细探究,并验证了物理相似材料模拟和数值模拟基础研究成果;基于之前基础研究和现场测试成果,综合总结得到了工作面瓦斯储运优势通道时空演化规律。

　　(4)低瓦斯赋存高强度综放开采瓦斯空间运移及分布特征

　　采用 COMSOL Multiphysics 数值模拟软件,分别建立了采空区及工作面瓦斯分布特征数值计算模型、考虑采动覆岩裂隙场的卸压瓦斯场分布及运移特征数值计算模型,研究了工作面、采空区、覆岩瓦斯浓度分布场和流动场,掌握了瓦斯聚集区的空间分布位置特征。

　　(5)低瓦斯低渗透煤层瓦斯"增透-压抽"强化治理技术

　　阐述了液态 CO_2 相变爆破增透机理、工艺及技术优势;进一步通过数值模拟方法探索了增透前后煤层应力、变形和预抽煤层瓦斯压力、有效抽采半径的变化特征;通过现场试验研究增透前后瓦斯抽采浓度和纯流量变化规律,确定了试验钻孔合理布置间距和爆破深度等相关参数。

　　通过实验室实验,研究了 CO_2、CH_4、N_2 混合多元气体等温吸附特征,分析了煤体瓦斯扩散动力学特性,探究了煤体渗透规律演化特征及应力敏感性,揭示了工作面二相二元混合流体流动规律;探索了压抽一体化强化瓦斯抽采钻孔布置、注气模式、注气参数,并通过现场试验考察了实施效果。

（6）工作面瓦斯涌出分源动态预测及工艺参数优化技术

以综放工作面多源瓦斯动态涌出规律研究成果为基础支撑，采用理论推导的方法，建立了考虑割煤速度、运煤时间、采出率、采放比等综放工艺特征参数的瓦斯涌出动态预测模型，包含采落煤瓦斯涌出、放落煤瓦斯涌出、采空区瓦斯涌出和煤壁瓦斯涌出4个分源的预测模型，并通过现场数据对模型进行了验证。依据综放工作面瓦斯涌出动态预测模型，从割煤速度、运煤时间、采放比、采出率和瓦斯抽采流量5个方面，对影响瓦斯涌出的关键工艺参数进行了优化。

（7）低瓦斯赋存高强度综放开采卸压富集瓦斯分时分区治理技术

提出了初采时期高位定向"抛物线"钻孔抽采低位卸压富集瓦斯、开采稳定时期高位定向"水平"钻孔抽采高位卸压富集瓦斯、采空区埋管抽采上隅角卸压富集瓦斯的采空区卸压富集瓦斯分时分区治理技术，并进行了现场效果考察；进一步统计分析了工作面各钻场钻孔全生命周期瓦斯抽采浓度、纯流量与日推进距离、层位、平距之间的变化关系，根据各钻孔抽采效果变化得到了不同日推进距离区间下垮落带高度、垮落边界范围的变化规律，依据垮落边界变化形态拟合出相应的函数公式，根据不同日推进距离区间和对应的垮落带边界变化形态函数公式，可确定各钻孔的合理布置层位和平距。

（8）瓦斯监测数据集成预警与通风实时监控及决策调控技术

研发并搭建了矿井瓦斯监测子系统共享数据管理和预警平台，建立了瓦斯监测数据集成中心平台，实现了各子系统瓦斯监测数据实时显示及趋势图的实时更新、瓦斯报表在线生成和打印、瓦斯抽采达标自评价和预警等功能。研发了工作面通风定量调节设施，开发了通风实时监测与控制系统、通风智能分析决策系统软件，通过工作面通风系统基础参数测试、三维通风模型建立，建设并应用了工作面通风实时监控及决策调控系统。

2 低瓦斯低渗透煤层瓦斯地质精查及赋存规律

2.1 煤岩物理力学参数及微观结构特性

煤岩物理力学参数及微观结构是进行理论计算和设计的重要基础,也是进行煤岩分类的重要依据之一,可为物理相似材料模拟实验和数值模拟计算提供必要的基础资料。

2.1.1 煤岩物理力学参数

煤岩样采取时,考虑王家岭矿2号煤层的地质情况,在工作面进/回风巷不同位置的直接顶、基本顶、煤层、直接底各取多组煤岩样,按试验要求对采集的煤岩样进行加工,得到试验样品。

2.1.1.1 煤岩抗压强度

部分煤岩样单轴压缩及变形试验破坏后的照片如图2-1所示,煤岩样单轴压缩及变形试验参数如表2-1所列。因为煤样M3和岩样Y2、Y8有较明显的原生裂隙,其试验数据离散性较大,剔除后计算得出煤岩样单轴抗压强度和变形参数的平均值,即煤样的平均单轴抗压强度为13.887 MPa、平均泊松比为0.362、平均弹性模量为2 062.39 MPa,岩样的平均单轴抗压强度为63.282 MPa、平均泊松比为0.271、平均弹性模量为11 579.69 MPa。

(a) 煤样　　　　　　　　　　　　　　　(b) 岩样

图 2-1　部分煤岩样单轴压缩及变形试验破坏后的照片

2.1.1.2 煤岩抗拉强度

部分煤岩样劈裂试验破坏后的照片如图2-2所示,煤岩样劈裂试验参数如表2-2所列。根据试验结果的整体情况,煤样M5和岩样Y3的结果异常,剔除后计算得出煤样平均抗拉强度为1.046 MPa、岩样平均抗拉强度为7.938 MPa。

表 2-1 煤岩样单轴压缩及变形试验参数

试样	编号	平均直径 /mm	平均高度 /mm	单轴抗压强度/MPa	平均单轴抗压强度/MPa	泊松比	平均泊松比	弹性模量 /MPa	平均弹性模量/MPa
煤样	M1	49.30	99.00	14.440		0.365		2 067.20	
	M2	49.29	99.59	14.610		0.353		2 035.39	
	M3	49.26	99.54	5.159		0.596		1 215.30	
	M4	49.25	101.57	13.132	13.887	0.344	0.362	2 073.70	2 062.39
	M5	49.38	99.80	13.490		0.346		1 911.85	
	M6	49.34	101.66	13.189		0.389		2 084.89	
	M7	49.39	99.89	14.458		0.375		2 201.28	
岩样	Y1	49.27	99.65	62.681		0.282		11 502.80	
	Y2	49.22	96.18	42.974		0.194		9 407.20	
	Y3	49.27	99.68	64.747		0.259		12 221.50	
	Y4	49.47	99.67	62.285	63.282	0.278	0.271	11 390.82	11 579.69
	Y5	49.28	96.87	62.379		0.257		11 263.81	
	Y6	49.34	99.63	64.381		0.285		11 575.15	
	Y7	49.77	99.12	63.221		0.263		11 524.06	
	Y8	49.89	96.23	46.964		0.274		8 523.41	

（a）煤样 （b）岩样

图 2-2 部分煤岩样劈裂试验破坏后的照片

表 2-2 煤岩样劈裂试验参数

试样	编号	平均直径 /mm	平均高度 /mm	最大载荷 /N	抗拉强度 /MPa	平均抗拉强度/MPa
煤样	M1	49.34	25.90	2 188	1.090	
	M2	49.28	26.21	2 152	1.061	
	M3	49.31	25.90	1 862	0.928	
	M4	49.35	25.66	2 179	1.096	1.046
	M5	49.39	26.29	1 311	0.643	
	M6	49.22	25.31	1 969	1.007	
	M7	49.44	25.44	2 157	1.092	

表 2-2（续）

试样	编号	平均直径 /mm	平均高度 /mm	最大载荷 /N	抗拉强度 /MPa	平均抗拉强度/MPa
岩样	Y1	49.26	26.22	18 346	9.043	7.938
	Y2	49.34	25.47	14 134	7.160	
	Y3	49.21	26.36	10 610	5.207	
	Y4	49.31	26.46	15 280	7.459	
	Y5	49.39	25.92	14 901	7.414	
	Y6	49.58	26.81	18 921	9.067	
	Y7	49.36	26.37	16 932	8.286	
	Y8	49.49	25.77	14 289	7.136	

2.1.1.3 煤岩抗剪强度

部分煤岩样抗剪试验破坏后的照片如图 2-3 所示，煤岩样抗剪试验参数如表 2-3 所列。由表可知，煤岩样在不同剪切角下的剪应力有明显差异，煤样的剪应力为 2.75～10.20 MPa，岩样的剪应力为 9.10～105.80 MPa。

（a）煤样

（b）岩样

图 2-3 部分煤岩样抗剪试验破坏后的照片

表 2-3 煤岩样抗剪试验参数

试样	编号	剪切角/(°)	平均宽度 /mm	平均长度 /mm	最大载荷/N	正应力/MPa	剪应力/MPa
煤样	M1	50	48.94	49.42	32 230	8.57	10.20
	M2	60	49.77	50.57	14 340	2.85	4.93
	M3	70	51.50	50.53	9 930	1.65	3.84
	M4	50	49.93	49.58	19 230	4.94	5.88
	M5	60	49.57	50.59	17 370	3.47	6.01
	M6	70	51.15	50.88	7 660	1.01	2.75
	M7	60	48.99	49.60	25 300	5.06	8.76
岩样	Y1	50	49.12	49.93	239 550	62.82	74.79
	Y2	60	50.27	50.46	61 020	12.04	20.83
	Y3	70	50.88	50.93	25 100	3.32	9.10
	Y4	50	49.56	49.93	345 280	88.78	105.80
	Y5	60	50.44	50.46	102 300	20.46	35.43
	Y6	70	50.49	50.93	36 200	4.95	13.60
	Y7	50	49.76	49.93	213 300	54.84	65.36
	Y8	60	50.17	50.46	56 250	11.25	19.48

2.1.2 煤微观结构特性

2.1.2.1 煤的显微结构

根据电镜扫描结果,2号煤层主要发育有变质气孔及胶体收缩孔,并发育有内生裂隙、构造裂隙和次生裂隙。

(1)变质气孔(图 2-4)。2号煤层中变质气孔较为发育,但分布不均匀,该气孔是煤在变质过程中发生各种物理化学反应而形成的孔隙,主要由生气和聚气作用而形成。单个气孔在形态上有圆形、椭圆形、拉长(变形)和不规则形状等,通常不充填矿物,相互之间的连通性较差;由于该煤层成气作用强烈,有气孔密集成群呈现,气孔群中的气孔排列呈带状分布,有的还可彼此连通。

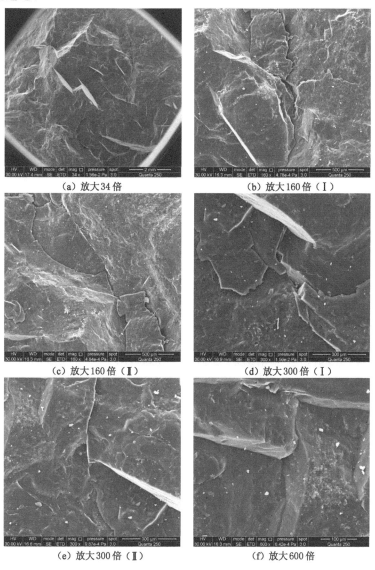

(a)放大34倍 (b)放大160倍(Ⅰ)

(c)放大160倍(Ⅱ) (d)放大300倍(Ⅰ)

(e)放大300倍(Ⅱ) (f)放大600倍

图 2-4 2号煤层中发育的变质气孔

(2)胶体收缩孔(图 2-5)。胶体收缩孔为基质镜质体的特征产物。植物残体受强烈的生物地球化学作用,它们从有形物质降解成胶体物质,在此过程中胶体物质脱水收缩并呈超微球聚合,形成基质镜质体,球粒之间的孔隙称为胶体收缩孔(不包括内生裂隙)。胶体收缩孔一般孔径较小,连通性差。

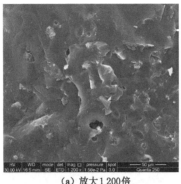 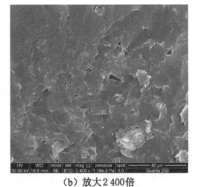

(a) 放大1 200倍　　　　　　　　　　(b) 放大2 400倍

图 2-5　2号煤层中发育的胶体收缩孔

(3) 内生裂隙(图 2-6)。2号煤层内生裂隙较为发育,它是各种成煤物质在覆水沼泽环境中腐败、分解,进而发生凝胶化作用,当继续沉积,在上部沉积物的静压下煤体失水、均匀收缩时产生内应力而形成的裂隙。内生裂隙以条带状结构为主,亦有线理状、透镜状,一般不切入其他分层。

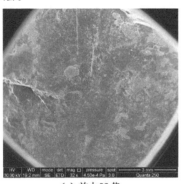 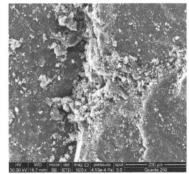

(a) 放大32倍　　　　　　　　　　(b) 放大500倍

图 2-6　2号煤层中发育的内生裂隙

(4) 构造裂隙。构造裂隙是成煤后受到一次或多次构造应力破坏而产生的裂隙,可出现在煤层的任何部位。构造裂隙方向性明显,裂隙面平直,延伸较长,可切入其他分层,有时交叉而相互贯通,有的裂隙较宽,常有次生矿物充填。

(5) 次生裂隙(图 2-7)。次生裂隙是由于采掘活动而产生的新裂隙。一般而言,煤岩体的破坏过程包括原生裂隙的闭合和新裂隙的产生、扩展及断裂。在煤岩体的变形和破裂过程中,随着外力的增加,煤岩体之间、裂隙之间、矿物质之间和组成化学元素之间都可能发生滑移、错位,当能量足够高时,克服煤岩体内部的分子键、原子键、共价键的键能,产生新的裂隙。

综上表明,煤层既不是单一孔隙型储层,也不是单一裂隙型储层,而是既有孔隙又有裂隙的孔隙-裂隙型储层。2号煤层的电镜扫描结果显示其孔隙、裂隙较发育,内部微孔结构

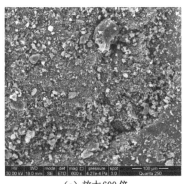 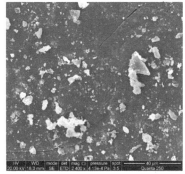

（a）放大 600 倍　　　　　　（b）放大 2 400 倍

图 2-7　2 号煤层中发育的次生裂隙

呈张开型,煤层节理裂隙发育。电镜照片内孔隙的直径最大约 3.1 μm,最小约 0.1 μm,1.2 μm 左右的较多;微裂隙的长度长短不一,裂隙宽度一般在 1~10 μm 之间。

2.1.2.2　煤的孔隙结构

对于煤层而言,煤层既是煤层气的烃源岩,又是其储集层。煤层作为储集层,是一种双孔隙岩层,由基质孔隙和裂隙组成,且有自身独特的割理系统[60]。基质孔隙和裂隙的大小、形态、孔隙率和连通性等决定了煤的吸附-解吸特征。因此,研究煤的孔隙特征,对于研究煤的吸附-解吸特征具有重要意义。对于煤的孔隙特征研究主要通过压汞、低温液氮吸附等实验进行。压汞实验用于测试煤中的微米级孔隙,实测的孔径范围为 0.004~63.000 nm,包括了部分微孔、全部小孔、中孔和大孔。

（1）孔隙特征结构

采用表征孔隙结构的特征参数分析两种不同结构煤储层的微观孔隙结构特征,压汞实验结果如表 2-4 所列。

表 2-4　压汞实验结果

煤样编号	平均孔喉半径/μm	中值半径/μm	偏态	峰态	排驱压力/MPa	中值压力/MPa	退出效率/%	最大进汞饱和度/%
1	9.70	0.02	1.73	3.33	0.01	44.56	43.46	65.37
2	9.07	0.02	1.81	3.52	0.01	44.56	52.96	45.23

a. 反映孔喉大小的参数

平均孔喉半径是孔喉大小的平均度量。样品 1 的平均孔喉半径为 9.70 μm,样品 2 的平均孔喉半径为 9.07 μm。排驱压力又称门限压力或入口压力,与孔喉大小有直接关系,它反映煤层的储集性能。样品 1 和样品 2 的排驱压力均为 0.01 MPa,排驱压力低,表明两种不同结构煤的最大连通孔喉大。

b. 反映孔喉分选特征的参数

偏态表示孔喉分布相对于平均值来说是偏大喉还是偏小喉。样品 1 的偏态为 1.73,样品 2 的偏态为 1.81,表示两种不同结构煤的孔喉分布呈正偏态,孔喉处于偏大喉状态。峰态表示孔喉分布频率曲线的陡峭程度。样品 1 的峰态为 3.33,样品 2 的峰态为 3.52,表明两种不同结构煤的孔喉分布相对比较分散。

c. 反映孔喉连通特征的参数

退出效率越大,连通孔隙的平均孔喉数量越少,孔喉比越小,孔隙连通性越好,反之亦然。样品 1 的退出效率为 43.46%,样品 2 的退出效率为 52.96%,表明样品 2 相对于样品 1 连通孔隙的平均孔喉数量少,孔喉比小,孔隙连通性好。

最大进汞饱和度越大,煤样中未被汞所饱和的孔喉体积越小,孔隙连通性越好;最大进汞饱和度越小,煤样中未被汞所饱和的孔喉体积越大,孔隙连通性越差。样品 1 的最大进汞饱和度为 65.37%,样品 2 的最大进汞饱和度为 45.23%,表明样品 2 相对于样品 1 中未被汞所饱和的孔喉体积大,孔隙连通性差。

(2) 孔容

孔容是指单位质量煤样中所含孔隙的容积,单位为 cm^3/g。不同孔径段的孔容特征如表 2-5 所列。由表可知,样品 1 的总孔容为 0.040 1 cm^3/g,样品 2 的总孔容为 0.088 7 cm^3/g,样品 2 的总孔容是样品 1 的 2 倍多。样品 1 的大孔、中孔、小孔和微孔孔容分别为 0.009 2 cm^3/g、0.007 0 cm^3/g、0.006 2 cm^3/g 和 0.017 7 cm^3/g;样品 2 的大孔、中孔、小孔和微孔孔容分别为 0.008 0 cm^3/g、0.016 9 cm^3/g、0.008 8 cm^3/g 和 0.055 0 cm^3/g。

表 2-5　不同孔径段的孔容特征　　　　单位:cm^3/g

煤样编号	总孔容 V_Z	大孔孔容 V_d	中孔孔容 V_z	小孔孔容 V_x	微孔孔容 V_w
1	0.040 1	0.009 2	0.007 0	0.006 2	0.017 7
2	0.088 7	0.008 0	0.016 9	0.008 8	0.055 0

不同孔径段的孔容比可以反映孔隙结构的重要信息。样品 1 中微孔对孔容的贡献最大(孔容比为 44.14%),其次是大孔(孔容比为 22.94%),中孔和小孔次之(孔容比分别为 17.46% 和 15.46%);样品 2 中的微孔对孔容的贡献最大(孔容比为 62.01%),其次是中孔(孔容比为 19.05%),小孔和大孔次之(孔容比分别为 9.92% 和 9.02%)。

(3) 比表面积

比表面积是单位质量煤样中所含孔隙的内表面积,单位为 m^2/g。不同孔径段的比表面积特征如表 2-6 所列。由表可知,样品 1 的总比表面积为 0.347 2 m^2/g,样品 2 的总比表面积为 0.587 8 m^2/g,样品 2 的总比表面积大于样品 1。样品 1 的大孔、中孔、小孔和微孔比表面积分别为 0.006 2 m^2/g、0.029 8 m^2/g、0.294 2 m^2/g 和 0.017 0 m^2/g;样品 2 的大孔、中孔、小孔和微孔比表面积分别为 0.003 8 m^2/g、0.145 8 m^2/g、0.383 2 m^2/g 和 0.055 0 m^2/g,样品 2 的大孔比表面积小于样品 1,但样品 2 的中孔、小孔和微孔比表面积均大于样品 1。

表 2-6　不同孔径段的比表面积特征　　　　单位:m^2/g

煤样编号	总比表面积 S_Z	大孔比表面积 S_d	中孔比表面积 S_z	小孔比表面积 S_x	微孔比表面积 S_w
1	0.347 2	0.006 2	0.029 8	0.294 2	0.017 0
2	0.587 8	0.003 8	0.145 8	0.383 2	0.055 0

不同孔径段的比表面积可以反映孔隙结构的重要信息。两种不同结构煤的小孔对比表面积贡献最大,其次是中孔,微孔和大孔次之。

可以得出,王家岭矿工作面煤样存在大量小孔,较多的小孔和较少的大孔会导致小孔中吸附的瓦斯在煤粒中的运移通道狭窄,解吸较为困难,这可能是王家岭矿 2 号煤层瓦斯难以抽采的主要原因之一。

2.2 主采煤层瓦斯基本参数

2.2.1 煤层瓦斯含量

煤层瓦斯含量直接影响矿井瓦斯涌出量的大小,对于正确设计矿井通风、进行瓦斯抽采,以及生产矿井的正常通风瓦斯管理都有很大意义。因此,煤层瓦斯含量是瓦斯矿井生产和科研的重要基础资料。

根据现场开拓开采情况,主采煤层各个测点的煤层瓦斯含量测定结果如表 2-7 所列。

表 2-7　煤层瓦斯含量测定结果

煤样编号	采样地点	采样深度 /m	可解吸量 /(m³/t)	残存量 /(m³/t)	瓦斯含量 /(m³/t)
1	12301 运输巷 1 000 m 处	30	1.97	1.67	3.64
2	12301 回风巷 470 m 处	30	1.74	1.60	3.34
3	12309 回风巷 950 m 处	30	1.71	1.46	3.17
4	12322 回风巷 1 690 m 处	30	2.27	1.42	3.69
5	12302 运输巷 650 m 处	30	1.70	1.48	3.18
6	12302 回风巷 50 m 处	30	1.32	1.68	3.00
7	12313 运输巷 1 030 m 处	30	1.49	1.59	3.08
8	12313 回风巷 1 130 m 处	30	1.31	1.55	2.86
9	12303 运输巷 630 m 处	30	1.59	1.85	3.44
10	12303 回风巷 500 m 处	30	1.60	1.85	3.45
11	12316 运输巷 3 200 m 处	30	3.28	1.38	4.66
12	12316 回风巷 2 300 m 处	30	2.60	1.38	3.98

2.2.2 煤的坚固性系数

煤的坚固性系数是煤颗粒本身力学强度的一种相对指标,其数值的大小也是煤层物理力学性质的重要反映[61]。在现代的煤与瓦斯突出动力现象分析中,煤的坚固性系数是研究煤与瓦斯突出现象所涉及的重要参数之一。通常情况下,在相同的瓦斯压力和地应力条件下,煤的坚固性系数越大,越不容易发生突出。因此,在煤与瓦斯突出危险性分析及预测中,煤的坚固性系数是一个重要的测试指标。主采煤层煤样的坚固性系数测定结果如表 2-8 所列。

表 2-8   煤样的坚固性系数测定结果

采样地点	冲击次数/次	量筒所测粉末高度/mm	坚固性系数	
			实测值	平均值
12311 回风巷 500 m 处	3	107	0.56	
	3	95	0.63	
12311 运输巷 1 000 m 处	3	102	0.59	
	3	114	0.53	0.56
12322 回风巷 1 500 m 处	3	107	0.56	
	3	99	0.61	
12322 运输巷 2 000 m 处	3	121	0.50	
	3	115	0.52	

2.2.3   瓦斯吸附常数和放散初速度

常数 a、b 为煤的瓦斯吸附常数,决定着煤在不同压力下吸附瓦斯量的多少,因此煤的瓦斯吸附常数是衡量煤吸附瓦斯能力大小的指标。a 是当瓦斯压力趋向无穷大时,煤的可燃质极限瓦斯吸附量;b 是瓦斯吸附量达到朗缪尔体积一半时所对应的平衡压力的倒数。煤的瓦斯吸附常数测定参考《煤的甲烷吸附量测定方法(高压容量法)》(MT/T 752—1997)[62]。主采煤层煤样的瓦斯吸附常数测定结果如表 2-9 所列。

表 2-9   煤样的瓦斯吸附常数测定结果

采样地点	$a/(m^3/t)$		b/MPa^{-1}	
	实测值	平均值	实测值	平均值
12301 回风巷	19.67		1.25	
12301 运输巷	20.98		0.89	
12302 回风巷	15.65		1.09	
12302 运输巷	16.95	17.44	1.15	1.16
12309 回风巷	18.70		1.19	
12322 回风巷	15.09		1.20	
12322 运输巷	15.06		1.35	

煤的瓦斯放散初速度测定参考《煤的瓦斯放散初速度指标(Δp)测定方法》(AQ 1080—2009)[63]。主采煤层煤样的瓦斯放散初速度测定结果如表 2-10 所列。

表 2-10   煤样的瓦斯放散初速度测定结果

采样地点	瓦斯放散初速度/mmHg		
	试样一	试样二	平均值
311 回风巷 500 m 处	8.384	8.673	8.529
311 运输巷 1 000 m 处	8.892	8.675	8.784
322 回风巷 1 500 m 处	8.675	8.634	8.655
322 运输巷 2 000 m 处	8.947	9.036	8.992

注:1 mmHg=133.322 Pa,下同。

2.2.4 孔隙率及真、视密度

煤的真密度指煤在绝对密实的状态下单位体积的固体物质的实际质量,即去除内部孔隙或者颗粒间的空隙后的密度,与之相对应的物理性质还有表观密度(视密度)。主采煤层煤样的真密度、视密度和孔隙率测定结果如表 2-11 所列。

表 2-11 煤样的真密度、视密度和孔隙率测定结果

煤样编号	采样地点	真密度/(t/m³)		视密度/(t/m³)		孔隙率/%	
		实测值	平均值	实测值	平均值	实测值	平均值
1	12311 回风巷 800 m 处	1.39		1.33		4.31	
2	12311 运输巷 1 200 m 处	1.41		1.36		3.54	
3	12322 回风巷 8 000 m 处	1.33	1.39	1.27	1.33	4.51	4.33
4	12322 运输巷 500 m 处	1.37		1.30		5.10	
5	12322 运输巷 2 000 m 处	1.43		1.37		4.20	

2.2.5 煤的工业性分析

煤的工业性分析是指包括煤的水分、灰分、挥发分和固定碳 4 个分析项目指标的测定的总称。煤的工业性分析是了解煤质特性的主要指标,也是评价煤质的基本依据。主采煤层煤样的工业性分析结果如表 2-12 所列。

表 2-12 煤样的工业性分析结果

煤样编号	采样地点	水分/%		灰分/%		挥发分/%		固定碳/%	
		实测值	平均值	实测值	平均值	实测值	平均值	实测值	平均值
1	12311 回风巷 800 m 处	0.47		8.15		17.38		74.00	
2	12311 运输巷 1 200 m 处	0.44		8.07		16.76		74.73	
3	12322 回风巷 1 000 m 处	0.53	0.56	8.44	8.51	17.52	17.11	73.51	73.82
4	12322 运输巷 500 m 处	0.78		9.26		16.65		73.31	
5	12322 运输巷 2 000 m 处	0.57		8.65		17.24		73.54	

2.2.6 煤层透气性系数

采用直接测定煤层透气性系数法,其计算基础为径向不稳定流动[64]。在煤层的瓦斯压力测定完毕后,卸掉压力表,测定钻孔瓦斯自然涌出量。根据煤层径向流动理论,并结合瓦斯的原始瓦斯压力、瓦斯含量计算其透气性系数。主采煤层各钻孔瓦斯流量及透气性系数如表 2-13 所列。

表 2-13 各钻孔瓦斯流量及透气性系数

编号	测定地点	绝对压力 p/MPa	含量 x/(m³/t)	密度 ρ/(t/m³)	排放时间 t/d	t 时刻瓦斯流量 Q/(m³/d)	钻孔半径 R/m	煤孔长 L/m	透气性系数 λ/[m²/(MPa²·d)]
1	12311 回风巷 500 m 处	0.14	3.56	1.33	1.167	0.001 869 9	0.037 5	3	0.019 6
2	12311 回风巷 500 m 处	0.13	3.48	1.33	1.167	0.001 528 9	0.037 5	3	0.020 7

表 2-13(续)

编号	测定地点	绝对压力 p /MPa	含量 x /(m³/t)	密度 ρ /(t/m³)	排放时间 t/d	t 时刻瓦斯流量 Q /(m³/d)	钻孔半径 R/m	煤孔长 L/m	透气性系数 λ /[m²/(MPa²·d)]
3	12311 运输巷 1 450 m 处	0.17	3.71	1.36	1.167	0.014 410 5	0.037 5	3	0.021 7
4	12311 运输巷 1 450 m 处	0.19	4.06	1.36	1.167	0.008 940 3	0.037 5	4	0.020 1
5	12322 回风巷 1 700 m 处	0.19	4.57	1.27	1.167	0.004 690 0	0.037 5	3	0.020 2
6	12322 回风巷 1 700 m 处	0.18	4.47	1.27	1.167	0.017 890 0	0.037 5	3	0.019 5
7	12322 回风巷 2 700 m 处	0.15	3.17	1.30	1.167	0.014 371 5	0.037 5	3	0.027 0
8	12322 回风巷 2 700 m 处	0.14	2.96	1.30	1.167	0.018 299 1	0.037 5	3	0.028 2

由测定结果可以看出,主采煤层透气性系数为 0.019 5~0.028 2 m²/(MPa²·d),根据《煤矿瓦斯抽采工程设计标准》(GB 50471—2018)附录 A 的规定,该煤层透气性系数小于 0.1 m²/(MPa²·d),属较难抽采煤层。

2.3 地质构造精准分析

王家岭井田由于受祁吕系、吕梁山经向隆起的控制,以及临汾—侯马附近断陷盆地的影响,井田内存在较多的中、小型构造,总体构造为走向北东、倾向北西的单斜构造并伴有小型褶曲,地层倾角平缓,一般小于 10°,断层以小型断层为主,落差在 20 m 以内。

"地质构造精准分析"是对揭露煤层前期的地面三维地震勘探、钻探等工作成果的可靠性和准确性进行评价,有助于帮助矿井工作人员更合理地使用物探、钻探结果,并根据其误差规律补充措施,保障掘进、生产工作的安全进行。

综合利用物探成果及以往各阶段钻探资料,结合井下实际揭露情况,对王家岭井田断层进行了修正。经过对王家岭矿 2 号煤采掘工程平面图中 123 盘区地质构造参数的统计,得出 123 盘区共记录断层 150 条,其中落差大于或等于 10 m 的断层共有 13 条。

2.3.1 可靠性分析

通过对比井下钻探、物探结果与地面三维地震勘探结果可知,地面三维地震勘探结果基本可靠,但某些落差较小的断层,无法通过地面三维地震勘探完全探测到或探测结果会出现偏差,如:

(1) 在 12322 工作面采掘过程中:新发现 F322-9 正断层,走向 E,倾向 N,倾角 60°,延伸长度 575 m;新发现 F322-5 正断层,走向 NE,倾向 SE,倾角 50°,落差 1.6 m,延伸长度 65 m;验证 F322-4 正断层不存在;对 F322-7 正断层进行了修正,向西接续 DF49-WJL 正断层,走向 NE,倾向 NW,倾角 55°~75°,落差 1.0~8.2 m,延伸长度 1 450 m。

(2) 在 12309 巷道掘进过程中新发现正断层 F309-1,走向 NW,倾向 SW,倾角 55°,落差 1.5 m,延伸长度 128 m。

(3) 通过 12302 工作面槽波物探成果,将 DF18-WJL、DF19-WJL 正断层合并为 DF19 正断层,并向西延伸与采掘揭露的 F16 正断层接续,延伸长度 4 050 m,落差变化较大,东部落差 0~12 m,向西落差逐渐变小;F15 正断层向东延伸较长,可能与 2014 年物探精细解释的 DF14-WJL、DF15-WJL 正断层为一条断层。

（4）在 12301 工作面采掘过程中,对 F16 正断层进行了修正,走向 EW,倾向 S,倾角 45°～65°,落差 1.6～3.0 m,向西延伸 763 m。

2.3.2　准确性分析

由于地面三维地震勘探距今时间较久,勘探的许多断层名字发生了变化,无法通过现有的资料完全获得,为了分析地面三维地震勘探结果的准确性,依据现有地面三维地震勘探资料和井下钻探、物探资料,选取有代表性的 12 个断层加以说明。揭露前、后的断层落差对比结果见图 2-8,断层延伸对比结果见图 2-9。

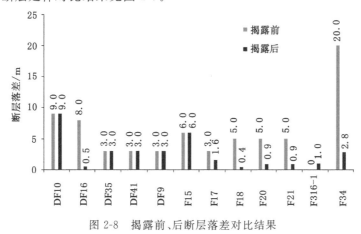

图 2-8　揭露前、后断层落差对比结果

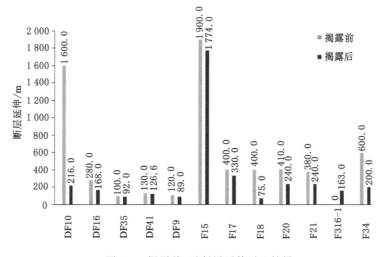

图 2-9　揭露前、后断层延伸对比结果

通过图 2-8 可知,在 12 个断层中,揭露前和揭露后探明的断层落差准确性为 100% 的断层有 5 个,占比 41.7%;断层落差误差最大的为 F34 断层,其误差达 17.2 m。F316-1 断层在地面三维地震勘探结果中未被记录,分析原因为 F316-1 断层落差较小,且附近存在 DF40、DF39 及 DF10 三个断层,这些原因导致 F316-1 断层未能被准确地探测出来。

通过图 2-9 可知,在 12 个断层中,揭露前和揭露后探明的断层延伸均存在一定的误差,断层延伸误差变化范围为 3.4~1 384.0 m。DF10 断层延伸长度探测结果和揭露结果差异较大,分析原因为 F318-1 断层延伸长度较大,与 DF10 断层距离较近,可能影响了 DF10 断层的探测精度;F34 断层延伸长度探测结果和揭露结果差异较大,分析原因为 F34 断层附近存在多个断层,其中 DF41 断层和 F34 断层走向相同,落差差异不大,且距离较近,在分析时容易误认为是同一条断层,造成误差。

2.3.3 分析小结

通过对王家岭井田地质构造地面三维地震勘探资料、工作面的揭露验证资料等记录的断层构造参数进行分析,对地面三维地震资料勘探结果的可靠性、准确性进行了分析,分析结果如下:

(1)通过对地面三维地震勘探资料与实际揭煤情况中断层数量及产状的对比,分析了地面三维地震勘探资料的可靠性,误差产生的主要原因为小型断层未被探明及部分区域存在断层发育较为集中且不连续的情况。

(2)地面三维地震勘探对落差大于或等于 10 m 的断层的探测结果较为可靠,探测结果能够较好地指导矿井安全生产工作,但在矿井生产中需要注意落差较大的断层附近可能存在未被探明的小型断层。

(3)地面三维地震勘探对落差较小、延伸长度较短的断层的探测程度较弱,在掘进、回采工作中要注意这些小断层的出现。

(4)在地面三维地震勘探结果中,当较多的断层同时存在于一个区域时,地面三维地震勘探结果不能有效地将其区分出来,容易产生误差。

2.4 主采煤层瓦斯地质规律

2.4.1 影响瓦斯赋存的地质因素

从影响瓦斯赋存规律的"生-盖-储"条件入手,着重分析煤层埋深、顶底板岩层岩性、地质构造、煤层厚度等因素,在现场观测、取样分析、现场测试、实验室实验基础上,利用主成分分析法确定影响 2 号煤层瓦斯赋存规律的主控因素。

(1)断层、褶曲构造对瓦斯赋存的影响

王家岭井田范围内的主要断层均为正断层,大部分断层落差小于 5 m,个别断层落差大于 20 m,其中 DF44、DF20 断层落差最大,为 45 m。工作面地质构造简单,掘进期间没有发现大的断层。井田范围内发育有次一级宽缓褶曲构造,2 条较大的褶曲——S1 背斜和 S2 向斜位于首采区及其接续区,另外在井田中部分布有较小的向北倾伏的弯状褶曲。

褶曲构造的发育造成 2 号煤层瓦斯赋存的不均衡分布;井田范围内主要断层均为正断层,开放性的正断层不利于煤层瓦斯的赋存,但具体情况还应考虑顶底板岩层封存瓦斯的能力等其他影响因素。

(2)顶底板岩性对瓦斯赋存的影响

煤层围岩主要是指煤层直接顶、基本顶和直接底等在内的一定厚度范围的层段。瓦斯之所以能够封存于煤层中某个部位,取决于煤层围岩的隔气、透气性能,与围岩的孔隙和渗透性有关。

煤层围岩的孔隙与其岩石成分、结构、胶结物特征有关,中粗粒以上的矿物碎屑占绝对优势、胶合物含量少、胶结疏松的岩石一般孔隙发育,通常认为是高透气岩;泥质岩、泥质粉砂岩等胶结致密,裂隙不发育的岩石则被认为是低透气岩。

煤层围岩的封闭性受两方面因素的控制,其一是岩性,其二是厚度及侧向分布范围。总体来讲,封闭性能好的岩层,只有厚度大,侧向上分布广泛时,才能对煤层瓦斯起到封闭和保存作用。

2号煤层顶底板岩层为砂泥岩互层和泥岩,对煤层气的封闭能力不强,因此2号煤层整体瓦斯含量较低。但2号煤层顶底板岩层厚度为6 m左右,局部可能出现顶底板加厚,当砂岩的孔隙率等储集条件降低时,对瓦斯具有一定的封闭作用,所以不排除2号煤层存在一些小型岩性封闭瓦斯高含量区。

(3)岩溶陷落柱对瓦斯赋存的影响

地下水与瓦斯共存于含煤岩系及围岩之中,它们的共性是均为流体,运移和赋存都与煤层和岩层的孔隙、裂隙有关。地下水的运移一方面驱动着裂隙和孔隙中瓦斯的运移,另一方面又带动了溶解在水中的瓦斯一起流动,因此地下水的活动有利于瓦斯的散逸。同时,地下水吸附在裂隙和孔隙的表面,减弱了煤层对瓦斯的吸附能力。一般来说,地下水压力大,煤层瓦斯含量高,反之则低;地下水强径流区的煤层瓦斯含量低,而滞流区则含量高。开采表明,地下水活跃的地区,天然裂隙比较发育,而且处于开放状态,是瓦斯排放的直接通道。

(4)煤层埋深对瓦斯赋存的影响

一般情况下,煤层瓦斯含量随煤层埋深的增加而增大。煤层埋深的增加,不仅因地应力增高而使煤层及围岩的透气性变差,而且瓦斯向地表运移的距离也增大,二者都有利于封存瓦斯。总体上王家岭井田范围内,煤层埋深由东南向西北逐渐增加,井田南部及北部规律较为明显,井田中部存在埋深增加区。

(5)煤层厚度对瓦斯赋存的影响

煤层是含煤岩系中具有较多孔隙的有机岩层,对瓦斯有较强的吸附能力,煤层厚度是影响瓦斯赋存的重要因素之一。煤层厚度越大,对瓦斯的吸附能力越大,储集的瓦斯量也越多。随着煤层厚度增加,成煤时期生成的瓦斯量增多。而且煤层越厚,瓦斯的储存空间越大,瓦斯含量越高。统计王家岭井田范围内及邻近井田的煤层厚度得出,井田中部及西南部煤层较厚,东北部2号煤层较薄,但就井田而言,煤层厚度变化范围不大。

(6)水文地质条件对瓦斯赋存的影响

水文地质条件是影响瓦斯赋存的另一个重要因素。瓦斯主要以吸附态赋存于煤层孔隙中,地下水通过地层压力对瓦斯吸附聚集起控制作用,这种控制作用既可导致瓦斯散逸,又能起到保存聚集瓦斯的作用。尽管瓦斯溶于水的程度不高,但地下水在漫长的地质年代可以带走大量瓦斯。同时地下水的溶蚀作用还会带走大量的矿物质,导致煤层天然卸压,地应力降低会引起煤层及围岩透气性增加,从而加强了煤层瓦斯的流失。

2.4.2 影响瓦斯赋存的主控因素分析

采用主成分分析法对瓦斯赋存主控因素进行分析和评价。其步骤如下:

(1)利用主成分分析法筛选出关键指标。将原始数据(其中根据顶底板岩性、断层褶曲和水文地质对瓦斯赋存的影响程度,将三者进行量化处理,取值为0.8~1.2)进行标准化,建立相关系数矩阵。原始数据见表2-14,标准化后的数据见表2-15,相关系数矩阵见表2-16。

表 2-14 原始数据

序号	测试地点	煤层埋深/m	煤层厚度/m	顶底板岩性	断层褶曲	水文地质	瓦斯含量/(m³/t)
1	12103 运输巷 240 m 处	240	6.2	1.0	1.0	1.0	3.61
2	12103 运输巷 1 100 m 处	220	5.9	1.1	1.0	0.9	3.33
3	回风大巷 21 号探水钻场	445	6.0	1.0	0.9	1.1	3.71
4	回风大巷 25 号探水钻场	530	5.4	0.9	1.0	0.9	4.06
5	回风大巷北段 2 200 m 处	465	5.6	0.8	0.9	0.8	4.05
6	回风大巷北段 2 660 m 处	465	5.8	1.0	0.9	1.1	4.02
7	12318 回风巷 320 m 处	540	6.2	1.1	1.1	1.0	4.47
8	12104 运输巷中部	300	6.7	1.2	1.1	0.9	2.95
9	12104 回风巷中部	280	6.1	1.0	1.2	0.9	3.13
10	12311 回风巷 500 m 处	408	5.8	0.9	1.1	0.8	4.23
11	12311 运输巷 1 450 m 处	395	6.1	0.9	1.0	1.0	3.83
12	12301 运输巷 1 000 m 处	360	6.0	1.0	1.1	0.8	3.64
13	12301 回风巷 470 m 处	337	5.9	0.9	1.0	1.1	3.34
14	12322 回风巷 1 690 m 处	471	6.1	1.0	1.0	0.9	3.69
15	12322 回风巷 1 560 m 处	452	6.0	1.2	1.1	1.1	3.28
16	12309 回风巷 300 m 处	403	6.2	1.0	0.9	1.1	2.99
17	12309 回风巷 1 050 m 处	395	6.1	0.9	1.0	0.9	2.86
18	12302 运输巷 1 950 m 处	416	6.1	1.0	1.2	1.1	2.69
19	12302 运输巷 1 750 m 处	350	6.1	1.1	0.9	1.0	2.20
20	12313 回风巷 1 130 m 处	440	5.9	1.2	1.0	0.9	2.86
21	12313 回风巷 730 m 处	420	5.8	1.2	1.0	1.0	2.75

表 2-15 标准化后的数据

序号	煤层埋深	煤层厚度	顶底板岩性	断层褶曲	水文地质
1	−1.826 35	0.772 67	−0.163 22	−0.205 17	0.313 11
2	−2.059 36	−0.386 33	0.693 68	−0.205 17	−0.626 22
3	0.562 00	0.000 00	−0.163 22	−1.282 30	1.252 45
4	1.552 29	−2.318 00	−1.020 11	−0.205 17	−0.626 22
5	0.795 01	−1.545 33	−1.877 00	−1.282 30	−1.565 56
6	0.795 01	−0.772 67	−0.163 22	−1.282 30	1.252 45
7	1.668 79	0.772 67	0.693 68	0.871 97	0.313 11
8	−1.127 32	2.704 34	1.550 57	0.871 97	−0.626 22
9	−1.360 33	0.386 33	−0.163 22	1.949 10	−0.626 22
10	0.130 93	−0.772 67	−1.020 11	0.871 97	−1.565 56
11	−0.020 53	0.386 33	−1.020 11	−0.205 17	0.313 11

表 2-15（续）

序号	煤层埋深	煤层厚度	顶底板岩性	断层褶曲	水文地质
12	−0.428 29	0.000 00	−0.163 22	0.871 97	−1.565 56
13	−0.696 25	−0.386 33	−1.020 11	−0.205 17	1.252 45
14	0.864 91	0.386 33	−0.163 22	−0.205 17	−0.626 22
15	0.643 55	0.000 00	1.550 57	0.871 97	1.252 45
16	0.072 68	0.772 67	−0.163 22	−1.282 30	1.252 45
17	−0.020 53	0.386 33	−1.020 11	−0.205 17	−0.626 22
18	0.224 13	0.386 33	−0.163 22	1.949 10	1.252 45
19	−0.544 80	0.386 33	0.693 68	−1.282 30	0.313 11
20	0.503 74	−0.386 33	1.550 57	−0.205 17	−0.626 22
21	0.270 73	−0.772 67	1.550 57	−0.205 17	0.313 11

表 2-16　相关系数矩阵

影响因素	煤层埋深	煤层厚度	顶底板岩性	断层褶曲	水文地质
煤层埋深	1.000	−0.416	−0.124	−0.165	0.106
煤层厚度	−0.416	1.000	0.414	0.291	0.181
顶底板岩性	−0.124	0.414	1.000	0.196	0.215
断层褶曲	−0.165	0.291	0.196	1.000	−0.185
水文地质	0.106	0.181	0.215	−0.185	1.000

（2）计算相关系数矩阵的特征值、方差贡献率及累计贡献率，并提取主成分，见表 2-17。

表 2-17　主成分特征值、方差贡献率及累计贡献率

主成分	特征值	方差贡献率/％	累计贡献率/％
1	1.841	36.818	36.818
2	1.252	25.039	61.857
3	0.873	17.457	79.314
4	0.608	12.168	91.482
5	0.426	8.518	100

由表可知，前 3 个主成分累计贡献率为 79.314％，依据主成分的选择标准，满足了 75％～85％的要求，说明前 3 个主成分包含了主成分分析中所涉及的大部分信息，因此分析过程中选取第 1、第 2、第 3 主成分即可满足要求。

（3）利用选定的第 1、第 2、第 3 主成分计算主成分因子载荷矩阵和特征向量，见表 2-18。

表 2-18　主成分因子载荷矩阵和特征向量

影响因素	载荷矩阵			特征向量		
	1	2	3	1	2	3
煤层埋深	−0.603	0.346	0.649	0.444	0.309	0.695
煤层厚度	0.848	0.096	−0.140	0.725	0.086	−0.049
顶底板岩性	0.671	0.360	0.326	0.495	0.223	0.149
断层褶曲	0.532	−0.479	0.566	0.392	−0.428	0.606
水文地质	0.161	0.874	−0.065	0.119	0.781	−0.170

（4）结果分析

由权重计算公式可以得到：

$$W_{埋深} = |0.444 \times 36.818\% + 0.309 \times 25.039\% + 0.695 \times 17.457\%| = 0.362$$

$$W_{厚度} = |0.725 \times 36.818\% + 0.086 \times 25.039\% - 0.049 \times 17.457\%| = 0.280$$

$$W_{岩性} = |0.495 \times 36.818\% + 0.223 \times 25.039\% + 0.149 \times 17.457\%| = 0.264$$

$$W_{断层} = |0.392 \times 36.818\% - 0.428 \times 25.039\% + 0.606 \times 17.457\%| = 0.143$$

$$W_{水文} = |0.119 \times 36.818\% + 0.781 \times 25.039\% - 0.170 \times 17.457\%| = 0.210$$

归一化得到了各影响因素的权重值 $W_{埋深}$、$W_{厚度}$、$W_{岩性}$、$W_{断层}$、$W_{水文}$ 分别为 0.362、0.280、0.264、0.143、0.210。权重值越大，说明该指标因素对于瓦斯赋存规律的影响越大，从计算结果来看，影响 2 号煤层瓦斯赋存规律的因素按重要程度由大到小依次为：煤层埋深、煤层厚度、顶底板岩性、水文地质、断层褶曲。因此，2 号煤层瓦斯赋存规律的主控因素为煤层埋深、煤层厚度和顶底板岩性。

2.4.3　瓦斯赋存规律模型

在上述研究的基础上，对影响 2 号煤层瓦斯赋存规律的主控因素进行分析和量化，对其中的定性指标进行归一化处理，确定合理的权重因子，采用数量化理论 I 数学分析工具，建立表征 2 号煤层瓦斯赋存规律的数学模型，揭示 123 盘区内 2 号煤层瓦斯赋存规律。

根据 2 号煤层勘探期间钻孔及生产期间实测的瓦斯含量资料，选取合适的定性变量和定量变量，利用数量化理论 I 建立了瓦斯含量多变量预测数学模型。

（1）定量变量的选取及取值

根据对 2 号煤层瓦斯含量影响因素的分析，选取煤层埋深、煤层厚度、顶底板岩性标准化常量数据作为定量变量，参与模型的建立过程，取值为对应于瓦斯含量的实际统计值。

（2）瓦斯含量原始数据整理

对 2 号煤层勘探期间及生产期间实测的瓦斯含量值进行可靠性分析，分析后共获取 15 个可靠的数据。采用数量化理论 I 建立包含所有 3 个变量（煤层埋深、煤层厚度、顶底板岩性）的数学模型，3 个变量的统计值及瓦斯含量值如表 2-19 所列。

表 2-19 瓦斯含量预测模型原始数据表

序号	测试地点	煤层埋深/m	煤层厚度/m	顶底板岩性	瓦斯含量/(m³/t)
1	回风大巷 21 号探水钻场	445	6.0	1.0	3.71
2	回风大巷 25 号探水钻场	530	5.4	0.9	4.06
3	回风大巷北段 2 200 m 处	465	5.6	0.8	4.05
4	回风大巷北段 2 660 m 处	465	5.8	1.0	4.02
5	12104 运输巷中部	300	6.7	1.2	2.95
6	12104 回风巷中部	280	6.1	1.0	3.13
7	12311 回风巷 500 m 处	408	5.8	0.9	4.23
8	12311 运输巷 1 450 m 处	395	6.1	0.9	3.83
9	12301 运输巷 1 000 m 处	360	6.0	1.0	3.64
10	12301 回风巷 470 m 处	337	5.9	0.9	3.34
11	12322 回风巷 1 690 m 处	471	6.1	1.0	3.69
12	12322 回风巷 1 560 m 处	452	6.0	1.2	3.28
13	12309 回风巷 300 m 处	403	6.2	1.0	2.99
14	12313 回风巷 1 130 m 处	440	5.9	1.2	2.86
15	12313 回风巷 730 m 处	420	5.8	1.2	2.75

（3）模型建立

根据表 2-19 中的数据，最终建立的无因次瓦斯含量预测模型为：

$$W = 0.003x_1 + 0.199x_2 - 2.852x_3 + 3.941 \tag{2-1}$$

式中　W——瓦斯含量预测值；

　　　x_1——煤层埋深；

　　　x_2——煤层厚度；

　　　x_3——顶底板岩性标准化常量。

煤层围岩的封闭性主要受岩性和厚度及侧向分布范围影响，煤层围岩按瓦斯封闭能力由强到弱依次为油页岩、泥岩、砂泥岩互层、石灰岩、砂岩。顶底板岩性标准化常量 x_3 根据顶底板瓦斯封闭能力进行取值，取值范围为 0.8～1.2；顶底板瓦斯封闭能力越强，取值越大。

（4）回归检验

利用建立的瓦斯含量预测模型，把 2 号煤层已知瓦斯含量点的影响指标统计值分别代入，并以此计算出瓦斯含量实测值与模型预测值之间残差及相对误差，如表 2-20 所列。

表 2-20 瓦斯含量数量化模型回代数据表

序号	测试地点	瓦斯含量实测值/(m³/t)	瓦斯含量预测值/(m³/t)	残差/(m³/t)	相对误差/%
1	回风大巷 21 号探水钻场	3.71	3.618	0.092	2.480
2	回风大巷 25 号探水钻场	4.06	4.039	0.021	0.522

表 2-20（续）

序号	测试地点	瓦斯含量实测值 /(m³/t)	瓦斯含量预测值 /(m³/t)	残差/(m³/t)	相对误差/%
3	回风大巷北段 2 200 m 处	4.05	4.169	−0.119	2.933
4	回风大巷北段 2 660 m 处	4.02	3.638	0.382	9.498
5	12104 运输巷中部	2.95	2.752	0.198	6.715
6	12104 回风巷中部	3.13	3.143	−0.013	0.412
7	12311 回风巷 500 m 处	4.23	3.752	0.478	11.291
8	12311 运输巷 1 450 m 处	3.83	3.773	0.057	1.486
9	12301 运输巷 1 000 m 处	3.64	3.363	0.277	7.610
10	12301 回风巷 470 m 处	3.34	3.559	−0.219	6.566
11	12322 回风巷 1 690 m 处	3.69	3.716	−0.026	0.702
12	12322 回风巷 1 560 m 处	3.28	3.069	0.211	6.445
13	12309 回风巷 300 m 处	2.99	3.532	−0.542	18.120
14	12313 回风巷 1 130 m 处	2.86	3.013	−0.153	5.339
15	12313 回风巷 730 m 处	2.75	2.933	−0.183	6.647

根据预测模型的回代结果,绘制了模型模拟曲线,如图 2-10 所示。由表 2-20 和图 2-10 可以看出:2 号煤层基于数量化理论 I 的瓦斯含量预测模型的预测误差为 0.412%～18.120%,平均值为 5.784%,预测曲线与实际曲线总体上吻合程度较好,能较好反映出 2 号煤层瓦斯赋存规律。

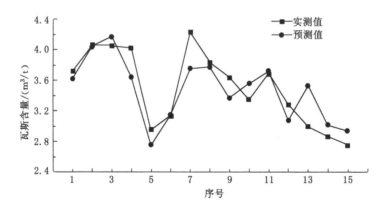

图 2-10　瓦斯含量预测模型拟合曲线

（5）精度评价

经计算,瓦斯含量预测模型典型相关性系数 R 为 0.848,精度能满足工程要求,说明利用数量化理论 I 建立的数学模型来预测 2 号煤层的瓦斯含量是可行的。

2.5 本 章 小 结

（1）王家岭矿 2 号煤层平均抗拉强度为 1.046 MPa，平均单轴抗压强度为 13.887 MPa；顶底板平均抗拉强度为 7.938 MPa，平均单轴抗压强度为 63.282 MPa。煤岩微观结构测试结果表明 2 号煤层主要发育有变质气孔及胶体收缩孔，其孔隙、裂隙较发育，内部微孔结构呈张开型，煤层节理裂隙发育。2 号煤层煤样的总比表面积为 0.347 2～0.587 8 m²/g，煤样的大孔、中孔、小孔和微孔比表面积分别为 0.003 8～0.006 2 m²/g、0.029 8～0.145 8 m²/g、0.294 2～0.383 2 m²/g 和 0.017 0～0.055 0 m²/g。

（2）经现场和实验室测定，2 号煤层瓦斯含量为 2.86～4.66 m³/t，可解吸量为 1.31～3.28 m³/t，残存量为 1.38～1.85 m³/t；瓦斯吸附常数 a 平均为 17.44 m³/t，b 平均为 1.16 MPa⁻¹；瓦斯放散初速度为 8.529～8.992 mmHg。煤层坚固性系数平均为 0.56；真密度平均为 1.39 t/m³，视密度平均为 1.33 t/m³；孔隙率平均为 4.33%；水分平均为 0.56%，灰分平均为 8.51%，挥发分平均为 17.11%，固定碳平均为 73.82%。煤层透气性系数为 0.019 5～0.028 2 m²/(MPa² · d)，属较难抽采煤层。

（3）地面三维地震勘探对落差大于或等于 10 m 的断层的探测结果较为可靠，探测结果能够较好地指导矿井安全生产工作，但在矿井生产中需要注意落差较大的断层附近可能存在未被探明的小型断层；地面三维地震勘探对落差较小、延伸长度较短的断层的探测程度较弱，在掘进、回采工作中要注意这些小断层的出现。

（4）采用主成分分析法对瓦斯赋存主控因素进行分析和评价，得出影响 2 号煤层瓦斯赋存规律的因素按重要程度由大到小依次为：煤层埋深、煤层厚度、顶底板岩性、水文地质、断层褶曲。进一步建立了 2 号煤层基于数量化理论 I 的瓦斯含量预测模型，经检验，预测误差为 0.412%～18.120%，平均值为 5.784%，其预测曲线与实际曲线总体上吻合程度较好，能较好反映出 2 号煤层瓦斯赋存规律。

3 综放工作面瓦斯涌出分源及动态涌出规律

3.1 工作面瓦斯涌出分布及变化特征

3.1.1 生产班工作面瓦斯浓度

3.1.1.1 工作面倾向瓦斯浓度分布

生产班12302和12313综放工作面倾向瓦斯浓度分布如图3-1和图3-2所示,整体来看,不同日期所测的生产班综放工作面不同位置处的瓦斯浓度不同,但瓦斯浓度变化规律相似,沿综放工作面倾向方向,生产班综放工作面瓦斯浓度整体趋势随着与进风巷距离的增大而升高。这是由于距离进风巷近的部分瓦斯涌出源主要是煤壁与落煤,而随着与进风巷的距离增大,部分采空区的瓦斯随风流涌入工作面,使后半段综放工作面的瓦斯来源除煤壁和落煤涌出源外还新增了采空区瓦斯涌出源,致使瓦斯浓度增幅大于前半段综放工作面的瓦斯浓度增幅。

对比图3-1和图3-2可知,所测的12302综放工作面瓦斯浓度最大值稍大于12313综放工作面瓦斯浓度最大值,其中12302综放工作面距进风巷最远处测点的生产班工作面瓦斯浓度最大值为0.28%～0.35%,而12313综放工作面距进风巷最远处测点的生产班工作面瓦斯浓度最大值为0.28%～0.30%,整体来看,12302和12313综放工作面倾向瓦斯浓度差异不明显。

3.1.1.2 采煤机位置与上隅角瓦斯浓度

为了测定生产班的上隅角瓦斯浓度,得出生产班采煤机距上隅角不同距离时的上隅角瓦斯浓度,采用人工收集法,即以测定人员跟随采煤机活动作为流动测点,观测采煤机割煤状态,观察并记录工作面生产情况以及瓦斯状况,及时灵活地处理相关数据。在工作面通风情况不变的情况下,经过多次跟班记录,收集了大量的数据,通过现场实测了解采煤机由工作面至上隅角割煤过程中瓦斯浓度变化,绘制了上隅角瓦斯浓度与采煤机距上隅角距离的关系图,并通过Origin软件分别对12302和12313综放工作面采煤机距上隅角不同距离下的上隅角瓦斯浓度进行数据拟合分析,如图3-3和图3-4所示。

由图3-3和图3-4可知,2条拟合曲线相关系数较高,表明上隅角瓦斯浓度与采煤机距上隅角距离的拟合度较好,可以得到上隅角瓦斯浓度与采煤机距上隅角距离的定量关系服从方程:$y = a - b \cdot c^x$。因此,工作面上隅角瓦斯浓度与采煤机距上隅角距离呈负相关关系,即采煤机距上隅角越近,上隅角瓦斯浓度越大。

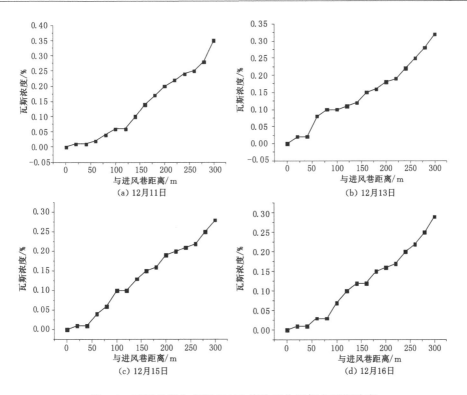

图 3-1   不同日期生产班 12302 综放工作面倾向瓦斯浓度

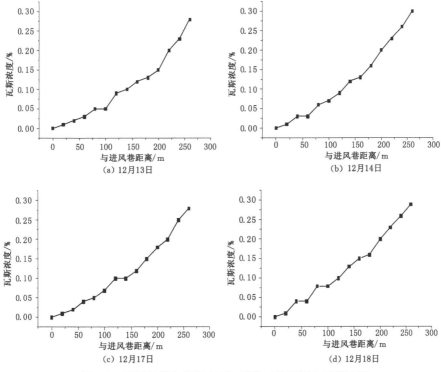

图 3-2   不同日期生产班 12313 综放工作面倾向瓦斯浓度

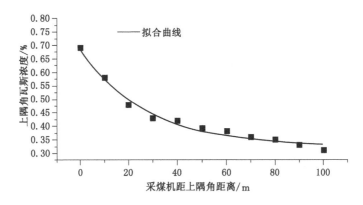

图 3-3　12302 综放工作面上隅角瓦斯浓度与采煤机距上隅角距离的关系

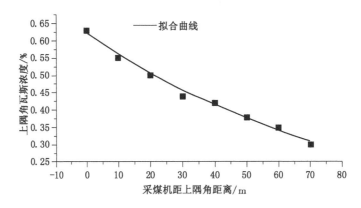

图 3-4　12313 综放工作面上隅角瓦斯浓度与采煤机距上隅角距离的关系

对比分析 12302 和 12313 综放工作面的上隅角瓦斯浓度,当采煤机距上隅角距离 0 m 时,12302 综放工作面的上隅角瓦斯浓度稍大于 12313 综放工作面的上隅角瓦斯浓度,12313 综放工作面的上隅角瓦斯浓度最大值为 0.63%,12302 综放工作面的上隅角瓦斯浓度最大值为 0.70%,表明生产班期间的上隅角瓦斯浓度较大,这是由于生产班新鲜煤壁不断暴露,瓦斯涌出量大,同时采落煤炭也涌出大量瓦斯。此外生产班的采动影响也使顶板处于活动状态,邻近层受采动影响的卸压瓦斯通过采动裂隙大量涌入工作面和采空区。随着采煤机距上隅角的距离增大,两个综放工作面的上隅角瓦斯浓度在前 30 m 距离下降较快,尤其是 12302 综放工作面,瓦斯浓度从 0.70% 降至 0.40% 左右,采煤机距上隅角的距离大于 30 m 后,上隅角瓦斯浓度下降趋势较平缓,当 12302 综放工作面采煤机距上隅角 100 m 和 12313 综放工作面采煤机距上隅角 70 m 时,上隅角瓦斯浓度均在 0.30% 左右。

3.1.2　检修班工作面瓦斯浓度

3.1.2.1　工作面倾向瓦斯浓度分布

检修班 12302 和 12313 综放工作面倾向瓦斯浓度分布如图 3-5 和图 3-6 所示。由图 3-5 和图 3-6 可知,检修期间,不同日期同一位置处的瓦斯浓度差别不大,分析认为此时工作面的瓦斯浓度分布为工作面在检修时暴露煤体的瓦斯释放所致。沿综放工作面倾向,检修班综放工作面瓦斯浓度整体随着与进风巷距离的增大而升高,其中在距回风巷最后 40 m 左右处升高速率较大,其原因是采空区携带高瓦斯浓度的漏风风流从此区域进入工作面,故此区域瓦斯浓度升高速率急剧增大。

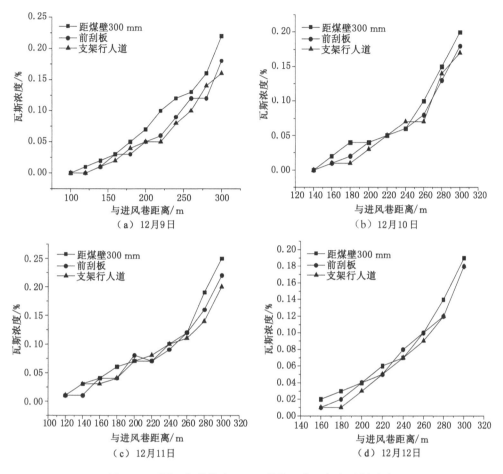

图 3-5　不同日期检修班 12302 综放工作面倾向瓦斯浓度

对比生产班综放工作面瓦斯浓度可知,沿综放工作面倾向,检修班与生产班综放工作面测试断面内瓦斯浓度的变化规律基本一致,都是瓦斯浓度随着与进风巷距离的增大而逐渐升高,但是生产班瓦斯浓度整体要大于检修班瓦斯浓度,不同日期所测的检修班 12313 综放工作面瓦斯浓度最大值为 0.12%～0.17%,检修班 12302 综放工作面瓦斯浓度最大值为 0.16%～0.25%。

3.1.2.2　垂直于煤壁方向瓦斯浓度分布

检修班 12302 和 12313 综放工作面垂直于煤壁方向瓦斯浓度分布如图 3-7 和图 3-8 所示。由图 3-7 和图 3-8 可知,随着与进风巷距离的增大,瓦斯浓度整体上呈现升高的趋势。在靠近进风巷一端,综放工作面风量较大,综放工作面瓦斯主要来自煤壁瓦斯涌出,因此随着与煤壁距离增大,瓦斯浓度整体上呈现逐渐降低的趋势。而在靠近回风巷一端,随着与煤壁距离增大,瓦斯浓度整体上呈现先降低后升高的变化规律,巷道中心区域瓦斯浓度最低。这是因为在综放工作面内风流机械弥散作用下,由煤壁和采空区涌出的瓦斯逐渐向综放工作面区域运移,导致距煤壁垂直距离最远处的瓦斯浓度升高。

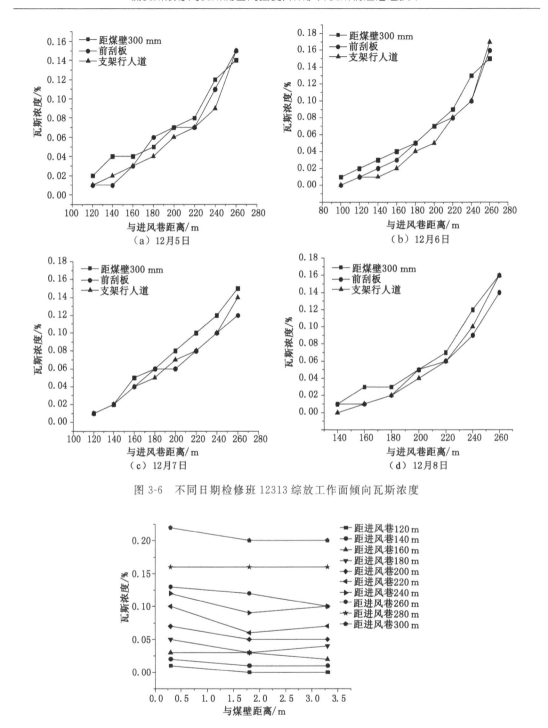

图 3-6　不同日期检修班 12313 综放工作面倾向瓦斯浓度

图 3-7　检修班 12302 综放工作面垂直于煤壁方向瓦斯浓度

3.1.2.3　垂直于底板方向瓦斯浓度分布

检修班 12302 和 12313 综放工作面垂直于底板方向瓦斯浓度分布如图 3-9 和图 3-10 所示。由图 3-9 和图 3-10 可知,随着与底板距离的增大,瓦斯浓度逐渐升高,上部区域瓦斯浓

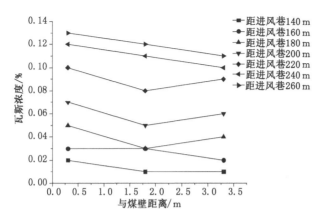

图 3-8 检修班 12313 综放工作面垂直于煤壁方向瓦斯浓度

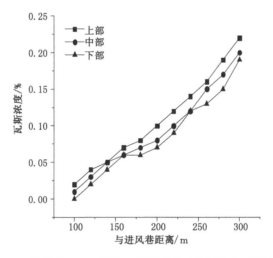

图 3-9 检修班 12302 综放工作面垂直于底板方向瓦斯浓度

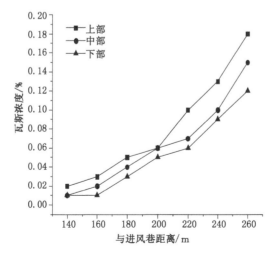

图 3-10 检修班 12313 综放工作面垂直于底板方向瓦斯浓度

度高于中部和下部区域,这是由于甲烷的密度为 0.716 kg/m³,为空气密度的 55.4%,瓦斯密度比空气密度小,则瓦斯因密度差而上升漂浮,导致上部区域的瓦斯浓度高于中部和下部。此外,在与进风巷距离较小时,上、中、下区域的瓦斯浓度变化不大,随着与进风巷距离的增大,上、中、下区域的瓦斯浓度变化幅度逐渐增大,这是由于采空区内积存了大量的瓦斯,漏风风流将采空区积存的瓦斯排出,在瓦斯升浮特性下,导致上部区域的瓦斯浓度较高且距进风巷远处垂直于底板方向瓦斯浓度的变化幅度较大。

3.2　综放工作面瓦斯涌出源划分及特点

根据瓦斯监测数据的基本特点和长壁采煤工作面巷道及瓦斯监测探头布置情况,将综放采煤工作面瓦斯涌出划分为 4 个来源,分别为煤壁瓦斯涌出、采落煤瓦斯涌出、放落煤瓦斯涌出、采空区瓦斯涌出。

（1）煤壁瓦斯涌出源

采煤工作面煤壁瓦斯涌出量的大小与瓦斯含量、瓦斯压力、煤层渗透性和有效涌出深度有关,对于单一煤层,有效涌出深度基本不变。当准备对一个工作面进行开采时,首先掘进运输巷和回风巷,再掘进开切眼,煤壁在最开始暴露时,涌出强度最大,在开始的几个小时内涌出强度快速递减,然后再缓慢递减进入均衡期。当工作面开始开采时,运输巷煤壁和回风巷煤壁瓦斯涌出已经进入均衡期,短时间内基本不变。而在开采时,在采煤工作面不断有新鲜煤壁暴露,所以采煤工作面煤壁的瓦斯涌出强度比进风巷和回风巷煤壁的瓦斯涌出强度大,在进行综放开采时,采煤煤壁包括割煤煤壁和顶煤煤壁。

运输巷煤壁涌出的瓦斯随风流首先到达位于下隅角附近的探头,进入采煤工作面的风流携带采煤工作面煤壁涌出的瓦斯到达在上隅角附近的瓦斯监测探头,最后进入回风巷掺入回风巷煤壁涌出的瓦斯到达位于出风口的瓦斯监测探头。

（2）落煤瓦斯涌出源

落煤瓦斯涌出主要源于采落煤和放落煤及运煤过程,落下的煤经刮板输送机运出采煤工作面。落煤瓦斯涌出主要指采煤和放煤过程中落煤的瓦斯涌出,以及运煤过程中瓦斯的涌出,其大小主要与采煤机割煤速度、采落煤量、煤质、煤的吸附解吸特性以及刮板输送机运输速度有关,采煤机割煤速度越快、采煤量越大、刮板输送机速度越慢,采落煤的瓦斯涌出量就越大。在检修班采煤机不工作,采落煤的瓦斯涌出量为零;在采煤班采煤机正常采煤,不断有采落的煤炭经刮板输送机运出采煤工作面,采落煤的瓦斯涌出量最大。

运煤瓦斯涌出是指落煤运出工作面过程中解吸出瓦斯。运煤瓦斯涌出量的大小不仅与煤质、煤的吸附解吸特性有关,还与输送机运煤量、运行速度有关,输送机上运煤量越大、运行速度越慢,运煤瓦斯涌出量越大。运输巷带式输送机运行的方向与风流方向相反,运煤涌出的瓦斯随进入运输巷的风流先到达位于下隅角的瓦斯监测探头,再经过工作面、回风巷流出。在检修班运输巷带式输送机不工作,处于无煤状态,运煤瓦斯涌出量为零;在采煤班运输巷带式输送机正常工作,运煤瓦斯涌出量最大。

（3）采空区瓦斯涌出源

采空区瓦斯涌出主要是采煤工作面向前推进,遗留在采空区的遗煤和邻近煤层由于采动应力影响卸压解吸出瓦斯。在开采初期,采空区还没有形成,采空区瓦斯涌出量为零,随着采煤机持续割煤,采煤工作面向前推进,逐渐形成采空区,采空区瓦斯涌出量也随之增大。但采空区瓦斯涌出具有一定的有效涌出深度,在煤层地质条件不变和开采工艺不变的情况下,当采空区的长度超过有效涌出深度,采空区瓦斯涌出量保持有效涌出深度时的涌出量,在基本顶垮落后,再周期性循环。

3.3　综放工作面落煤瓦斯涌出规律

3.3.1　基于图像识别技术的落煤粒度判识

3.3.1.1　主要设备及方法

主要设备:矿用防爆相机1台,相机俯拍架1架,防爆补光灯若干(若矿灯亮度达标,可以使用矿灯),标尺1个。

方法:在拍摄现场将相机固定于俯拍架,将标尺平放于落煤上方,利用俯拍架保持相机视线与落煤垂直,最大限度减小拍摄过程中的成像变形。

现场完成拍摄后,进入实验室图片分析阶段。在所拍图片中,标尺为参照物,是后期测量落煤粒度的唯一尺度参考系。应用 Image-Pro Plus 软件进行图片中落煤粒度分析。首先打开需要测量的图片,以 A4 纸的长度 297 mm 作为测量标尺,设置标尺的单位,生成标尺,用软件的长度测量工具在图片中使用鼠标调整需要测量的范围,便能自动得出落煤粒度。落煤粒度测量过程如图 3-11 所示。

(a) 标尺设置及测量单位的生成　　　　(b) 落煤粒度的测量

图 3-11　落煤粒度测量过程

3.3.1.2　测量结果及分析

对 12322 工作面的前刮板及后刮板输送的落煤分别进行拍摄,选取其中清晰的图片作为测量图片,图片按照拍摄位置分为 2 类(即前刮板、后刮板),应用 Image-Pro Plus 软件对上述 2 类图片的落煤进行粒度测量。测量的部分图片及测量结果如图 3-12 至图 3-15 所示。

由图 3-12 至图 3-15 可知,落煤粒度处于 0~400 mm* 之间,工作面前刮板的落煤粒度总体处于 0~400 mm 之间,工作面后刮板的落煤粒度总体处于 0~200 mm 之间,前刮板的落煤粒度分布范围要比后刮板的更广,粒度更为丰富。

为了避免单次测量引起的误差,对所有测量结果进行汇总,做出 12322 工作面前刮板落煤粒度的总体直方图(图 3-16)和后刮板落煤粒度的总体直方图(图 3-17)。

---

* 本书对落煤粒度划分的连续区间中的左侧数据不属本区间,下同。

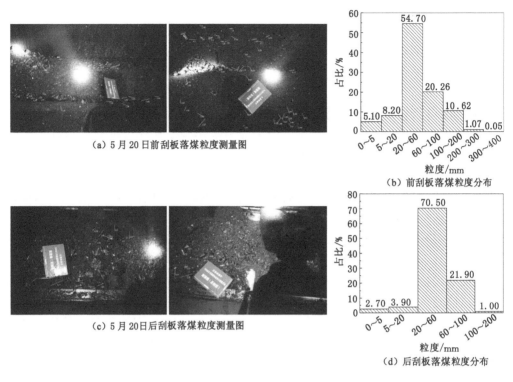

（a）5月20日前刮板落煤粒度测量图

（b）前刮板落煤粒度分布

（c）5月20日后刮板落煤粒度测量图

（d）后刮板落煤粒度分布

图 3-12　5 月 20 日 12322 工作面前后刮板落煤粒度测量图及粒度分布直方图

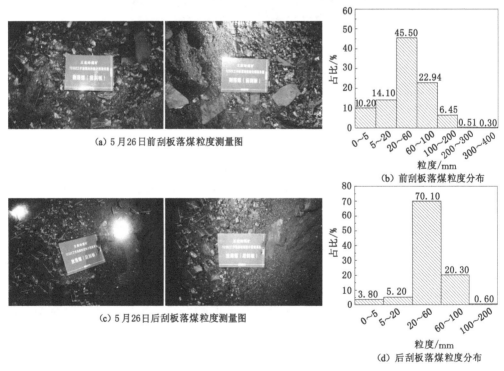

（a）5月26日前刮板落煤粒度测量图

（b）前刮板落煤粒度分布

（c）5月26日后刮板落煤粒度测量图

（d）后刮板落煤粒度分布

图 3-13　5 月 26 日 12322 工作面前后刮板落煤粒度测量图及粒度分布直方图

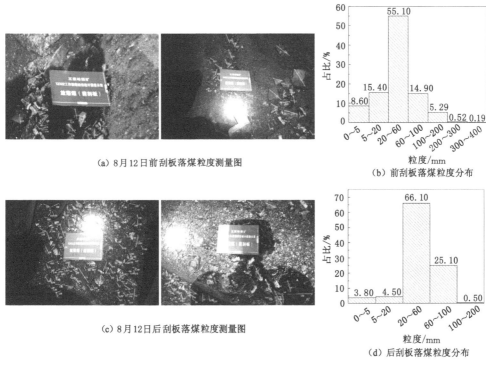

（a）8月12日前刮板落煤粒度测量图

（b）前刮板落煤粒度分布

（c）8月12日后刮板落煤粒度测量图

（d）后刮板落煤粒度分布

图 3-14　8 月 12 日 12322 工作面前后刮板落煤粒度测量图及粒度分布直方图

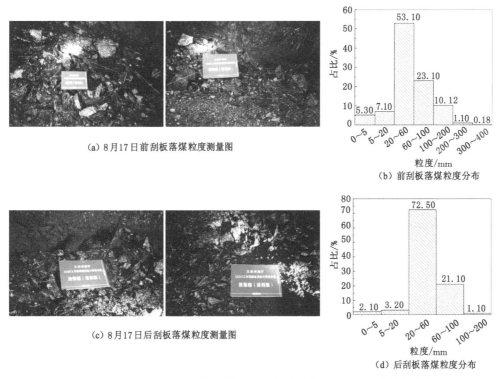

（a）8月17日前刮板落煤粒度测量图

（b）前刮板落煤粒度分布

（c）8月17日后刮板落煤粒度测量图

（d）后刮板落煤粒度分布

图 3-15　8 月 17 日 12322 工作面前后刮板落煤粒度测量图及粒度分布直方图

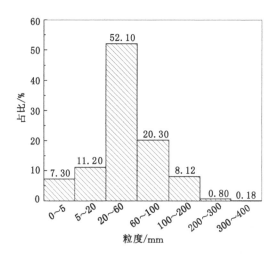

图 3-16   12322 工作面前刮板落煤粒度总体统计直方图

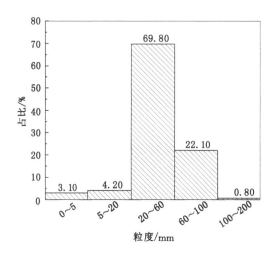

图 3-17   12322 工作面后刮板落煤粒度总体统计直方图

由图 3-16 可知,12322 工作面前刮板的落煤粒度处于 0～20 mm 之间的占 18.50％,处于 20～60 mm 之间的最多,占 52.10％,处于 60～100 mm 之间的占 20.30％,处于 100～200 mm之间的占 8.12％,还有少量处于 200～400 mm 之间,粒度分布主要集中在 20～100 mm之间,粒度分布范围较广。

由图 3-17 可知,12322 工作面后刮板的落煤粒度处于 0～20 mm 之间的占 7.30％,处于 20～60 mm 之间的最多,占 69.80％,处于 60～100 mm 之间的占 22.10％,处于100～200 mm之间的占 0.80％,粒度分布主要集中在 20～100 mm 之间,粒度分布相对集中。

由统计结果可以看出,12322 工作面前后刮板的落煤粒度主要是集中在 20～100 mm之间的中等粒度,但相比而言,前刮板落煤粒度分布范围更广,存在较高比例的微小粒度和大粒度,而后刮板落煤粒度分布较集中,微小粒度和大粒度分布很少。

3.3.2　不同粒度落煤瓦斯涌出规律

3.3.2.1　数值模型建立

通过数值模拟计算不同粒度落煤的瓦斯动态涌出特点,并根据煤层落煤的粒度分布,研究煤层落煤瓦斯涌出规律。根据落煤粒度现场统计结果,采用 COMSOL Multiphysics 数值模拟软件建立相应粒度落煤瓦斯涌出模型(图 3-18),得出瓦斯涌出量随时间的变化规律。

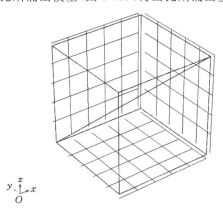

图 3-18　落煤瓦斯涌出数值计算模型

3.3.2.2　模拟结果分析

基于落煤粒度现场统计结果,分别模拟计算 0～5 mm、5～20 mm、20～60 mm、60～100 mm 和 100～200 mm 粒度落煤瓦斯涌出量随时间变化过程,模拟结果如图 3-19 至图 3-23 所示。

由图 3-19 至图 3-23 可以看出,不同粒度落煤瓦斯涌出规律差异明显。0～5 mm 粒度落煤瓦斯在初期迅速涌出并达到稳定状态,瓦斯涌出量较大;而粒度较大的落煤瓦斯涌出速率相对较小,达到稳定状态所需时间也相对较长,且瓦斯涌出量相对较小。综上,随着落煤粒度的增大,瓦斯涌出速率、涌出时间和总体涌出量均呈现逐渐减小的趋势。基于数值模拟结果,通过进一步计算可得到瓦斯涌出强度,分别绘制不同粒度落煤瓦斯涌出强度与时间关系曲线,并采用合适模型对各曲线进行拟合,结果如图 3-24 所示。

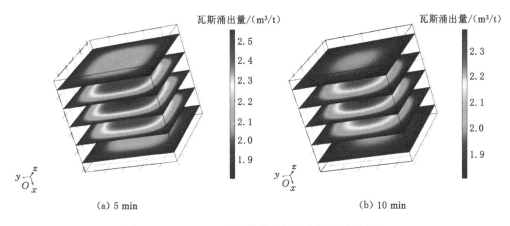

(a) 5 min　　　　　　　　　　　　　(b) 10 min

图 3-19　0～5 mm 粒度落煤瓦斯涌出量随时间变化

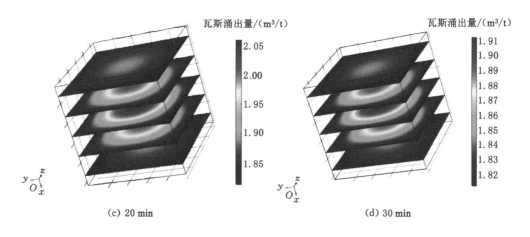

(c) 20 min　　　　　　　　　　　　(d) 30 min

图 3-19　（续）

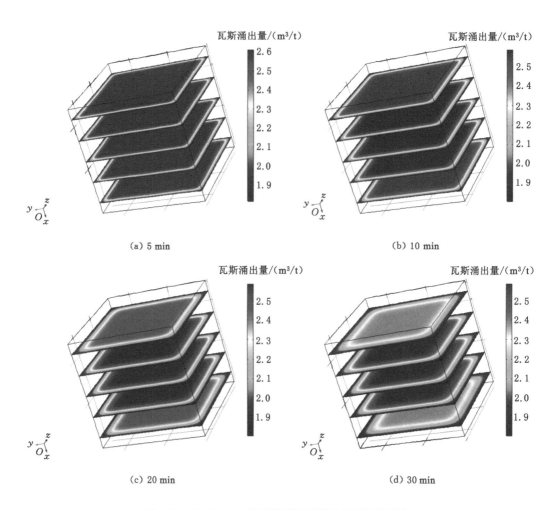

(a) 5 min　　　　　　　　　　　　(b) 10 min

(c) 20 min　　　　　　　　　　　　(d) 30 min

图 3-20　5～20 mm 粒度落煤瓦斯涌出量随时间变化

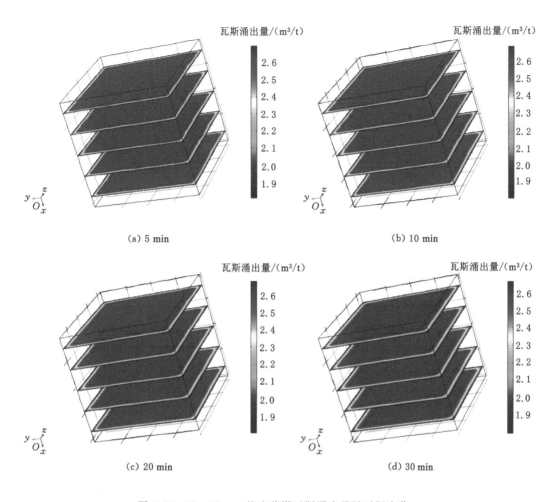

图 3-21　20～60 mm 粒度落煤瓦斯涌出量随时间变化

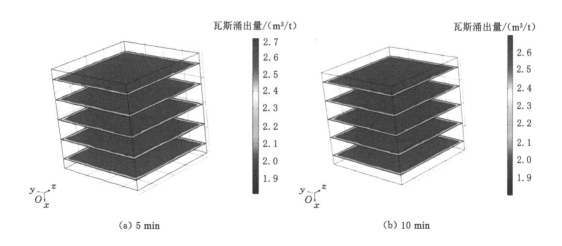

图 3-22　60～100 mm 粒度落煤瓦斯涌出量随时间变化

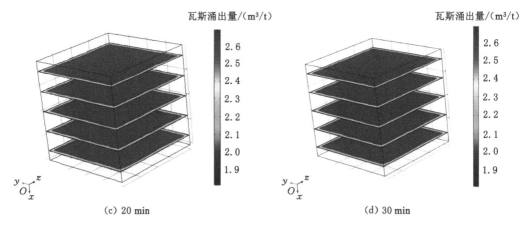

(c) 20 min   (d) 30 min

图 3-22 （续）

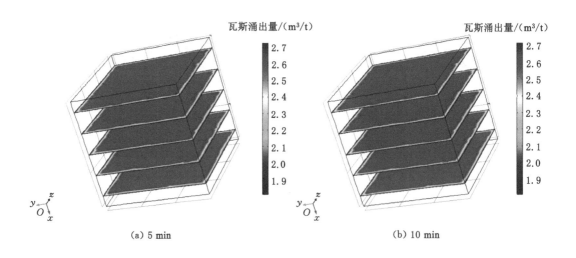

(a) 5 min   (b) 10 min

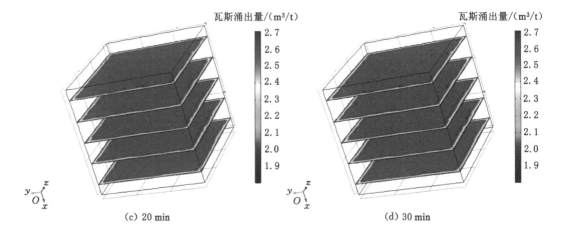

(c) 20 min   (d) 30 min

图 3-23 100～200 mm 粒度落煤瓦斯涌出量随时间变化

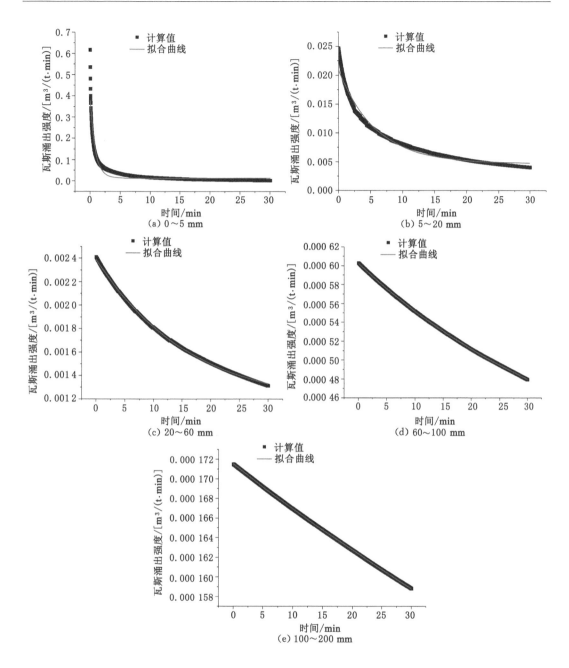

图 3-24　不同粒度落煤瓦斯涌出强度随时间变化及拟合结果

　　由图 3-24 可以看出,不同粒度落煤瓦斯涌出强度随时间变化曲线形态有所差异,表明了其瓦斯涌出规律的不同,但基本符合指数函数 $y = \alpha \cdot e^{-\beta x} + \gamma$ 形式,采用该模型对各曲线进行拟合,可得到不同粒度落煤瓦斯涌出强度与时间的关系式,如表 3-1 所列。并且由图 3-24 可知,随着落煤粒度的增大,瓦斯涌出强度及其衰减速率变小,进一步说明了粒度对落煤瓦斯涌出的重要影响。

表 3-1 各粒度落煤瓦斯涌出强度曲线拟合方程

粒度/mm	拟合方程	相关系数 R^2
$0\sim5$	$V_{涌}=0.364\,46e^{-(t/0.865\,71)}+0.013\,09$	0.90
$5\sim20$	$V_{涌}=0.016\,19e^{-(t/5.780\,89)}+0.004\,68$	0.97
$20\sim60$	$V_{涌}=0.001\,26e^{-(t/16.357\,78)}+0.001\,13$	0.99
$60\sim100$	$V_{涌}=0.000\,24e^{-(t/42.621\,83)}+0.000\,36$	0.99
$100\sim200$	$V_{涌}=0.000\,06e^{-(t/126.057\,99)}+0.000\,11$	0.99

3.4 综放工作面采空区瓦斯涌出规律

3.4.1 数值模型建立

采煤工作面存在各种设备,按实际条件建立几何模型过程十分复杂,因此在设计模型时理想化参数条件,忽略采煤工作面各种设备的影响。将采煤工作面简化为二维模型,采煤工作面及其进风巷和回风巷都按矩形断面处理[65],如图 3-25 所示。下侧边界为漏风边界,其他边界为不透气边界。

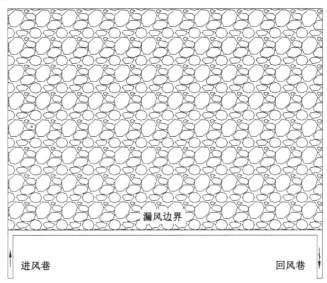

图 3-25 数值计算几何示意图

瓦斯涌出源项按下式计算:

$$Q_s = \frac{Q_c\rho_g}{V_{源}} \tag{3-1}$$

式中 Q_s——模型瓦斯质量源项,$kg/(m^3 \cdot s)$;

Q_c——绝对瓦斯涌出量,m^3/s;

ρ_g——瓦斯密度,kg/m^3;

$V_{源}$——瓦斯质量源项总体积,m^3。

孔隙率与采空区岩石的碎胀系数之间的关系符合下式:

$$\varepsilon = 1 - \frac{1}{K_p} \tag{3-2}$$

式中　ε——孔隙率；

　　K_p——岩石的碎胀系数。

在目前的模拟中,有关渗透率的计算方法都是根据经验或半经验的公式计算的,Blake-Kozeny 公式[66]的表达式为:

$$k = \frac{\varepsilon^3 d_m^2}{150(1-\varepsilon)^2} \tag{3-3}$$

式中　k——渗透率,m^2；

　　d_m——多孔介质平均粒子直径,m。

根据王家岭矿实际条件,计算模型构建方案为沿工作面倾斜方向取 300 m、推进方向取 200 m,进风巷和回风巷长取 50 m、宽取 5 m；同时对模型进行网格细化并局部加密,共计划分 5 948 个单元。模型如图 3-26 所示。

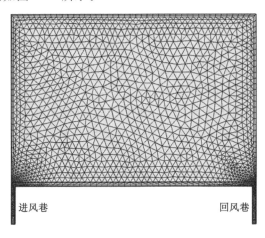

进风巷　　　　　　　　　　回风巷

图 3-26　数值计算模型

工作面模拟时以进风巷巷口为入口边界,忽略边界湍流效应,设计入口处风流风速在进风巷断面上大小一致,且入口边界设定为法向速度场风流速度,进风巷风流速度根据工作面测风报表选取平均值,风量为 2 385 m^3/min,风速为 2.76 m/s,瓦斯浓度为 0,即认为进入的新鲜风流中不含瓦斯；回风巷巷口设置为出口边界,设置为压力流出类型；巷道与采空区之间、不同孔隙率采空区分区间的边界设置为内部边界,流体可以自由流通；其余设置为壁面。

3.4.2　模拟结果及分析

(1)采空区漏风规律

工作面风速分布云图如图 3-27 所示,由图可以看出,进、回风巷的风速较大,基本上接近工作面的实际风速,在距离进风巷 40 m 范围内,工作面的风速变化较大,风速降至 2.20 m/s 左右,表明在进风巷附近存在漏风,风流从工作面流入采空区,这是因为当风流经过工作面时,在工作面和采空区之间很难有较好的密封效果,存在一定的连通性,导致部分风流漏入采空区,使得工作面风速降低；在工作面中部,风速变化不大且较稳定；靠近距回风巷 40 m 左右时,工作面的风速逐渐增大,这是因为采空区内的漏风风流和工作面的风流共同在回风巷聚集,导致靠近回风巷的风速逐渐增大,因此根据工作面风速大小的变化规律,可以得出工作面向采空区方向漏风主要集中在进风巷一侧 40 m 左右,采空区风流汇入工作面的区域主要集中在回风巷一侧 40 m 左右。

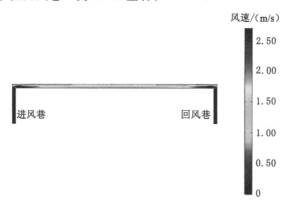

图 3-27　工作面风速分布云图

　　采空区漏风风速分布云图如图 3-28 所示,由图可以看出,在靠近进、回风巷附近 40 m 左右的漏风风流较大,最大漏风风速接近 0.30 m/s,这与工作面风速在此区域的降低相对应。根据工作面风速在靠近进、回风巷 40 m 左右的降低和采空区漏风风流在此区域的风速,综合得出采空区的漏风范围为靠近进、回风巷 40 m 左右。此外,从工作面至采空区浅部范围内,采空区漏风风速的变化梯度较大,采空区中部漏风风速相对较小,采空区深部的漏风风速很小,接近 0,这是因为由工作面至采空区深部,先后经历了自然堆积区和压实区,自然堆积区的煤岩孔隙率、渗透率均较采空区深部压实区的煤岩孔隙率、渗透率大,而在自然堆积区向压实区的过渡区域,由于渗透率和孔隙率的改变,阻力逐渐增大,因此采空区的漏风风速由工作面至采空区逐渐减小。

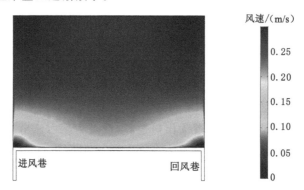

图 3-28　采空区漏风风速分布云图

　　进一步根据采空区漏风风速的大小和巷道的断面面积,可以计算出采空区的漏风量,通过计算得出在距离工作面进风巷 0～40 m 范围内,漏入采空区的风量为 243～297 m³/min;在 40～260 m 范围内,工作面风量变化不大;在 260～300 m 范围内,采空区内的漏风量均涌入工作面,从采空区流入工作面的风量为 285～331 m³/min,表明工作面的邻近部位还有少量风量漏入采空区。

　　(2) 采空区瓦斯分布特征

　　采空区为遗煤及上覆岩层垮落形成的多孔介质充填体,不同位置处的遗煤释放瓦斯的浓度梯度以及各处煤与矸石压实程度差异很大,风压变化较大,造成采空区各处的气体流动速度不同。采空区瓦斯浓度分布,主要是由通风负压、浓度扩散、风流扰动和瓦斯自身浮力四个方面共同作用所形成的。在矿井通风负压和浓度差作用下,部分来自工作面煤壁、采落煤、采空区残煤及邻近层涌出的瓦斯,将和采空区裂隙中的气体一同流动。在沿采场流线方向前进过程中,各涌出源涌出瓦斯汇入,导致沿采场流线方向瓦斯浓度逐步升高。如果这些高浓度瓦斯不能及时被有效导出,则最终流入工作面,从而造成工作面上隅角和回风风流中的瓦斯浓度超限。

采空区瓦斯浓度分布云图和瓦斯浓度等值线分别如图 3-29 和图 3-30 所示,由图可知,采空区内的瓦斯浓度分布、瓦斯流向明显受到漏入采空区气体的压力影响,在工作面附近的瓦斯都向采空区深部运移,这是因为采空区进风侧处于正压环境下,工作面的风流是从工作面进风侧开始往采空区渗漏,使得采空区风流压力从进风侧到回风侧逐渐降低。由于进风口边界通风流速大于瓦斯浓度扩散速度,通风带走的瓦斯量大于扩散补给的瓦斯量,瓦斯浓度降低,漏风风流驱散降低瓦斯浓度的作用显著,所以在靠近进风侧附近,工作面漏风风流不断对工作面附近涌出的瓦斯进行稀释,使瓦斯浓度较低,不超过 3%。

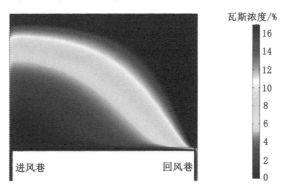

图 3-29　采空区瓦斯浓度分布云图

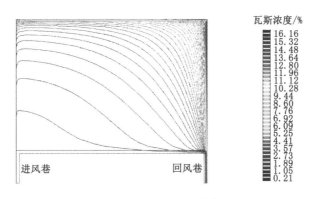

图 3-30　采空区瓦斯浓度等值线图

而靠近回风侧,漏风风流带走的瓦斯量小于扩散补给的瓦斯量,瓦斯浓度较高,瓦斯从工作面进风侧向采空区深部延伸到回风侧逐步形成“扇形”浓度降低区,瓦斯浓度降低集中发生在采空区前部靠近进风侧,受漏风的影响导致采空区瓦斯从进风侧开始逐渐向回风侧运移,并将瓦斯携带至采空区深处。在采空区的深部,由于远离工作面,采空区漏风风速远远低于工作面风速,采空区内瓦斯不随低速风流流动或仅缓慢移动,所以漏风风流对瓦斯的影响很小,使得瓦斯浓度较高,最高可达 16% 以上。因此,采空区内瓦斯浓度随着距工作面的距离加大而不断升高。采空区瓦斯从回风侧流入工作面回风巷中,导致回风侧瓦斯浓度较高,尤其是工作面上隅角附近形成瓦斯积聚区。这是由于靠近回风侧和上隅角处的区域受风流扰动作用小,漏风风流从工作面进风侧漏向采空区,从回风侧漏回到工作面,此时的漏风风流会携带采空区大量的高浓度瓦斯,造成上隅角瓦斯大量积聚。

(3)采空区瓦斯涌出量

采空区瓦斯涌出主要由采空区遗煤释放的瓦斯和邻近层围岩释放的瓦斯组成,根据上文采空区漏风规律、采空区瓦斯浓度分布特征可知,采空区中的瓦斯主要在漏风风流的作用下,从进风侧流向回风侧,在压力的作用下,从回风侧流入工作面回风巷中,导致回风侧瓦斯浓度较高,尤其是工作面上隅角附近,形成瓦斯积聚区。上隅角瓦斯浓度较高,最高瓦斯浓度接近 1.5%,上隅角平均瓦斯浓度为 1.1%,如图 3-31 所示。因此可以通过采空区的漏风量和瓦斯浓度计算出采空区的瓦斯涌出量,根据采空区漏风规律可知,在距离进风巷 260~300 m 范围内,采空区内的漏风量携带的采空区瓦斯涌入工作面上隅角,从采空区流入工作面的风量为 285~331 m³/min,取上隅角瓦斯浓度为 1.1%,因此可以计算出采空区瓦斯涌出量为 3.135~3.641 m³/min,靠近回风巷 40 m 范围内的单位长度漏风瓦斯涌出量为 0.078~0.091 m³/min。

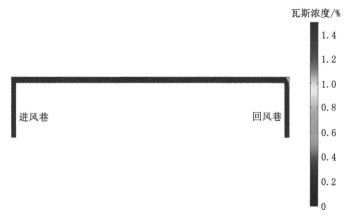

图 3-31　工作面上隅角瓦斯浓度分布

3.5　综放工作面煤壁瓦斯涌出规律

3.5.1　数值模型建立

在工作面开采过程中,新鲜煤壁不断暴露,工作面的前方始终存在着一定的瓦斯压力梯度,从而使煤层中的瓦斯涌向工作面,瓦斯的涌出强度随着煤壁暴露时间的增加而降低,煤壁瓦斯涌出量主要取决于煤层原始瓦斯压力、透气性及工作面推进速度等因素[67]。为了研究工作面煤壁瓦斯随暴露时间变化的动态涌出规律,利用 COMSOL Multiphysics 数值模拟软件建立一个单位长度为 4 m 的工作面煤壁模型(图 3-32),并考虑了综放工作面的暴露煤壁与一次采全高的区别,将暴露煤壁分为迎头煤壁和顶部煤壁,煤壁瓦斯涌出量为这两部分的瓦斯涌出量之和。根据孙重旭式与扩散因子的相关关系[68],取扩散系数为 7.3×10^{-10} m²/s,结合现场实测数据,工作面煤壁长度取 300 m,工作面采高取 3 m,放煤厚度取 3 m,液压支架顶部支撑长度取 3 m,瓦斯压力取 0.2 MPa,对应的可解吸瓦斯量取 1.5 m³/t。考虑煤壁煤体处于卸压区,煤体渗透率介于原始煤体和松散煤体之间,取经验值为 2.5×10^{-9} mm²。

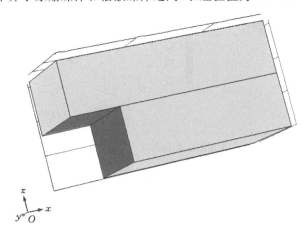

图 3-32　综放工作面煤壁模型

3.5.2　模拟结果分析

针对上述模型数值计算了煤壁分别在 1 min、10 min、30 min、60 min、8 h 及 24 h 共 6 个时间点的瓦斯涌出情况,各时间点的瓦斯涌出情况如图 3-33 所示。

分析图 3-33 可知,综放工作面煤壁随着暴露时间的增加,瓦斯涌出量不断增加,但是受煤层透气性等因素影响,煤壁浅部瓦斯涌出较多,深部随着时间的推移,瓦斯涌出不明显。

将数值解算的参数用 Origin 软件对 300 m 长的工作面进行拟合,经计算得出暴露时间与瓦斯涌出量的关系,如图 3-34 所示。从图中分析可知,随着时间的推移,煤壁瓦斯涌出量下降,前期随着时间的推移瓦斯涌出量下降幅度较大,后期随着时间的推移下降幅度较小,逐步趋于稳定。

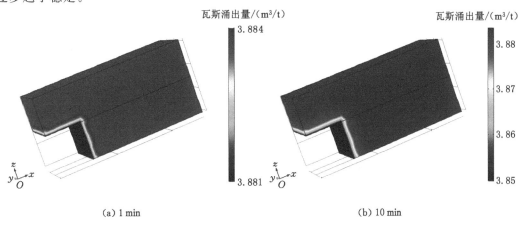

(a) 1 min　　　　　　　　　　　　　　　(b) 10 min

图 3-33　综放工作面煤壁不同暴露时间的瓦斯涌出情况

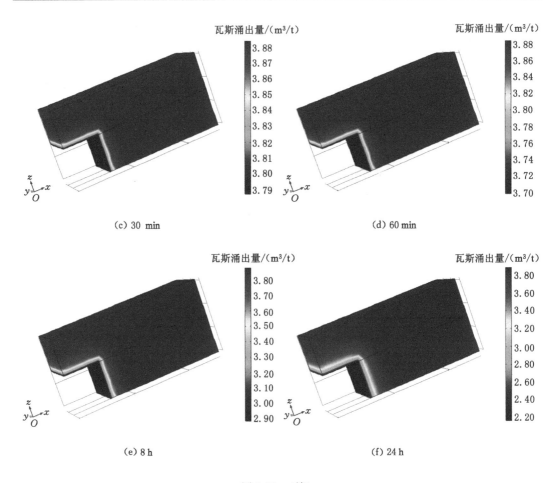

(c) 30 min

(d) 60 min

(e) 8 h

(f) 24 h

图 3-33 （续）

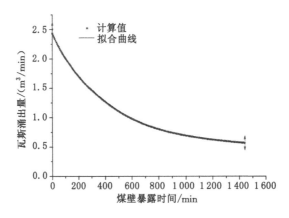

图 3-34 综放工作面煤壁瓦斯涌出量动态变化

煤壁瓦斯涌出量曲线拟合方程为 $Q_{壁}' = 1.907\ 6\mathrm{e}^{-0.002\ 3t} + 0.506\ 8$，相关性系数 $R^2 = 0.999\ 78$。即：

$$Q_{壁}' = \alpha \mathrm{e}^{-\beta t} + \gamma \qquad (3\text{-}4)$$

式中 $Q_壁'$——综放工作面煤壁瓦斯涌出量,m^3/min;

　　　t——煤壁暴露时间,min;

　　　α,β,γ——煤壁瓦斯涌出系数,结合拟合结果,$\alpha=1.907\ 6\ m^3/min$,$\beta=0.002\ 3\ min^{-1}$,

　　　　　$\gamma=0.506\ 8\ m^3/min$。

3.6　综放工作面瓦斯涌出影响因素分析

3.6.1　矿山压力对瓦斯涌出的影响

综放开采导致开采强度大,引起采场应力较大变化且重新分布,从而导致综放工作面的不同区域与空间内的煤岩体发生大变形和大面积破坏。由于采场应力的影响,采场煤岩体在原生裂隙的基础上继续发展并产生新的裂隙,这将对综放工作面不同区域的瓦斯赋存与运移产生较大影响。

微震事件的数量和能量大小反映了工作面煤岩体的破坏特征,因此通过分析微震事件与瓦斯涌出量的关系,即可得知煤岩体破坏对瓦斯涌出量的影响[69]。将微震监测期间的微震事件频次与工作面的瓦斯涌出量进行对比分析,如图 3-35 所示。周期来压期间工作面瓦斯涌出主要来源于采空区,因此本次分析认为周期来压期间瓦斯涌出的增加量主要来源于采空区的瓦斯涌出。

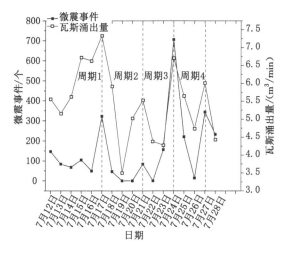

图 3-35　微震事件与瓦斯涌出量变化特征

由图可知,监测期间工作面的瓦斯涌出量与微震事件数量的分布都具备一定的周期性,每日微震事件数量和工作面的瓦斯涌出量共出现了 4 次周期性的变化,因此可以认为监测期间工作面基本顶发生了 4 次周期性断裂破坏,基本顶断裂后回转下沉引起工作面周期来压,导致微震事件和瓦斯涌出量的增多。当微震事件增多时,瓦斯涌出量也相应增多,当微震事件数量达到最大时,瓦斯涌出量也达到最大值,瓦斯涌出量和微震事件的峰值分别发生在 7 月 17 日、21 日、24 日、27 日,其中 17 和 24 日瓦斯涌出的强度最大。瓦斯涌出量随着微震事件的加剧而增加,且表现出很强的相关性,因此,采用微震监测也可间接预测瓦斯涌出量的变化。

将各次来压前后瓦斯涌出量和微震事件的数据进行统计,如表 3-2 所列。由表可以看出,监测期间共发生 4 次来压,第一次来压前的瓦斯涌出量和微震事件分别为 6.63 m³/min 和 49 个,来压时瓦斯涌出量和微震事件分别为 7.33 m³/min 和 322 个,分别是来压前的 1.11 倍和 6.57 倍;第二次来压前的瓦斯涌出量为 5.02 m³/min,来压时瓦斯涌出量为 5.53 m³/min,是来压前的 1.10 倍,而第二次来压前没有监测到微震事件,来压时微震事件增加到 83 个;第三次来压前的瓦斯涌出量和微震事件分别为 4.28 m³/min 和 156 个,来压时瓦斯涌出量和微震事件分别为 6.71 m³/min 和 706 个,分别是来压前的 1.57 倍和 4.53 倍;第四次来压前的瓦斯涌出量和微震事件分别为 4.74 m³/min 和 14 个,来压时瓦斯涌出量和微震事件分别为 6.01 m³/min 和 343 个,分别是来压前的 1.27 倍和 24.50 倍。

表 3-2 来压前后瓦斯涌出量和微震事件变化表

来压周期	瓦斯涌出量/(m³/min)			微震事件/个		
	来压前	来压时	倍数	来压前	来压时	倍数
1	6.63	7.33	1.11	49	322	6.57
2	5.02	5.53	1.10	0	83	—
3	4.28	6.71	1.57	156	706	4.53
4	4.74	6.01	1.27	14	343	24.50
平均	5.17	6.40	1.24	55	364	6.62

将四次来压前后的瓦斯涌出量和微震事件进行平均,发现来压时的瓦斯涌出量为来压前的 1.24 倍(增加量主要源于采空区瓦斯涌出),来压时的微震事件是来压前的 6.62 倍,表明来压前后微震事件的增长趋势大于瓦斯涌出量,四次来压前后微震事件的倍数约为瓦斯涌出量的 5.34 倍,因此可以认为微震事件的增多是瓦斯涌出量增大的前兆,对工作面瓦斯涌出的预测和治理具有一定的指导。

3.6.2 配风量对瓦斯涌出的影响

采煤工作面的配风量对瓦斯涌出量和瓦斯排放量大小有一定的影响。配风量过小,上隅角及回风巷道瓦斯浓度易超限。但配风量过大,导致采空区瓦斯涌出量增大,同样易造成上隅角瓦斯浓度超限。根据实测资料,分析的采煤工作面配风量、风排瓦斯量和瓦斯涌出量的关系如图 3-36 所示。

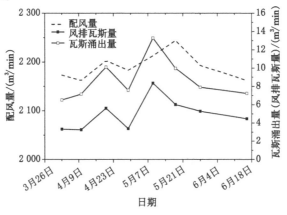

图 3-36 12322 工作面配风量与风排瓦斯量和瓦斯涌出量的关系

由图 3-36 可以看出,风排瓦斯量和瓦斯涌出量与工作面配风量的变化趋势相似,配风量增加时,风排瓦斯量和瓦斯涌出量增加,反之亦然。分析表明配风量与瓦斯涌出量呈正相关的关系,根据矿井地质条件和采煤方式,确定王家岭矿工作面的配风量为 2 000~2 200 m³/min 时较为合理。

3.6.3 瓦斯含量对瓦斯涌出的影响

为了进一步详细掌握工作面前方回采区域煤层瓦斯含量分布情况,根据 12322 工作面实际结合 2 个原有煤层瓦斯含量测点布置情况,本次在 12322 工作面前方煤层待回采区域布置瓦斯含量测点 3 个,工作面已采和未采区域共 5 个瓦斯含量测定结果,如表 3-3 所列。

表 3-3　12322 工作面瓦斯含量测定结果

取样地点	取样深度/m	可解吸量/(m³/t)	瓦斯含量/(m³/t)
12322 回风巷 2 260 m 处	30	1.65	3.07
12322 回风巷 1 690 m 处	38	2.31	3.69
12322 回风巷 1 630 m 处	45	1.65	3.03
12322 回风巷 1 560 m 处	41	1.90	3.28
12322 回风巷 610 m 处	30	1.61	3.03

由 12322 工作面煤层瓦斯含量及可解吸量测定结果,工作面回风巷 610~2 260 m 范围内煤层瓦斯含量为 3.03~3.69 m³/t,可解吸量为 1.61~2.31 m³/t,工作面回风巷 1 690 m 处(5 月生产时期)比 2 260 m 处(4 月生产时期)煤层瓦斯含量增加 0.62 m³/t,可解吸量增加 40% 左右。

根据 12322 工作面煤层瓦斯含量测定结果和工作面生产情况,收集工作面 2019 年 1 月、4 月和 5 月上旬回风瓦斯浓度及风量数据,对工作面风排瓦斯量进行了分析计算,具体结果如表 3-4 所列。

表 3-4　12322 工作面不同时间段风排瓦斯量分析计算结果

项目	2019 年 1 月 4 日—29 日	2019 年 4 月 3 日—10 日	2019 年 4 月 12 日—28 日	2019 年 5 月 5 日—11 日
静态时回风平均瓦斯浓度/%	0.05	0.06	0.14	0.13
回风日平均瓦斯浓度/%	0.18	0.14	0.27	0.27
回风日最高平均瓦斯浓度/%	0.45	0.31	0.65	0.68
风量/(m³/min)	2 200	2 300	2 300	2 600
静态时风排瓦斯量/(m³/min)	1.13	1.41	3.17	3.42
日平均风排瓦斯量/(m³/min)	3.97	3.21	6.17	6.94
日最大平均风排瓦斯量/(m³/min)	9.92	7.19	14.88	17.72
日平均回采进度/m	6.93	5.54	4.99	5.18
日吨煤平均风排瓦斯量/(m³/t)	0.32	0.33	0.70	0.76

由表 3-4 可知:5 月 5 日—11 日的日吨煤平均风排瓦斯量相比 1 月 4 日—29 日、4 月 3 日—10 日、4 月 12 日—28 日分别增大 0.44 m³/t、0.43 m³/t、0.06 m³/t;5 月上旬静态时风排瓦斯量、日平均风排瓦斯量、日最大平均风排瓦斯量相比 4 月明显升高。同时,5 月上旬瓦斯含量和可解吸瓦斯量均有所增大,这说明煤层瓦斯含量和可解吸瓦斯量是影响工作面回采时瓦斯涌出量的主要原因。

3.6.4 推进速度对瓦斯涌出的影响

影响综放工作面采空区瓦斯涌出的因素很多,其中工作面的煤层赋存条件和开采条件对采空区瓦斯涌出影响较大,煤层赋存条件包括煤层瓦斯含量、开采煤层厚度、邻近层个数及其距开采层距离、顶底板岩性、有无地质构造等,开采条件包括开采方式(分层、综放等)、巷道布置方式、通风系统、工作面推进距离、工作面风压、工作面配风量、生产工序、采空区面积、采高、工作面长度、采出率、有无采空区抽采等因素。对于给定的工作面,赋存条件确定的情况下,工作面开采条件的不同会影响工作面及其采空区的瓦斯涌出。本次以 12322 工作面为例,分析工作面日推进距离对瓦斯涌出量的影响。

本次收集统计了 12322 工作面 7 月 1 日—8 月 20 日的日推进距离和瓦斯涌出量,统计时间共计 51 d,其中 15 d 的推进距离为 0 m,即当天工作面未生产,通过对同一开采工作面日推进距离和瓦斯涌出量的关系比较,得到了 12322 工作面日推进距离和瓦斯涌出量变化关系如图 3-37 所示。

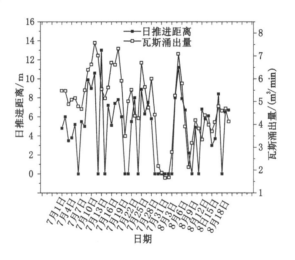

图 3-37 日推进距离与瓦斯涌出量变化关系图

由图 3-37 可以看出,随着时间的推进,工作面日推进距离和瓦斯涌出量有着相似的变化趋势,且相关性较高,整体来看,日推进距离越大,瓦斯涌出量越大,未生产期间的瓦斯涌出量大小均处于变化曲线的低谷,比如 7 月 11 日、7 月 18 日和 8 月 5 日,这三天的日推进距离大,分别为 10.6 m、7.8 m、11.2 m,当日的瓦斯涌出量分别为 7.58 m³/min、7.33 m³/min、7.09 m³/min,均达到变化曲线的峰值,而 7 月 29 日—8 月 3 日之间工作面未生产,工作面平均瓦斯涌出量大小为 2.03 m³/min,表明日推进距离和瓦斯涌出量变化趋势相似,瓦斯涌出量随着日推进距离的增大而增大。

3.7 本 章 小 结

（1）利用单元法对工作面瓦斯浓度分布进行三维空间测定，得出工作面距进风巷最远处测点的生产班工作面瓦斯浓度最大值为 0.28％～0.35％，工作面上隅角瓦斯浓度与采煤机距上隅角距离呈负相关关系；检修班工作面瓦斯浓度最大值为 0.16％～0.25％，随着与煤壁距离增大，靠近进风巷一端瓦斯浓度整体上呈现逐渐降低的趋势，靠近回风巷一端瓦斯浓度整体上呈现先降低后升高的变化规律，另外，工作面上部区域瓦斯浓度高于中部和下部区域。

（2）根据综放工作面开采工艺特点，将采煤工作面瓦斯涌出划分为 4 个来源，分别为煤壁瓦斯涌出、采落煤瓦斯涌出、放落煤瓦斯涌出、采空区瓦斯涌出；煤壁瓦斯涌出主要与暴露时间相关，采落煤和放落煤瓦斯涌出主要与落煤粒度和运煤时间相关，采空区瓦斯涌出主要与漏风量和漏风风流瓦斯浓度相关。

（3）基于图像识别技术得到工作面落煤粒度分布特征。从统计结果可以看出，工作面前后刮板的落煤粒度主要是集中在 20～100 mm 之间的中等粒度，但相比而言，前刮板落煤粒度分布范围更广，存在较高比例的微小粒度和大粒度，而后刮板落煤粒度分布较集中，微小粒度和大粒度分布很少。得出的前后刮板落煤粒度分布比例可以为研究综放工作面采落煤和放落煤瓦斯涌出量预测模型提供依据。

（4）根据粒度分布特征，对落煤粒度主要分布区域进行数值计算，定量分析不同粒度的落煤瓦斯涌出强度。结果显示：随着暴露时间的增长，各粒度落煤瓦斯涌出强度呈指数衰减，且粒度越小，瓦斯涌出强度衰减越明显，并得出不同粒度落煤瓦斯涌出强度的初始值 α，衰减系数 β，最小值 γ。

（5）通过数值模拟分析了采空区和煤壁瓦斯涌出规律。结果显示：采空区瓦斯涌出量为 3.135～3.641 m^3/min，靠近回风巷 40 m 范围内的单位长度漏风瓦斯涌出量为 0.078～0.091 m^3/min；煤壁瓦斯涌出量随时间的推移呈指数下降关系，当暴露时间超过 1 d 后，瓦斯涌出量基本趋于稳定。

（6）研究各影响因素对工作面瓦斯涌出的影响特点。结果发现：配风量对风排瓦斯量影响较大；煤层的瓦斯含量和可解吸量对瓦斯涌出量也有一定的影响；来压时期瓦斯涌出量也会相应增加；工作面推进速度也是影响工作面瓦斯涌出的重要因素。

4 高强度综放开采瓦斯储运优势通道时空演化规律

受采动应力影响,煤层覆岩将会发生损伤甚至破坏,形成穿层裂隙和离层裂隙,覆岩间将形成一个巨大的裂隙网络通道。此时煤层中采动卸压瓦斯沿着覆岩采动裂隙网络进行运移,采动裂隙成为采动卸压瓦斯的主要储运场所。本章通过物理相似材料模拟、数值模拟和现场实测对采动覆岩裂隙分布特征进行了深入研究,并对采动卸压瓦斯储运优势通道进行了总结。

4.1 采动卸压瓦斯储运优势通道演化物理相似材料模拟分析

综放工作面顶煤及上覆岩层活动过程的复杂性和不可见性给采场覆岩运移规律的研究带来了困难[70]。上覆岩层活动有其自身的特殊性,其移动特性和运动的复杂性均不能只从表现形式(如地表沉陷)及机理(理论研究)方面获得完善的结论,为了加深对厚煤层覆岩内部岩层之间以及岩层与表土层之间破断、沉陷规律的认识,以较全面地掌握王家岭矿综放工作面覆岩运移规律,下面结合物理相似材料模拟方法进行研究分析。

4.1.1 模型设计与搭建

根据工作面开采实际和实验要求,采用平面模型进行物理相似材料模拟实验,模型参数根据工作面实际煤岩层地质条件和物理力学参数测试确定。地面标高 750.0~885.5 m,模拟时取为 840 m;工作面标高 554.6~582.9 m,模拟时取为 562.0 m,因此上覆岩层的总厚度为 278 m。工作面走向长 1 228 m,倾斜长 250 m,煤层倾角 2°~7°,平均为 3°,模拟时按照水平煤层进行模拟。煤层赋存稳定。

(1)模型设计。实验采用的平面模型架几何尺寸为 2.5 m×2.0 m×0.2 m(长×高×宽),模型相似比为 1:200,最大承载 10~20 t。模型建立考虑地表起伏的情况,根据实际地质条件,铺设实验模型,设计模型右侧沟谷高 157.0 cm,坡体角度 16°,沟谷底部高 136.0 cm,左侧沟谷高 150.0 cm,坡体角度 11°,煤层厚度 3.1 cm,底板厚度 8.7 cm。

(2)模型的装填。岩层每次装填厚度一般采用 0.5~2.0 cm,大于 2.0 cm 不易捣实,会造成同一层上密下松,材料铺设不均匀,而小于 0.5 cm 则会造成岩层成型困难。该模型采用云母粉作为自然分层界限。在装填模型前,必须按照强度的配比号计算出每一层的总体积和总质量,然后按质量在 7~8 min 内装填完毕,防止在装填前石膏凝固,从而影响物理相似材料的强度。建立的物理相似材料模型如图 4-1 所示。

图 4-1 物理相似材料模型

4.1.2 开采方案与测线布置

（1）模型的开采方案。为消除边界效应的影响，在模型左边界留 20.6 cm 的煤柱，右边界留 35.0 cm 的煤柱。模型的开采高度为 3.1 cm，相当于实际采高为 6.2 m，每 14.14 min 采一次，推进 2.8 cm，相当于实际每天推进 5.6 m，模型的开采长度为 190.4 cm，相当于实际开采长度为 380.8 m。

（2）模型测点布置和观测。为了分析上覆岩层的位移随工作面推进的变化情况，在煤层顶板中布置位移测点，观测工作面开采过程中上覆岩层垂直和水平位移的变化情况。位移测点沿煤层上方共布设 5 层，从煤层顶部开始布置，第 1 层测点距煤层顶板 6.0 cm 布置，第 2 层测点距煤层顶板 14.0 cm 布置，第 3 层测点距煤层顶板 25.0 cm 布置，第 4 层测点距煤层顶板 42.0 cm 布置，第 5 层测点距煤层顶板 78.0 cm 布置，沿走向方向每层布置 25 个测点，测点间距 10.0 cm，共计布设 125 个位移基点。每层位移测点水平观测线及对应的岩层情况见表 4-1。

表 4-1 覆岩位移测点水平观测线及对应的岩层情况

岩层编号	所处岩层	岩层厚度/m	测线编号	距煤层顶板距离/m
26	粉砂岩	31.82	1	12.0
19	中粒砂岩	5.72	2	28.0
12	中粒砂岩	12.27	3	50.0
8	中粒砂岩	10.66	4	84.0
6	粉砂岩	8.47	5	156.0

（3）模型自开切眼开始至开采 190.4 cm 过程中，每开采 2.8 cm 便对采场正上方顶板内的裂隙、煤壁上方的裂隙及采空区上方的"三带"进行一次宏观观察测量，同时采用数码相机对上覆岩层移动情况进行了拍摄监测，如图 4-2 所示。然后通过计算机图像处理技术，对数字化图像进行处理，分析随工作面开采上覆岩层整体位移变化情况。在全部模拟开采结束且岩层移动稳定以后，进行最后一次测量。

图 4-2　数码相机对覆岩移动情况拍摄监测

4.1.3　沿走向分步开挖覆岩活动规律

（1）直接顶垮落

在距模型右侧边界 35.0 cm 处开挖 4.0 cm 煤层作为开切眼（对应开切眼的宽度为 8.0 m）。之后按照 1∶200 的时间比开采模型，每 14.14 min 向前推进 2.8 cm。当工作面推进 28.0 m 时，直接顶初次垮落，垮落的岩块较破碎，块度较小。当工作面推进 39.2 m 时，直接顶随采随落，发生多次垮落，顶板暴露面积增大，有纵向裂隙发育。此时基本顶中部可看到裂隙，直接顶的垮落高度为 2.5 m。直接顶垮落情况如图 4-3 所示。

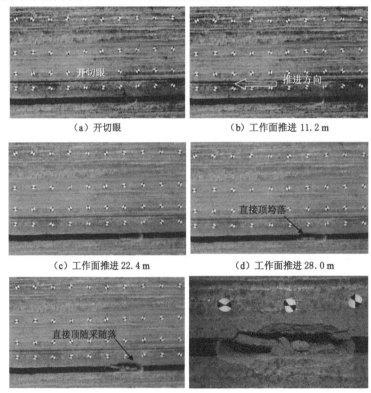

图 4-3　直接顶垮落情况

（2）基本顶初次垮落

工作面推进 50.4 m 时，直接顶再次垮落，基本顶同时达到极限跨距，发生初次破断，如图 4-4（a）、（b）所示。基本顶初次垮落时，直接顶厚度较小，难以充满采空区，因此基本顶破断时下沉量较大。当工作面推进 56.0 m 后，基本顶下分层再次破断，同时基本顶上覆岩层开始出现离层现象。继续推进 5.6 m 后，基本顶上分层垮落，上覆岩层内离层裂隙向上发育，离层最大发育高度距煤层顶板 18.0 m，最大离层量为 1.3 m，如图 4-4（c）～（e）所示。当工作面推进 72.8 m 时，基本顶发生滑落失稳，在工作面后方 10.0 m 处切落，测得煤层上覆岩层最大垮落高度为 16.4 m，为采高的 2.6 倍，如图 4-4（f）所示。

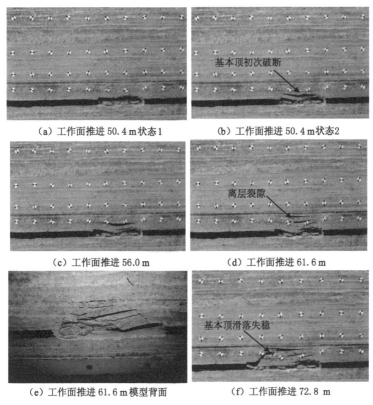

（a）工作面推进 50.4 m 状态 1　　　（b）工作面推进 50.4 m 状态 2

（c）工作面推进 56.0 m　　　（d）工作面推进 61.6 m

（e）工作面推进 61.6 m 模型背面　　　（f）工作面推进 72.8 m

图 4-4　基本顶初次破断情况

（3）基本顶周期破断

基本顶初次破断后，开采工作继续进行，当工作面推进 78.4 m 时，基本顶下分层再次破断，工作面第一次周期来压，步距约为 28.0 m，如图 4-5（a）所示。随着工作面的继续推进，基本顶上分层陆续破断垮落，采空区上方岩层出现离层裂隙，最大离层量为 1.0 m，此时顶板垮落的高度为 17.5 m，为采高的 2.8 倍，裂隙发育高度距煤层顶板 20.5 m，如图 4-5（b）所示。

当工作面推进 106.4 m 时，基本顶第二次周期破断，步距为 28 m，垮落带的高度基本没有变化，距离煤层顶板 31.0 m 的泥岩在开切眼端上方发生弯曲下沉，与上方的中粒砂岩间产生离层裂隙，最大离层量为 0.8 m，如图 4-5（c）所示。当工作面推进 112.0 m 时，由于上方覆岩的下沉，距煤层顶板 20.0 m 处的离层裂隙逐渐压实闭合，此时裂隙发育的最大高度距

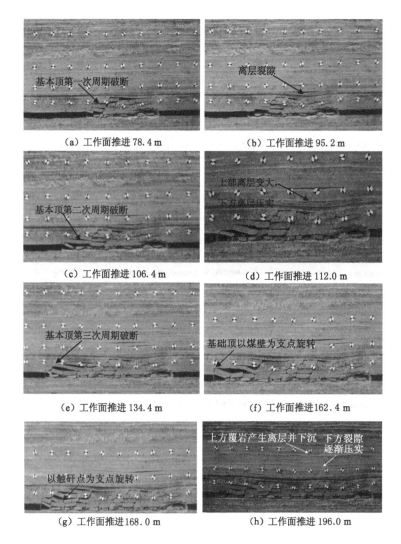

图 4-5　基本顶周期破断情况

煤层顶板 31.0 m,为采高的 5.0 倍,如图 4-5(d)所示。

当工作面推进 134.4 m 时,基本顶第三次周期破断,步距为 29.0 m,垮落带高度不再发生变化,上覆岩层裂隙已发育至距煤层顶板 34.0 m 处,产生离层的最大高度距煤层顶板约 40 m,最大离层量为 1.2 m,最大离层位置在走向上位于工作面后方 90.0 m 处,离层发育区域长 73.0 m,离层两端分别距工作面和开切眼为 50.0 m 和 24.0 m,如图 4-5(e)所示。

随着工作面向前推进,采空区上方覆岩内离层裂隙继续向前及向上发展,推进距离达到 162.4 m 时,基本顶再次破断,步距为 28 m,周期来压过程中基本顶破断岩块具有以实体煤壁为支点向采空区旋转的趋势,如图 4-5(f)所示。当工作面推进 168.0 m 时,触矸稳定,又出现了以触矸点为支点向工作面方向旋转的趋势,如图 4-5(g)所示。在此过程中,离层裂隙已发育至距煤层顶板 58.0 m 处。

当工作面推进 196.0 m 时,基本顶再次发生周期性破断,纵向裂隙的发育高度仍未发生变化,而由于上方覆岩的进一步弯曲下沉,下方距煤层顶板 35.0 m 处的离层开始逐渐变小压实,离层裂隙持续向上发展,如图 4-5(h)所示。此时裂隙发育的最大高度距煤层顶板62.0 m 左右,约为采高的 10.0 倍。

(4) 覆岩"三带"的发育情况

当工作面推进 200 m 左右时,上覆岩层中的中粒砂岩发生破断,其上方的数层岩层同步破断,裂隙向上发展,位于开切眼端的裂隙发育高度距煤层顶板已达到 51.0 m,工作面开采位置处裂隙的发育相对滞后。同时工作面上覆岩层区域产生 0.6 m 的最大离层,而采空区中部覆岩压实,裂隙逐步闭合。开切眼上方和工作面上方仍有较大离层裂隙,并且工作面端的离层区随着工作面的开采不断前移。

工作面推进 218.4 m 时,基本顶周期来压,步距约为 23.0 m,裂隙发育至距煤层顶板64.0 m 处,如图 4-6(a)所示。当工作面推进 246.4 m 时,基本顶再次破断,裂隙向上发展至距煤层顶板 95.0 m 处,在此过程中,离层裂隙的高度并未变化,但数量有所增多,如图 4-6(b)所示。当工作面推进 285.6 m 时,离层裂隙高度达到 110.0 m,距煤层顶板 120.0 m 处的岩层内也出现少量裂隙,但与下方的裂隙并未导通,如图 4-6(c)所示。由于上覆岩层的移动滞后于工作面的开采,所以在工作面开采结束后的一段时间内,工作面端的裂隙场逐步与开切眼端裂隙场趋于一致,最终工作面覆岩垮落带高度为 19.2 m,裂隙带高度为 117.0 m,如图 4-6(d)所示。

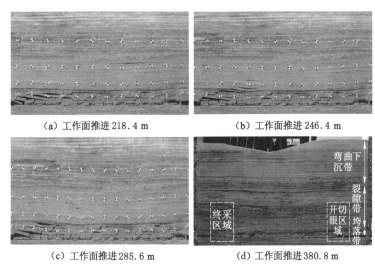

（a）工作面推进 218.4 m   （b）工作面推进 246.4 m

（c）工作面推进 285.6 m   （d）工作面推进 380.8 m

图 4-6　覆岩"三带"动态发育情况

煤层开采结束后,测得工作面开切眼区域覆岩的垮落角为 64.5°,终采区域覆岩垮落角为 66.0°,如图 4-7 所示。在开切眼和终采线附近有裂隙贯通区,有可能成为采空区和工作面的导水通道。采空区中部重新压实,裂隙基本完全闭合。同时地表黄土层受到张力的影响,形成拉伸裂隙,最大深度达 16.0 m,如图 4-8 所示。

由图 4-5 至图 4-8 可以看出,工作面开采过程中,基本顶初次破断步距为 58.4 m(包括开切眼 8 m),周期来压步距为 23.0~29.0 m。在实验中采空区顶板总是自下而上周期性地产生破断垮落。随着工作面的不断推进,顶板离层裂隙及纵向破断裂隙自下而上不断发育、发展,但由于冒矸充填部分采空区阻碍了基本顶破断块体的回转,所以形成暂时的铰接平衡。由于中部运动受阻,在上覆载荷作用下,破断岩块朝反方向回转而使靠近采空区上方离

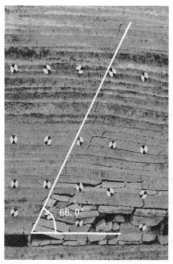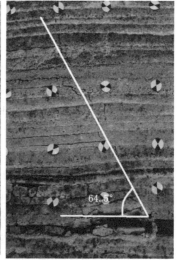

（a）终采区域局部放大图　　　　　　（b）开切眼区域局部放大图

图 4-7　工作面终采区域及开切眼区域覆岩的垮落角

（a）地表受张力开裂　　　　　　　　（b）地表裂隙

图 4-8　地表裂隙发育情况

层裂隙一定程度上被挤压闭合。随着工作面的继续推进,基本顶继续周期来压,采空区中部部分导水裂隙在工作面后方 1～2 个周期来压步距后逐渐压实闭合。工作面终采时,采空区中部导水裂隙已基本压实闭合,导水贯通裂隙仅在工作面和开切眼附近较发育。

（5）覆岩位移变化特征

工作面开采时覆岩中距煤层顶板第 1 层监测线各测点的垂直位移变化曲线如图 4-9 所示,分析得出:当工作面推进 50.4 m 时,垂直位移开始变化,说明基本顶破断,覆岩开始受到采动影响,垂直位移急剧增加;随着工作面不断推进,各个测点的垂直位移不断增大,距开切眼 60.0 m 处的测点在垂直方向上的间距逐渐变小,说明岩层下沉速度在逐渐减小,工作面后方 30.0 m 范围内的测点下沉速度较大,30.0 m 以后的顶板下沉速度明显减小,直至垂直位移基本不再发生变化。

由上述结果可知,基本顶来压期间,顶板破断垮落,下沉速度较大,待与下方矸石接触稳定后,下沉速度逐渐减小,至上方覆岩完全压实后,下沉量不再发生变化。

工作面开采结束后 5 层监测线各测点最终垂直位移变化曲线如图 4-10 所示。从图中可清楚地看出:第 1 层监测线布置在距煤层顶板 12.0 m 处,处于垮落带范围内,最大下沉量为 6.2 m;第 2 层监测线布置在距煤层顶板 28.0 m 处,处于裂隙带范围内,由于下方垮落岩

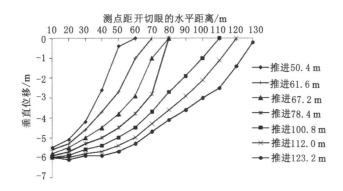

图 4-9 第 1 层监测线各测点垂直位移变化曲线

块破碎后体积膨胀,该监测线的最大下沉量为 5.6 m;第 3 层和第 4 层监测线分别距煤层顶板 50.0 m 和 84.0 m,均处于裂隙带范围内,最大下沉量分别为 4.6 m、4.1 m;第 5 层监测线距煤层顶板 156.0 m,但不在裂隙带范围内,最大下沉量为 3.1 m。可以得出煤层开采后上覆岩层的移动呈现如下规律:从覆岩下沉位移曲线形态上来看,厚煤层综放开采覆岩移动的分布规律符合一般条件下开采的移动规律。覆岩垂直位移曲线基本是对称分布的,最大下沉量位于采空区中央;上覆岩层各层位的下沉量不尽相同,其特点为岩层越往上下沉量越小。

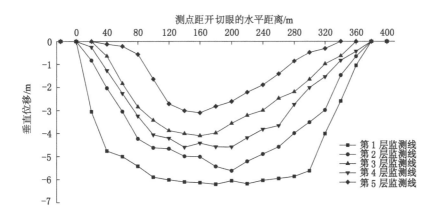

图 4-10 开采结束后 5 层监测线各测点最终垂直位移变化曲线

4.1.4 沿倾向一次开挖覆岩活动规律

为了更好地与现场开采条件相符,倾向物理相似材料模拟实验采用一次性垮落法。如图 4-11 所示,倾向模型开采之后岩层发生垮落,一次性开挖不同于分步开挖,倾向推进速度较快,会增加岩层破断的距离,也会导致左右两边界的垮落角不同,由图可明显看出,左边界(终采处)覆岩垮落角为 55.5°,右边界(开切眼处)覆岩垮落角为 62.5°,由于倾向模型的推进方向是从右向左,最终导致右侧垮落角大于左侧。同时从图上还可以很明显看出采空区中部的裂隙已经被压实,两侧裂隙较为发育,下部裂隙比较杂乱,破断裂隙较多,属于垮落带。通过测量,垮落带的高度为 28.2 m,裂隙带高度为 113.6 m。

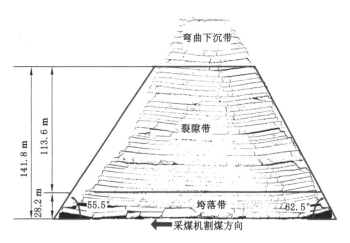

图 4-11 沿煤层倾向工作面上方覆岩垮落及裂隙发育

4.2 采动卸压瓦斯储运优势通道演化数值模拟分析

4.2.1 数值计算模型建立

（1）模型参数确定

为了能够真实反映出王家岭矿综放工作面开采时覆岩活动变形规律和矿压显现规律，依据工作面剖面、地层综合柱状图，综合考虑现场开采范围内构造条件、覆岩性质、边界条件等各方面因素，最终设计模型尺寸（长×宽）为 400 m×200 m。模型走向取工作面推进长度 400 m 进行模拟，另外考虑左右各 50 m 的边界影响区域，实际开采长度为 300 m。

为合理优化模型计算时步，将模型分阶段划分网格。同时受赋存地质条件影响，覆岩内部均含有不同程度随机分布的微裂隙，使得岩体强度降低。因此在模型建立时，在下部岩层中设置随机分布的裂隙模拟岩体初始损伤，建立的数值计算模型如图 4-12 所示。

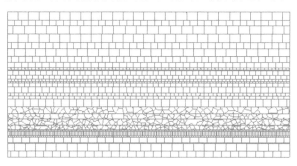

图 4-12 12322 工作面数值计算模型

为模拟采场实际受力情况，模型边界条件为：上边界设置 5 MPa 向下的均匀载荷，模拟上部未建立岩层及表土层压力；侧压系数设为 1，左右边界设置按深度梯度变化的载荷；下边界设为固定位移边界条件。

（2）模型开挖过程的确定

UDEC 数值模拟开挖过程主要分为一次开挖、分步开挖和充填开挖等。大多数采矿开挖工程是多次开挖完成的,且岩石材料具有非线性,受力后的应力状态具有可加载性,而前面的每次开挖都可以对将继续的开挖过程产生影响,最终导致不同的力学结果和不同的岩石稳定状态。因此,选择开挖方式应根据工程的实际情况确定。

针对王家岭矿开采条件,沿走向模拟采用分步开挖模式,沿倾向模拟采用一次开挖模式。煤层在开采前,周围岩体处于应力平衡状态,地下工程开挖打破了采场周围岩体的应力平衡状态,引起围岩应力重新分布,采动覆岩应力分布规律随工作面推进不断变化。分别对工作面走向不同推进长度及倾向一次开挖时上覆岩层垮落情况、覆岩垂直应力和垂直位移分布进行分析。

4.2.2 沿走向分步开挖模拟结果及分析

4.2.2.1 采动覆岩裂隙分布结果分析

工作面煤层开采后,引起覆岩所处的应力环境发生变化,导致岩体发生不同程度的变形和破坏,在覆岩内部形成采动裂隙。图 4-13 为工作面沿走向推进过程中采动覆岩裂隙分布特征模拟结果。

由图 4-13 可知,工作面推进 48 m 时,采空区覆岩破坏大量增多,分布更加集中,破坏分布范围进一步增大,在覆岩 13 m 处产生较大破坏,覆岩发生大面积破断现象,形成较多纵向穿层裂隙,破坏一直延伸至 28 m 高度处,产生若干离层裂隙,覆岩破坏分布形态呈现出近似椭圆抛物体形态。比较初采时覆岩的活动情况,可判定为工作面初次来压。

工作面推进 66 m 时,采空区覆岩在 23 m 高度处增加多处破坏,覆岩发生较大破断现象,纵向裂隙发育,最大破坏高度增加至 33 m,覆岩离层裂隙向上延伸。此阶段破坏范围及强度较大,但相比推进 48 m 时较小,椭圆抛物体的形态分布更加显现。此时采空区覆岩活动范围较大,且活动较强烈,但相比推进 48 m 时有所减弱,由此可判定为工作面第一次周期来压。

之后工作面每开采 20 m 左右,采空区覆岩发生周期性大范围破断现象,沿走向破坏范围不断增大,集中破坏分布呈椭圆抛物体形态,垮落带高度不断增加并最终稳定在 20 m 左右。在工作面推进 138 m 时,采空区覆岩破坏高度基本达到稳定状态,裂隙带高度发育到 115 m 左右。

4.2.2.2 采动覆岩位移分布结果分析

工作面煤层开采造成周围煤岩体应力重新分布,煤岩体所承受的应力变化使其发生移动变形。煤岩体所处层位不同以及其自身物理力学性质不同,使得采场覆岩不同位置处扰动不同,进而造成岩体产生不同的位移。图 4-14 为工作面沿走向推进过程中围岩位移分布特征模拟结果。

由图 4-14 可知,在工作面推进过程中,采空区覆岩位移逐渐增大,位移梯度由内而外、由中心向四周逐渐减小,而不同推进时期位移分布形态有明显差异。工作面推进至 102 m 的过程中,沿走向和倾向位移分布基本呈椭圆抛物体形态,基本以采空区中部为轴对称分布。当工作面继续推进至 300 m 的过程中,位移分布形态开始产生变化,受关键层的影响,在煤层顶板上方 50 m 处位移分布呈现阶梯状过渡,表明此处位移变化较大,下部位移相比上部有明显增大,关键层对上覆岩层位移的约束作用逐渐增强,而且受工作面附近支撑作用的影响,沿走向靠近工作面一侧相对靠采空区一侧位移较小。因此,位移分布中心位置偏向采空区。

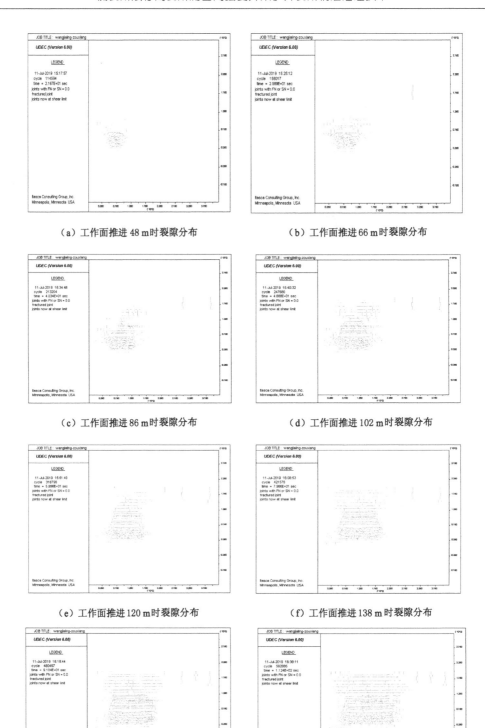

（a）工作面推进 48 m 时裂隙分布 （b）工作面推进 66 m 时裂隙分布

（c）工作面推进 86 m 时裂隙分布 （d）工作面推进 102 m 时裂隙分布

（e）工作面推进 120 m 时裂隙分布 （f）工作面推进 138 m 时裂隙分布

（g）工作面推进 156 m 时裂隙分布 （h）工作面推进 174 m 时裂隙分布

图 4-13 工作面沿走向推进过程中采动覆岩裂隙分布特征模拟结果

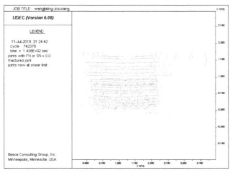
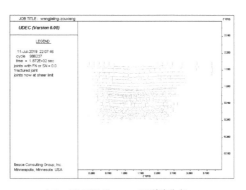

（i）工作面推进192 m时裂隙分布　　　　　（j）工作面推进210 m时裂隙分布

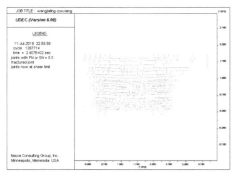
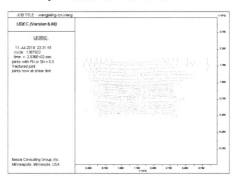

（k）工作面推进228 m时裂隙分布　　　　　（l）工作面推进246 m时裂隙分布

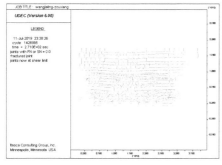
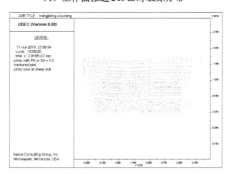

（m）工作面推进264 m时裂隙分布　　　　　（n）工作面推进282 m时裂隙分布

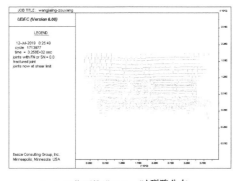

（o）工作面推进300 m时裂隙分布

图 4-13　（续）

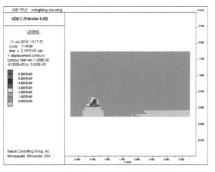

（a）工作面推进48 m时位移分布

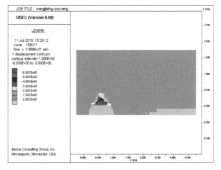

（b）工作面推进66 m时位移分布

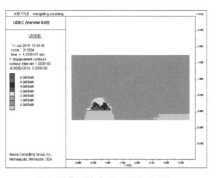

（c）工作面推进86 m时位移分布

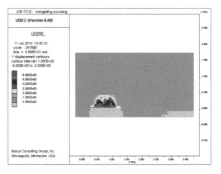

（d）工作面推进102 m时位移分布

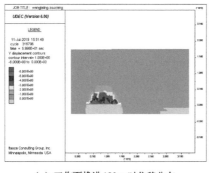

（e）工作面推进120 m时位移分布

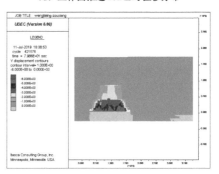

（f）工作面推进138 m时位移分布

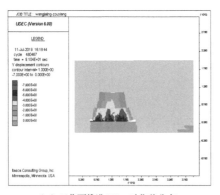

（g）工作面推进156 m时位移分布

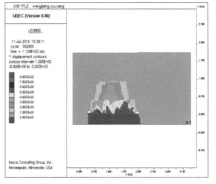

（h）工作面推进174 m时位移分布

图 4-14　工作面沿走向推进过程中围岩位移分布特征模拟结果

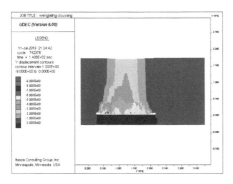 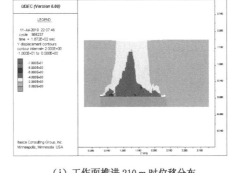

（i）工作面推进 192 m 时位移分布　　　　　（j）工作面推进 210 m 时位移分布

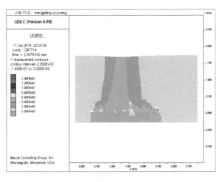 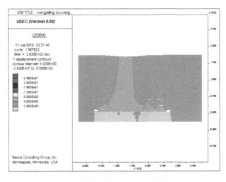

（k）工作面推进 228 m 时位移分布　　　　　（l）工作面推进 246 m 时位移分布

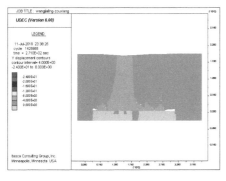 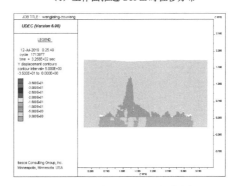

（m）工作面推进 264 m 时位移分布　　　　　（n）工作面推进 300 m 时位移分布

图 4-14　（续）

4.2.2.3　采动覆岩应力分布结果分析

工作面煤层开采后,覆岩原始应力平衡状态遭到破坏,工作面周围煤岩体应力迅速重新分布而达到新的平衡,形成采动应力场。应力重新分布的过程中,岩体内部微裂隙发生扩展延伸,造成岩体损伤破裂,宏观表现为覆岩移动变形甚至破断。因此,煤岩体应力变化是发生变形破坏的根本原因。图 4-15 为工作面沿走向推进过程中围岩应力分布特征模拟结果。

由图 4-15 可以看出,在工作面推进过程中,沿走向工作面采空区覆岩产生卸压区,应力梯度由内而外、由中心向四周逐渐增大。充分卸压区也基本呈椭圆抛物体形态,以采空区中部呈轴对称分布。随着工作面推进,充分卸压区范围和高度逐渐增大,高度最终稳定在距煤层顶板 105 m 左右,与覆岩裂隙带发育高度基本吻合。同时沿走向在开切眼和工作面附近

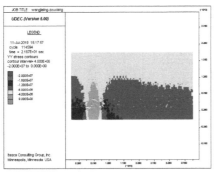

（a）工作面推进48 m时应力分布

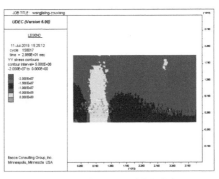

（b）工作面推进66 m时应力分布

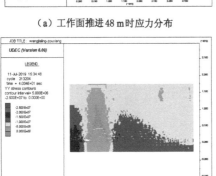

（c）工作面推进86 m时应力分布

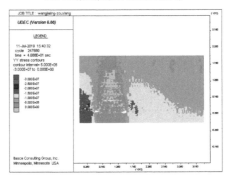

（d）工作面推进102 m时应力分布

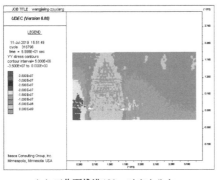

（e）工作面推进120 m时应力分布

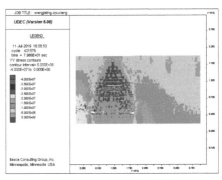

（f）工作面推进138 m时应力分布

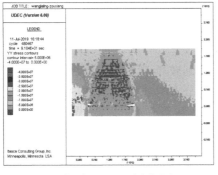

（g）工作面推进156 m时应力分布

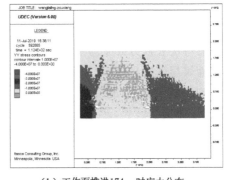

（h）工作面推进174 m时应力分布

图 4-15　工作面沿走向推进过程中围岩应力分布特征模拟结果

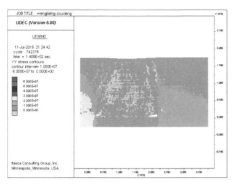
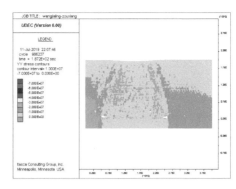

（i）工作面推进192 m时应力分布　　　　（j）工作面推进210 m时应力分布

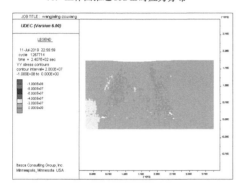
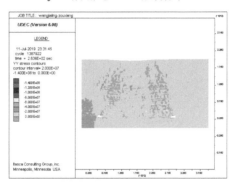

（k）工作面推进228 m时应力分布　　　　（l）工作面推进246 m时应力分布

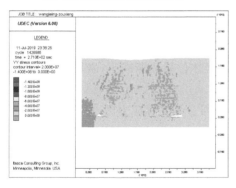
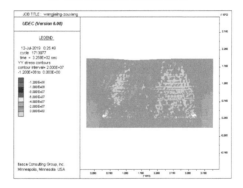

（m）工作面推进264 m时应力分布　　　　（n）工作面推进300 m时应力分布

图 4-15 （续）

岩体由近及远逐渐形成应力升高区,且基本以采空区中部呈轴对称分布。

4.2.3 沿倾向一次开挖模拟结果及分析

工作面煤层开采后,引起覆岩所处应力环境发生变化,导致岩体发生不同程度的变形和破坏,在覆岩内部形成采动裂隙。倾向开挖采动覆岩裂隙、应力和位移分布特征模拟结果如图 4-16 所示。

由图 4-16 可以看出,顶板岩层移动变形产生张开裂隙和闭合裂隙,张开裂隙和闭合裂隙互相交错地分布在一起,形成采动裂隙网络。采动裂隙分布呈现对称分布,近似呈抛物线形态分布,工作面两端形成较多的张开裂隙,工作面中部裂隙在矿山压力的作用下发生闭

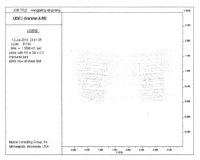
（a）工作面沿倾向裂隙分布

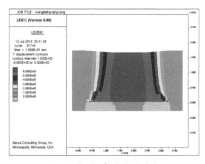
（b）工作面沿倾向位移分布

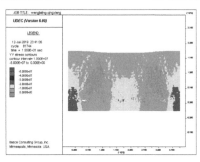
（c）工作面沿倾向应力分布

图 4-16　工作面沿倾向一次开挖模拟结果

合,以闭合裂隙为主。主关键层以上很少存在离层裂隙,说明主关键层对上覆岩层移动起到控制作用,主关键层上覆岩层与主关键层发生同步变形。

顶板岩层在矿山压力和重力作用下经历弯曲下沉、离层、断裂垮落。顶板岩层不同区域位移不同,最大位移基本位于采空区中部,往两边岩体位移逐渐减小,岩层位移分布呈对称分布特征。

顶板岩层应力分布具有一定的对称性,整体上可分为支撑应力区、应力恢复区以及卸压区,采动应力场分布形态近似呈抛物线形态。采动影响下采空区顶板岩层垂直应力急剧减小,形成采动卸压区,在工作面两端头形成应力支撑区,工作面上方区域岩体处于正应力状态,易受拉破坏。同时可以看到,主关键层上部出现明显的应力集中现象,且主关键层下部出现部分卸压,说明卸压区高度发育至主关键层但并未超过主关键层。

4.3　采动卸压瓦斯储运优势通道演化现场实测

4.3.1　微震监测

4.3.1.1　微震监测原理

煤岩体受外界因素影响而发生微破裂,微破裂逐渐聚集,相互贯通,形成裂隙;微破裂发生时,会释放出弹性波,形成一个微震事件;弹性波产生后,在周围煤岩体中传播,利用微震监测系统,将弹性波进行识别、捕获和采集,并对弹性波进行处理和分析,进而可对微震事件(微破裂)位置进行三维空间定位[71-73]。根据微震事件的空间分布情况,可分析得出裂隙的分布状态、演化过程和趋势等[74]。

举例来说,一个微震事件就代表了一个微破裂,如微震事件数量较多、较集中的区域,则微破裂也较密集,因此微破裂相互贯通形成的裂隙发育也较充分,裂隙也就比较丰富和密集,而微震事件数量较少、较稀疏的区域,裂隙也就比较稀疏。如微震事件累积在空间沿着某一方向分布,则代表了裂隙的走向;微震事件在一段时间的累积朝着某一方向发展,则说明裂隙在朝着该方向发育和扩展。因此,根据微震事件的空间分布状态、密集情况、发展动态,可判定出覆岩裂隙的空间分布状态、密集区域、演化过程和演化趋势。

4.3.1.2　监测系统及方案

（1）便携式微震监测系统

微震监测系统的关键组成包括传感器、采集仪和主机三大部分。传感器可识别并捕获煤岩体破裂产生的弹性波,采集仪可对捕获的微震信号进行采集和记录,主机可对采集的微震信号进行查看、分析和处理。

便携式微震监测系统的硬件部分主要由采集仪、传感器和电缆等部件组成;软件部分主要包括采集仪配置软件、数据解编软件和数据处理软件。

① 硬件系统

硬件系统主要包含 1 台八通道采集仪、8 个传感器,以及相关电缆若干。该套硬件系统具有便携度高、测量精度高的优点,井下安装时,仅需要带 1 台采集仪、8 个传感器及部分电缆即可,安装后打开仪器就能实现自动采集。采集仪自带 1 个可操作显示器。

② 软件系统

软件系统集成数据存储、处理、可视化分析及信息发布等功能模块,具有操作便捷、简单易学、自动化程度高等优势。通过前期建立工作面模型,将微震信号及数据可直接导入生成结果图。支持直接导入 DIMINE、CAD 等软件的三维工程和矿体模型。

（2）微震监测方案

① 传感器布置方案

在工作面回风巷共布置 1 台采集仪、8 个传感器。传感器超前工作面 200 m 开始布置,其中 1～4 号传感器安装在巷道靠工作面一侧顶板锚杆上,5～8 号传感器安装在另一侧顶板锚杆上,1～4 号传感器间距 20 m,5～8 号传感器间距也为 20 m,1 号传感器距 5 号传感器间距 10 m,交叉布置。传感器布置方案如图 4-17 所示。

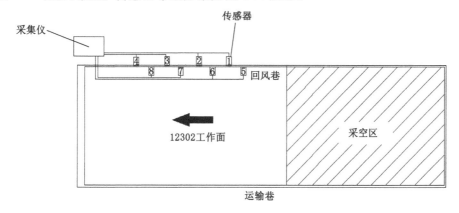

图 4-17　传感器布置方案

② 传感器安装方法

传感器布置在顶板锚杆上,采用锚杆连接杆安装法,传感器通过传感器转接头与锚杆连接,锚杆相当于传感器尾椎,利于接收微震信号,传感器连接电缆后,用扎带将电缆固定在锚网上,并整理整齐,将采集仪放置在不易触碰的地方并固定起来。传感器安装方法如图 4-18 所示。

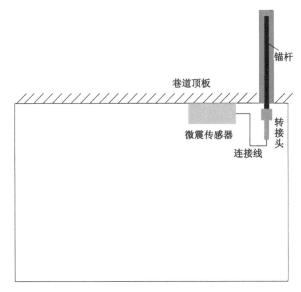

图 4-18　传感器安装方法

注意事项:1~4 号传感器中 1、2 号传感器共用一根电缆,3、4 号传感器共用一根电缆,将采集仪布置在巷道旁边的硐室内,并悬挂起来,之后布置好传感器后需将电缆过顶,过顶时采用扎带将电缆固定在锚网上;5~8 号传感器同理,但不需要过顶,走电缆时将电缆固定在锚网上。

4.3.1.3　监测结果及分析

微震监测系统记录了监测期间工作面区域各类活动事件,经过数据滤波处理得到有效微震事件。对工作面推进过程中产生的微震事件进行了监测,选取典型关键时间段的监测结果,并对结果进行了分析。微震事件分布如图 4-19 至图 4-24 所示。

由图 4-19 可以看出,此时间段内采空区覆岩及底板出现了少量微震事件,事件集中分布高度为距煤层顶板 20 m 左右,集中分布在工作面后方 35 m 范围内。在工作面前方回风巷上部顶板出现了若干微震事件,分布范围在回风巷工作面端头往外约 18 m,高度在 21 m 左右,沿倾向微震事件集中分布在采空区覆岩两侧。表明工作面生产工作对采空区岩层活动的影响较大。

由图 4-20 可以看出,此时间段内采空区覆岩 25 m 高度处新增较多微震事件,采空区微震事件分布较连续,集中程度增加,分布范围加大,分布高度增大至 34 m 左右,沿倾向覆岩跨度两侧微震事件数量和范围增大。表明此时间段采空区覆岩相对较不稳定,出现了较多破坏现象;受超前采动应力的影响,工作面前方煤层产生破坏,破坏多分布在沿倾向靠近两侧巷道。

由图 4-21 可以看出,此时间段采空区覆岩微震事件增多,覆岩 34 m 高度两侧处形成事

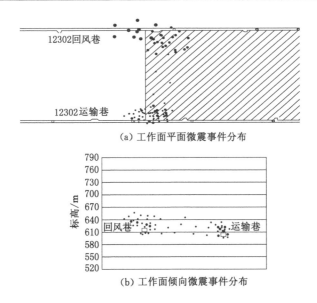

（a）工作面平面微震事件分布

（b）工作面倾向微震事件分布

图 4-19 时段 1 微震事件分布

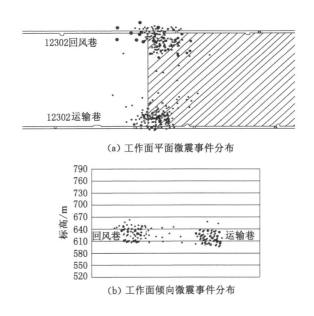

（a）工作面平面微震事件分布

（b）工作面倾向微震事件分布

图 4-20 时段 2 微震事件分布

件集中区,覆岩 52 m 高度处新增若干横向分布的微震事件,同时在采空区煤层底板和覆岩 18 m 高度处增加较多微震事件。表明此时间段采空区覆岩产生较分散的破坏,在采空区工作面后方位置破坏相对较多且集中,是由于采空区端部集中剪切应力造成的;随着工作面的推进,超前采动应力不断升高,工作面前方煤层沿倾向中部集中破坏逐渐增多;同时回风巷上部顶板破坏加剧,破坏更加趋于集中分布,且破坏范围增大。

由图 4-22 可以看出,此时间段内采空区覆岩微震事件明显增多,集中分布位置涵盖采空区煤层底板和采空区覆岩 45 m 高度。覆岩微震事件集中分布高度增加至距煤层顶板

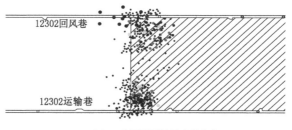

（a）工作面平面微震事件分布

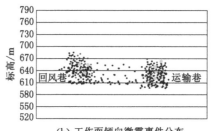

（b）工作面倾向微震事件分布

图 4-21　时段 3 微震事件分布

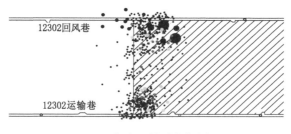

（a）工作面平面微震事件分布

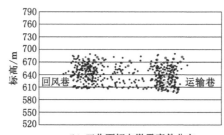

（b）工作面倾向微震事件分布

图 4-22　时段 4 微震事件分布

83 m 左右,主要分布在采空区覆岩两侧,26 m 高度处产生大量集中事件,且覆岩 52 m 高度处新增大量横向分布的微震事件。表明此时间段采空区岩层发生了较大破断现象,并产生了大范围垮落,同时采空区覆岩破坏进一步发展。

由图 4-23 可以看出,此时间段内采空区覆岩及工作面前方微震事件明显增多,覆岩微震事件在 35 m 高度处集中增多,55 m 高度处新增若干事件,且 110 m 高度附近出现分散分布的微震事件,同时煤层底板微震事件也有所增多。表明采空区下部覆岩发生较大破断垮

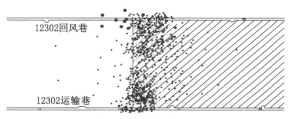

（a）工作面平面微震事件分布

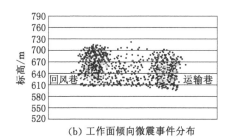

（b）工作面倾向微震事件分布

图 4-23　时段 5 微震事件分布

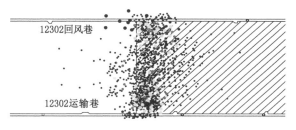

（a）工作面平面微震事件分布

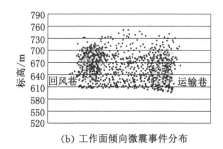

（b）工作面倾向微震事件分布

图 4-24　时段 6 微震事件分布

落，中上部覆岩产生较多破断现象，且高位覆岩出现离层下沉；工作面超前支承压力影响范围集中在工作面前方 60 m 内，且随着工作面的推进不断向更前方发展。

由图 4-24 可以看出，此时间段内采空区覆岩微震事件继续向上部发展，新增若干微震事件。表明采空区覆岩破断不断向上发育，形成较多纵向破断裂隙，由此阶段的岩层活动可以分析出，采空区覆岩整体较稳定，但发生了小范围的来压现象。工作面前方煤层新增较多微震事件，同时煤层底板出现了若干微震事件；回风巷顶板微震事件变化范围分布基本稳定。

监测结果总结分析如下：

（1）监测时间段内共捕获了 682 个微震事件,事件主要集中在采空区顶底板、煤层、煤层顶底板及进风巷、回风巷顶板。由工作面推进过程中采空区覆岩微震事件分布和变化特征可以分析得出,采动覆岩裂隙带主要分布在采空区顶板两侧,分布高度在 128 m 左右,垮落带分布高度在 27 m 左右。在监测时间段内,共产生了 1～2 次周期来压,周期来压步距在 21 m 左右。

（2）采空区顶板微震事件最大高度（离层裂隙发育高度）在 150 m 左右（距煤层顶板垂距）,微震事件最远距离（裂隙在工作面走向的发育范围）在 180 m 左右（距工作面平距）,微震事件范围（裂隙在工作面倾向的发育范围）基本覆盖运输巷至回风巷的整个采空区顶板。

（3）在监测时间段工作面推进的过程中,采空区顶板微震事件的活动规律及裂隙演化规律大致为:在监测初期,在采空区中部和下部顶板逐渐产生若干微震事件,微震事件分布状态和趋势以纵向居多,此阶段采空区顶板裂隙开始孕育、产生和扩展,并以纵向裂隙为主;随着监测的进行,采空区上部顶板出现横向分布的微震事件,中部和下部顶板产生了大量的微震事件,与之前微震事件的分布状态和趋势基本相同,在采空区底板上部也出现了较多微震事件,此阶段采空区中部和下部顶板有新的裂隙不断产生,且中部顶板次生裂隙和原生裂隙之间、原生裂隙之间相互贯通,逐渐形成了顶板裂隙带,采空区下部顶板裂隙贯通后发生较大范围垮落,上部顶板出现离层现象。

4.3.2 钻孔窥视

为了进一步充分掌握采动覆岩"三带"分布特征,通过井上下钻孔窥视技术,对工作面开采前后覆岩裂隙发育情况进行观测,对比分析并验证采动覆岩"三带"特征研究成果。

4.3.2.1 覆岩观测钻孔设计

（1）井上钻孔设计

王家岭矿覆岩移动地面观测孔位于井下采煤工作面对应的地表,分别施工两个钻孔观测覆岩的活动规律,分为采前孔和采后孔,两个钻孔相距 5.0～10.0 m,地面钻孔的直径不小于 110.0 mm,采前孔孔深约为 250.0 m,采后孔孔深约为 180.0 m。井上观测孔布置图如图 4-25 所示。

（2）井下钻孔设计

王家岭矿覆岩移动井下观测孔布置在工作面回风巷内,距 2 号煤中央辅助运输大巷 230.0 m,与地面观测孔相对应,测站内布置两个钻孔,在巷道内工作面煤壁侧 3.0 m 的高度处斜向上方打钻孔 1,钻孔 2 在钻孔 1 的垂直面上,两钻孔夹角为 12°。井下钻孔直径不小于 70 mm,两钻孔长度分别为 127.6 m、140.0 m,钻孔向工作面方向偏斜,以观测工作面覆岩移动变形情况。井下观测孔布置方案如图 4-26 所示。

4.3.2.2 覆岩钻孔观测结果与分析

（1）井上钻孔观测结果及分析

在工作面推进过程中使用岩层钻孔探测仪对采前孔孔内水位、裂隙发育及地表沉降等情况进行观测和记录。根据采集的采前孔孔内水位、裂隙发育和工作面距采前孔的水平距离等相关数据,绘制相关变化特征图,如图 4-27 所示。

对钻孔进行观测,钻孔孔壁有不规则裂隙,裂隙分布不均匀,钻孔上端裂隙较多。当工作面距采前孔水平距离约 450.0 m 时,根据对工作面采动引起超前支承压力及采空区上覆岩层移动的影响范围估算,钻孔内部裂隙的产生与工作面的开采活动不存在因果关系。在

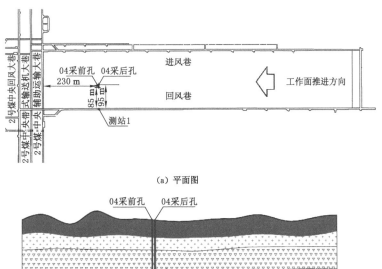

（a）平面图

（b）剖面图

图 4-25 井上观测孔布置图

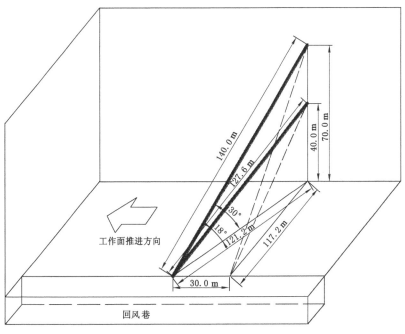

图 4-26 井下探测孔布置方案

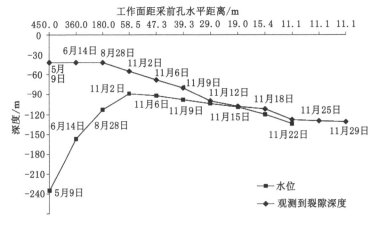

图 4-27　采前孔孔内水位、裂隙发育随工作面距采前孔
水平距离的变化特征

235.0 m 深度处见水面,孔内水位高度约为 15.0 m。工作面距采前孔 450.0 m 时的观测结果如图 4-28 所示。

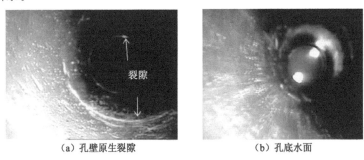

(a) 孔壁原生裂隙　　　　　　　　(b) 孔底水面

图 4-28　工作面距采前孔 450.0 m 时的观测结果

　　当工作面推进至距采前孔水平距离约 180.0 m 时,对钻孔进行多次观测,钻孔表土段孔壁完整,钻孔地表附近区域未见裂隙,基岩段也未见异常,表明工作面采动影响还未影响至此。钻孔深部见较小流水,在 113.0 m 深度处见水面,孔内水位高度约为 137.0 m,较之前观测时水位上涨,分析其主要原因为含水层水源进一步补充和 7 月份地面降水的下渗补充。

　　当工作面推进至距采前孔水平距离约 58.5 m 时,钻孔附近沿采空区方向地面出现裂隙,破碎表土向采空区倾倒。对采前孔内部结构进行观测,发现表土与岩层交界处钻孔表面有轻微破损。当工作面推进至距采前孔水平距离约 47.3 m 时,钻孔下段局部开始出现环向裂隙,该裂隙主要是采空区上覆岩层移动导致孔壁受拉产生,此时孔内水位高度约为 158.0 m。当工作面推进至距采前孔水平距离约 39.3 m 时,钻孔内原生裂隙发育,数量增多,距孔口约 80.0 m 处见宽 1～2 mm 轴向裂隙,约 90.0 m 处见裂隙水源向孔内补水,约 98.0 m 处见泥渣堵孔,由此判断孔内水位高度低于 152.0 m,孔内水位与工作面距钻孔水平距离约为 47.3 m 时观测的水位相比有所下降,说明钻孔下段已经产生裂隙。工作面距采前孔 58.5～39.3 m 时的观测结果如图 4-29 所示。

　　当工作面推进至距采前孔水平距离约 19.0 m 时,钻孔地表周围裂隙发育,钻孔内部环

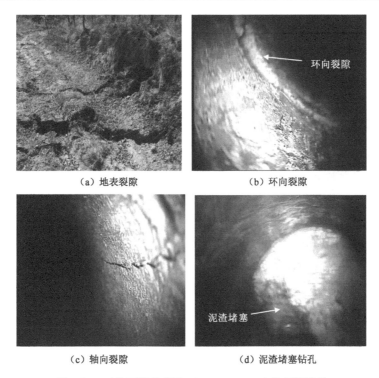

（a）地表裂隙	（b）环向裂隙
（c）轴向裂隙	（d）泥渣堵塞钻孔

图 4-29　工作面距采前孔 58.5～39.3 m 时的观测结果

向裂隙和轴向裂隙进一步发育,孔内水位高度进一步下降至 141.0 m。当工作面推进至距采前孔水平距离约 11.1 m 时,钻孔上段黄土层已经开始出现裂隙,孔壁裂隙扩大,黄土层孔壁脱落落入孔中,下段岩层出现离层和错位,导致局部钻孔断面变小,探测设备探头下降受阻,环向裂隙进一步发育,孔壁破坏严重。

当工作面推过采前孔 2 m 时,探测仪探头下降至 226.2 m 处遇岩层错位堵孔,钻孔内煤层顶板以上 15.6～44.5 m 范围内岩层错位严重并伴随离层及大量的轴向裂隙产生,44.5～98.5 m 范围内轴向裂隙及环向裂隙较多,98.5～137.0 m 范围内裂隙发育较少,137 m 至地表范围内存在少量裂隙发育。工作面距采前孔 19.0 m 至推过采前孔 2.0 m 时的观测结果如图 4-30 所示。

地表也因工作面的推进发生相应变化,地表黄土层受采动影响显现较为剧烈的区域位于采空区上方,产生较大裂隙和垮落。当工作面推进至距采前孔水平距离约 50 m 时,钻孔孔口附近区域产生裂隙,后方采空区黄土层产生较大裂隙,破碎黄土向采空区方向倾伏,部分区域出现台阶状下沉,台阶高差 40.0 cm。随着工作面向前推进,在地下采空区逐渐被压实的过程中,地表黄土层的变化程度也逐渐剧烈。当工作面推进至距采前孔水平距离约 11.0 m 时,采空区上方台阶高差达 80.0 cm。采空区地表区域观测结果如图 4-31 所示。

当工作面推过采前孔 7.5 m 时,对工作面采后孔进行观测,钻孔表土段孔壁围岩破碎,完整性较差;随着工作面的继续推进,采后孔孔口表土破坏严重,孔口直径变大,距孔口 60.0 m 左右处见一环向裂隙,钻孔下段孔壁裂隙较大,以环向裂隙居多,钻孔中下段错动;当工作面推过采前孔 21.0 m 时,采后孔中段出现环向裂隙,下段轴向裂隙较发育,与环向裂隙交错,钻孔中段还见孔壁错动,在钻孔观测范围底端,形成一较大的离层空间,底部破碎程

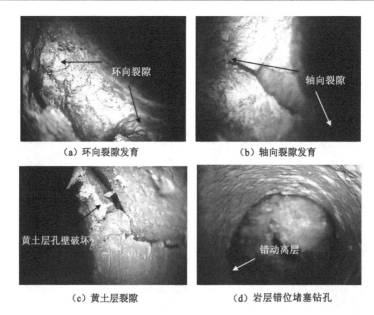

（a）环向裂隙发育　　　　　　　　（b）轴向裂隙发育

（c）黄土层裂隙　　　　　　　　（d）岩层错位堵塞钻孔

图 4-30　工作面距采前孔 19.0 m 至推过采前孔 2.0 m 时的观测结果

（a）台阶高差 40.0 cm　　　　　　　　（b）台阶高差 80.0 cm

图 4-31　采空区地表区域观测结果

度严重；随着工作面的继续推进，采后孔孔口破坏变形严重，孔壁破碎，围岩裂隙发育，轴向裂隙宽度和长度较大，钻孔发生错动部位较多，离层空间有所增大，工作面推过采前孔40.0 m 时，采后孔孔口不成形，变形严重，孔内错动程度加剧，钻孔下段孔壁裂隙发育，且因上段孔壁岩石脱落堵塞钻孔。采后孔观测结果如图 4-32 所示。

（2）井下钻孔观测结果及分析

① 1 号覆岩探测孔观测结果及分析

当工作面距探测孔孔口约 58.5 m，距探测孔孔底约 28.5 m 时，钻孔内煤层段及上覆岩层段内壁均较完整，没有产生裂隙及煤岩体破碎的情况，此时钻孔距工作面较远，尚未受到工作面采动的影响。

当工作面距探测孔孔口约 41.7 m，距探测孔孔底约 11.7 m 时，钻孔深部岩层段开始出现沿钻孔轴向的裂隙，宽度约 1.0 mm，长度 3.0～4.0 cm，同时孔内局部煤壁破碎，产生少量小块的碎煤。之后进行了两次观测工作，钻孔深部岩层段沿钻孔轴向的裂隙数量增多，长度增大，最长约 20.0 cm，并且孔内碎煤增多。随着工作面的推进，探测孔开始受到工作面采

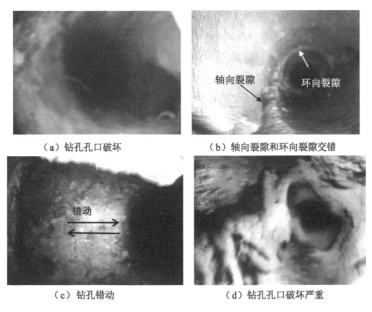

（a）钻孔孔口破坏　　　　　　　（b）轴向裂隙和环向裂隙交错

（c）钻孔错动　　　　　　　（d）钻孔孔口破坏严重

图 4-32　采后孔观测结果

动压力的影响,致使工作面前方煤岩体承受的压力加大,超过自身的强度极限而发生破碎,工作面后方顶板垮落后,上覆岩层产生离层和裂隙,此时工作面距探测孔孔口约 19.0 m,探测孔孔底已位于工作面后上方约 11.0 m 处,裂隙带的发育高度在 15.0 m 左右。工作面距探测孔孔口 41.7~19.0 m 时的观测结果如图 4-33 所示。

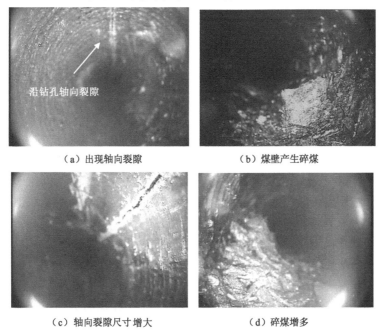

（a）出现轴向裂隙　　　　　　　（b）煤壁产生碎煤

（c）轴向裂隙尺寸增大　　　　　　　（d）碎煤增多

图 4-33　工作面距 1 号探测孔孔口 41.7~19.0 m 时的观测结果

当工作面距探测孔孔口约 15.4 m,探测孔孔底位于工作面后方约 14.6 m 时,沿钻孔轴向裂隙数量继续增多,尺寸进一步增大,最长的裂隙已超过 1.0 m,宽度增大,局部轴向裂隙对侧出现新的裂隙,深部岩层段裂隙开始沿钻孔径向发育,并出现不规则裂隙,煤壁破碎严重,孔内碎煤的块度增大,数量增多,局部已将钻孔一半的断面封堵。可以看出探测孔已明显受到工作面的采动影响,工作面的不断推进,使上覆岩层内裂隙带逐渐向上发育,探测孔孔底也出现明显破裂,此时裂隙带的发育高度在 20.0 m 左右。工作面距探测孔孔口 15.4 m 时的观测结果如图 4-34 所示。

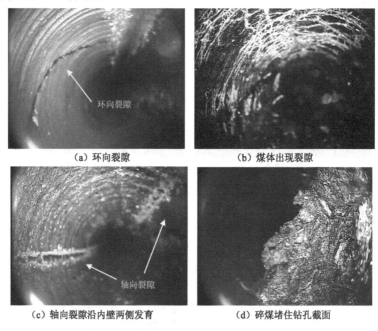

（a）环向裂隙　　　　　　　　　（b）煤体出现裂隙

（c）轴向裂隙沿内壁两侧发育　　　（d）碎煤堵住钻孔截面

图 4-34　工作面距 1 号探测孔孔口 15.4 m 时的观测结果

当工作面距探测孔孔口约 13.5 m,探测孔孔底位于工作面后方约 16.5 m 时,煤壁破损严重,钻孔内随处可见破碎的煤块,在钻孔内距孔口 48.0 m 处发生严重破碎变形,窥视仪被卡住不能继续向里观测,可以看出工作面的采动已经严重影响到探测孔,钻孔处于工作面超前支承压力影响范围内,集中应力导致煤岩体破碎变形,而随着采空区顶板的垮落,导致处于顶板岩层内的钻孔发生错位变形,垮落带的发育高度在 15.0 m 左右。当工作面距探测孔孔口约 5 m,探测孔孔层位于工作面后方约 25.0 m 时,在钻孔内距孔口约 21.0 m 处,碎煤将探测孔堵塞。工作面距探测孔孔口 13.5～5.0 m 时的观测结果如图 4-35 所示。

② 2 号覆岩探测孔观测结果及分析

观测初期对 2 号探测孔进行了三次观测,观测结果并未出现明显的变化,钻孔内煤层段及上覆岩层段内壁均比较完整,没有产生裂隙及煤岩体破碎的情况,此时 2 号探测孔尚未受到工作面采动的影响。

当工作面距探测孔孔口约 19.0 m,探测孔孔底位于工作面后方约 11.0 m 时,钻孔内深部岩层段开始出现沿钻孔轴向的裂隙,同时孔内局部煤壁破碎,产生少量小块的碎煤,孔内基本无水流出。而此时位于下方的 1 号探测孔已经开始受到工作面采动的影响,其孔内沿钻孔轴向的裂隙数量增多,尺寸增大,并且孔内碎煤增多。由此可知,裂隙带的发育是随着工作面的推进,逐渐由下向上动态发展演化的。工作面直接顶和基本顶相继破断和垮落后,

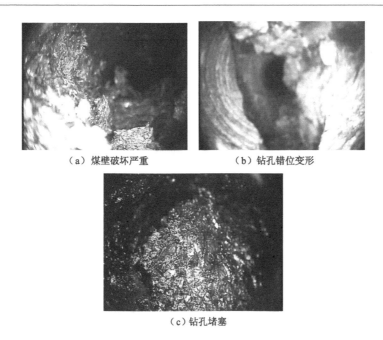

（a）煤壁破坏严重　　　　　　　（b）钻孔错位变形

（c）钻孔堵塞

图 4-35　工作面距 1 号探测孔孔口 13.5～5.0 m 时的观测结果

首先在基本顶上部岩层内形成导水裂隙,之后随工作面的推进,裂隙不断向上发育,此时裂隙带的发育高度在 16.0 m 左右。之后工作面停产,钻孔深部岩层段出现沿钻孔轴向裂隙的位置有所增多,但裂隙的尺寸并不大,长度 5.0～10.0 cm,宽度 5.0～6.0 mm,并且煤壁破损不明显,孔内碎煤的数量基本没有变化。探测孔内出现少量裂隙增加的原因应该是采空区上覆岩层内导水裂隙的发育过程缓慢且滞后于顶板的破断及垮落。因此,虽然该段时间内工作面没有推进,但上覆岩层内导水裂隙的发育仍在缓慢进行。工作面距探测孔孔口 19.0 m 时的观测结果如图 4-36 所示。

当工作面距探测孔孔口约 15.4 m,探测孔孔底位于工作面后方约 14.6 m 时,岩层段沿钻孔轴向的裂隙数量增多,长度增大,最长约 35.0 cm,宽度增大至 1.0 cm。此时钻孔处于超前支承压力影响范围内,受其影响,钻孔内煤壁破损加重,碎煤增多,探测孔已开始受到工作面的采动影响,裂隙带继续向上发育,同时裂隙的数量增多,尺寸增大,裂隙带的发育高度在 20.0 m 左右。

当工作面距探测孔孔口约 11.1 m,探测孔孔底位于工作面后方约 18.9 m 时,沿钻孔轴向裂隙数量进一步增多,尺寸增大,最长的裂隙已超过 60.0 cm,并开始出现沿钻孔环向裂隙,深部岩层段裂隙沿内壁两侧发育。随着超前压力的增加,煤壁破碎严重,孔内碎煤的块度增大,数量增多,裂隙带的发育高度继续向上延伸,此时裂隙带的发育高度在 30.0 m 左右。之后工作面停产,其间进行了两次探测孔的观测工作,结果显示煤壁破损严重,钻孔内煤层段随处可见破碎的煤块,探测孔在距离孔口 75.0 m 处发生变形,此处位于工作面后方约 16.0 m,并且局部岩层内壁也产生轻微破损。由此可知,工作面的采动已经严重影响到探测孔,处于工作面超前支承压力影响范围内,集中应力导致煤岩体破碎,而随着采空区顶板的垮落,导致上覆岩层内的钻孔产生变形。工作面距探测孔孔口 15.4～11.1 m 时的观测结果如图 4-37 所示。

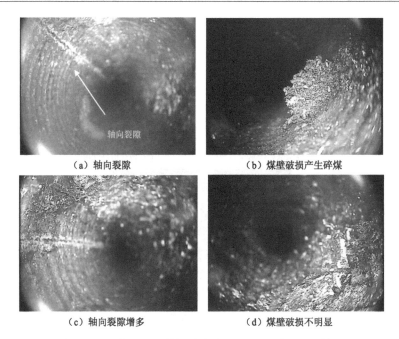

（a）轴向裂隙　　　　　　　　　（b）煤壁破损产生碎煤

（c）轴向裂隙增多　　　　　　　（d）煤壁破损不明显

图 4-36　工作面距 2 号探测孔孔口 19.0 m 时的观测结果

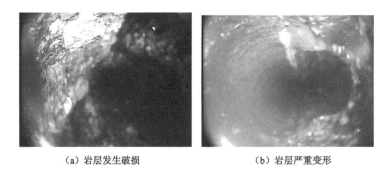

（a）岩层发生破损　　　　　　　（b）岩层严重变形

图 4-37　工作面距 2 号探测孔孔口 15.4～11.1 m 时的观测结果

当工作面距探测孔孔口约 5.6 m，探测孔孔底位于工作面后方约 24.4 m 时，在钻孔内距孔口 37.0 m 处发生严重错位变形，窥视仪被卡住不能继续向里观测；当工作面距探测孔孔口约 5.0 m，探测孔孔底位于工作面后方约 25.0 m 时，碎煤将探测孔堵塞。

（3）覆岩裂隙发育特征

根据采集的探测孔内裂隙发育情况和工作面距探测孔孔口的水平距离等相关数据，绘制"两带"发育高度随工作面距探测孔孔口的水平距离变化曲线，如图 4-38 所示。

综合 2 个探测孔的观测结果，可以看出，随着工作面的推进，垮落带及裂隙带的高度不断增大。当工作面推进至距探测孔孔口约 41.7 m 时，探测孔开始受到工作面采动压力的影响，钻孔内开始出现裂隙；当工作面推进至距探测孔孔口约 15.4 m 时，垮落带的发育高度在 15.0 m 左右，裂隙带的发育高度在 20.0 m 左右；当工作面推进至距探测孔孔口约 11.1 m 时，垮落带的发育高度在 15.0 m 左右，裂隙带的发育高度在 30.0 m 左右，并仍处于不断向上发育的状态。由以上分析可知，垮落带高度在 15.0 m 左右，裂隙带的最大发育高度在

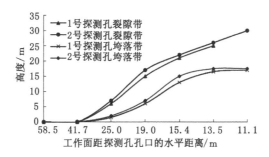

图 4-38 "两带"发育高度随工作面距探测孔孔口水平距离变化

30.0 m 以上。

4.3.2.3 覆岩"三带"高度分析

根据对工作面井上钻孔和井下钻孔的观测结果,分别总结采前孔、采后孔、井下钻孔的裂隙发育特征,综合分析王家岭矿覆岩"三带"高度。

(1)采前孔裂隙发育特征

① 工作面距离钻孔水平距离 50.0~60.0 m 时,表土层由于抗拉及抗压能力较弱,开始受到采动影响,初始阶段主要表现为地表细小裂隙大量产生。随着工作面的推进,表土层裂隙的数量和发育程度逐渐增加,采空区上方表土层产生较大裂隙,并伴有台阶状下沉,而钻孔内基岩段孔壁仍然较为完整,没有裂隙产生。

② 当钻孔在工作面采动影响范围内时,钻孔内裂隙发育速度较快,钻孔上段主要表现为环向裂隙,裂隙由小到大、由少到多逐渐发展,轴向裂隙所处位置低于环向裂隙所处位置,在采动影响初期阶段,轴向裂隙产生较少。

③ 当工作面距离钻孔水平距离小于 20.0 m 时,钻孔孔壁破坏变形加剧,钻孔表土段泥土垮落严重,基岩段环向裂隙和轴向裂隙向孔口发育,轴向裂隙沿长度增加,裂隙宽度增大。钻孔中下段孔壁完整性差,岩层错动逐渐产生,伴有下部含水层通过裂隙向孔内补水现象。当工作面即将推过钻孔时,钻孔地表区域出现较大裂隙,钻孔围岩发生大区域垮落,垮落的岩石、泥土易堵塞钻孔,钻孔内部错动区域增多,钻孔中下段见较大因孔壁岩石垮落形成的落空区,钻孔下段能见离层。当工作面推过钻孔后,钻孔内仅有小部分区域孔壁完整,大部分区域岩层破碎。

(2)采后孔裂隙发育特征

工作面推过采前孔 2.0 m 后,顶板垮落,探测仪探头下降至 226.2 m 时遇岩层错位堵塞钻孔,确定垮落带发育高度为 15.0~25.0 m,为采高的 2.4~4.0 倍;根据采后孔观测结果得到顶板以上 25.0~50.0 m 范围内岩层错位严重并伴随离层及大量的轴向裂隙产生,为下位裂隙带,50.0~100.0 m 范围内轴向裂隙及环向裂隙较多,为中位裂隙带,100.0~120.0 m 范围内裂隙发育较少,为上位裂隙带,120.0 m 至地表范围为弯曲下沉带,由此确定,2 号煤层综放工作面裂隙带最大发育高度约为 120.0 m。

(3)井下钻孔裂隙发育特征

① 工作面推进至距探测孔孔口约 41.7 m 时,探测孔开始受到工作面采动压力的影响,探测孔内出现沿钻孔轴向和径向的裂隙,同时孔内局部煤壁破碎,产生少量小块的碎煤。

② 随工作面的推进,探测孔孔内裂隙的尺寸增大,数量增多,沿钻孔轴向裂隙最大长度

超过 1.0 m,煤壁破损和变形不断加重,孔内碎煤的块度增大,煤壁破损散落的碎块不断聚集,最终导致探测孔堵塞。受工作面采动的影响,上覆岩层中的裂隙不断向上发育。

③ 根据井下实测结果得出,垮落带发育高度在 15.0 m 左右,裂隙带最大发育高度为 30.0 m 以上。

(4) 覆岩"三带"高度判定

根据工作面井上钻孔和井下钻孔的裂隙发育规律及特征,综合分析王家岭矿的覆岩"三带"高度,可得王家岭矿覆岩"三带"发育特征:垮落带发育高度为 15.0～25.0 m,为采高的 2.4～4.0 倍;裂隙带最大发育高度约为 120.0 m,其中顶板上方 25.0～50.0 m 范围内岩层错位严重并伴随离层及大量的轴向裂隙产生,为下位裂隙带,50.0～100.0 m 范围内轴向裂隙及环向裂隙较多,为中位裂隙带,100.0～120.0 m 范围内裂隙发育较少,为上位裂隙带,120.0 m 至地表范围为弯曲下沉带。

4.4 采动卸压瓦斯储运区分布特征及演化规律

4.4.1 覆岩瓦斯储运区分布特征

覆岩采动裂隙分布特征直接决定着卸压瓦斯的储运通道,因此,采动卸压瓦斯富集区是根据覆岩采动裂隙的演化规律不断变化的,在此过程中将会在覆岩采动裂隙网络内形成采动卸压瓦斯富集区[75]。采动卸压瓦斯富集区演化过程将直接影响着卸压瓦斯的抽采利用,因此,抽采卸压瓦斯效率的关键之一就是确定采动卸压瓦斯富集区位置。

结合针对王家岭矿工作面开展的物理相似材料模拟实验、数值模拟实验和现场实测,基本可以得出该工作面覆岩采动裂隙分布特征。物理相似材料模拟实验结果表明,随着工作面逐渐推进,整个工作面形成了比较明显的"三带"形态,最终垮落带高度稳定在 19.2～28.2 m,裂隙带高度稳定在 113.6～117.0 m。数值模拟实验结果表明,随着推进距离的增加,工作面已经历了多次周期来压,关键层也出现周期性破断,形成较稳定的铰接结构,垮落带高度不断变化,最后稳定在 20.0 m 左右,裂隙带高度在 115.0 m 左右。微震监测结果表明,测试阶段采空区中部和下部顶板有新的裂隙不断产生,且中部顶板次生裂隙和原生裂隙之间相互贯通,逐渐形成了顶板裂隙带,裂隙带高度在 128.0m 左右,垮落带高度在 27.0 m 左右。钻孔窥视结果表明,垮落带高度为 15.0～25.0 m,裂隙带高度在 120.0 m 左右,120.0 m 至地表为弯曲下沉带。

综合分析可知,王家岭矿综放工作面的垮落带高度为 15.0～28.2 m,裂隙带高度为 115.0～128.0 m,128.0 m 以上至地表为弯曲下沉带。

4.4.2 覆岩瓦斯储运区演化规律

结合工作面沿走向和倾向采动应力变化过程可知,随着工作面不断推进,采动卸压瓦斯将会随覆岩采动裂隙不断运移,如图 4-39 所示。

由图 4-39(a)可知,工作面推进过程中将不断发生破断,走向方向上形成周期性来压并产生覆岩采动裂隙,此时,覆岩采动裂隙区顶部形成离层区,此时采动卸压瓦斯通过离层区下方穿层裂隙进行升浮扩散,随覆岩采动裂隙不断发育,将会在走向方向上形成"覆岩采动裂隙圆角矩形梯台带",该过程中采动卸压瓦斯将不断向梯台带富集,并伴随着梯台带演化不断向裂隙带顶部富集。

根据近水平煤层覆岩采动裂隙演化过程中"O-X"型破断时序性和采空区充填特征,给

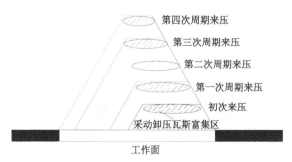

（a）沿走向覆岩采动裂隙圆角矩形梯台带分布特征

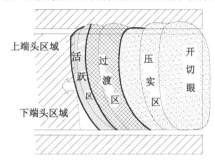

（b）沿倾向覆岩采动裂隙演化特征

图 4-39　覆岩采动裂隙演化形态

出了工作面采动卸压瓦斯在覆岩采动裂隙中运移特征，主要划分为 3 个区域［图 4-39（b）］：第 1 个区域为"活跃区"，此区域主要为工作面正上方，受周期来压影响，工作面端头区域覆岩将首先发生破断，而中部区域次之，上覆岩层破断后挠度不同而形成裂隙网络，该区域覆岩采动裂隙网络受工作面采动影响变化范围大，更新频率较高，也就造成了该区域采动卸压瓦斯富集区的运移特征变化较大；第 2 个区域为"过渡区"，此区域主要为活跃区和压实区之间的过渡区域，该区域覆岩裂隙网络的发育程度位于活跃区和压实区之间，此时覆岩采动裂隙还未稳定，采动卸压瓦斯将会储运在采动裂隙网络中；第 3 个区域为"压实区"，受周期来压影响，原破断岩层将被压实，此时采动卸压瓦斯主要富集在裂隙带的顶部。

　　结合近水平煤层开采后覆岩采动裂隙形态可知，将会形成压实区、过渡区和活跃区，相对于压实区，活跃区裂隙网络相对压实区裂隙网络更加发育，透气性较大，为采动卸压瓦斯提供了良好的储集和运移通道，将其称为采动卸压瓦斯优势通道，如图 4-39 所示。但是随着煤层角度增加，工作面下端头区域覆岩采动裂隙压实和闭合程度将逐渐增大，下端头区域采动卸压瓦斯优势通道将逐渐消失，采动卸压瓦斯随漏风风流经工作面和垮落带裂隙向上端头区域运移。

　　在此过程采动卸压瓦斯将会沿着工作面向上端头区域运移，同时还将沿着覆岩采动裂隙向上覆岩层裂隙区运移，但是相对于前者，后者阻力较大，采动卸压瓦斯将不断向工作面上端头区域运移，并将沿着采动卸压瓦斯优势通道向覆岩采动裂隙顶部运移。

　　受覆岩采动裂隙演化特征影响，采动卸压瓦斯将会在采动闭合裂隙和离层裂隙中进行储存，在穿层裂隙中运移，随着采动影响，张开裂隙和闭合裂隙将会受不同加载方式下应力作用，裂隙将会发生张开或者闭合，在此演化过程中将会形成覆岩采动裂隙和采动卸压瓦斯耦合作用。

煤层开采后,覆岩采动裂隙的产生、发展完全决定于关键层在开采过程中所形成的砌体梁结构及其破断失稳形态。主关键层与亚关键层之间,亚关键层与亚关键层之间变形的不协调将形成岩层移动中的离层和各种裂隙分布。在上覆岩层会形成两类裂隙:一类是随岩层下沉破断形成的穿层裂隙,称为纵向破断裂隙,它沟通了上、下邻近煤岩层间瓦斯的通道;另一类则是随岩层下沉在层与层之间形成的沿层裂隙,称为离层裂隙,其使煤岩层产生膨胀变形,从而使采动卸压瓦斯沿离层裂隙流动。

4.5　本章小结

(1) 实验室物理相似材料模拟实验结果表明:走向模型工作面基本顶初次来压步距为58.4 m(包括开切眼 8.0 m),周期来压步距为 23.0~29.0 m;垮落带高度为 19.2 m,是采高的 3.1 倍,裂隙带高度为 117.0 m,是采高的 18.9 倍;工作面开切眼处覆岩垮落角为 64.5°,终采处覆岩垮落角为 66.0°;同时地表黄土层受到张力的影响,形成拉伸裂隙。倾向模型垮落带高度为 28.2 m,是采高的 4.5 倍,裂隙带高度为 113.6 m,是采高的 18.3 倍;工作面开切眼处覆岩垮落角为 62.5°,终采处覆岩垮落角为 55.5°。

(2) 数值模拟实验结果表明:工作面初次来压步距为 48.0 m,周期来压步距为 20.0 m 左右;垮落带高度在 20.0 m 左右,裂隙带高度在 115.0 m 左右。

(3) 根据工作面井上钻孔和井下钻孔的裂隙发育规律及特征,得出王家岭矿的覆岩"三带"高度:垮落带高度为 15.0~25.0 m,裂隙带高度在 120.0 m 左右,120.0 m 至地表为弯曲下沉带。由工作面推进过程中采空区覆岩微震事件分布和变化特征分析得出:采动覆岩裂隙带主要分布在采空区顶板两侧,高度在 128.0 m 左右,垮落带高度为 27.0 m 左右;在监测时间段内,共产生了 1~2 次周期来压,周期来压步距在 21.0 m 左右。

(4) 通过实验室实验和现场观测,综合分析判定采动覆岩垮落带高度为 15.0~28.2 m,裂隙带高度为 115.0~128.0 m,128 m 以上至地表为弯曲下沉带。工作面初次来压步距为48.0~58.4 m 左右,周期来压步距为 20.0~29.0 m 左右。沿工作面走向垮落角为 64.5°~66.0°,沿倾向垮落角为 55.5°~62.5°。

(5) 根据近水平煤层覆岩采动裂隙演化过程中"O-X"型破断时序性和采空区充填特征,得到工作面采动卸压瓦斯在覆岩采动裂隙中运移特征,主要划分为"活跃区""过渡区""压实区"3 个区域。活跃区裂隙网格相对压实区裂隙网络更加发育,透气性较大,为采动卸压瓦斯提供了良好的储集和运移通道,将其称为采动卸压瓦斯优势通道。

5 低瓦斯赋存高强度开采瓦斯空间运移及分布特征

5.1 采空区及上隅角卸压瓦斯分布特征

5.1.1 模型建立及网格划分

根据前文计算出的模型参数及边界条件,采用 COMSOL Multiphysics 数值模拟软件构建采空区瓦斯分布及运移数值计算模型。采煤工作面存在各种设备,按实际条件建立几何模型过程十分复杂,因此在设计模型时理想化参数条件,忽略采煤工作面各种设备的影响。将采煤工作面简化为三维模型,采煤工作面及其进风巷、回风巷都按矩形断面处理。根据王家岭矿实际条件,最终设计简化模型 U 形工作面的尺寸为:采空区模型长 400 m,宽 300 m,高 6 m;工作面长 300 m,宽 5 m,高 3 m;进风巷、回风巷长 50 m,宽 5 m,高 3 m;同时对模型进行网格细化并局部加密,共计划分 69 706 个单元。数值计算模型如图 5-1 所示。

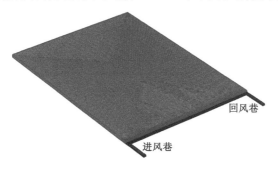

图 5-1 数值计算模型

5.1.2 模拟结果及分析

5.1.2.1 采空区瓦斯浓度分布特征

采空区瓦斯浓度三维空间分布云图、采空区瓦斯浓度在三维空间等值面分布图、工作面瓦斯浓度分布图分别如图 5-2 至图 5-4 所示。

由图 5-2 和图 5-3 可以清晰看到采空区不同区域的瓦斯浓度分布形态,沿工作面倾向,进风侧瓦斯浓度低,从进风侧至回风侧瓦斯浓度逐渐增大,这是由于瓦斯自煤壁解吸后受工作面风流或者漏风风流的作用向回风侧运移,使得进风侧瓦斯浓度低于回风侧瓦斯浓度,而在采空区深部区域回风侧瓦斯浓度依旧高于进风侧瓦斯浓度但两侧瓦斯浓度梯度较小。沿

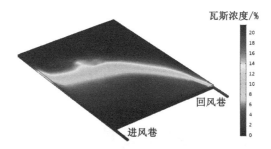

图 5-2　采空区瓦斯浓度三维空间分布云图

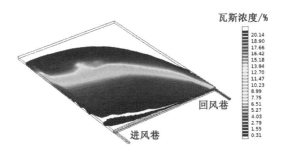

图 5-3　采空区瓦斯浓度在三维空间等值面分布图

图 5-4　工作面瓦斯浓度分布图

工作面走向,靠近工作面位置采空区的自然堆积区,碎胀性系数大和漏风量大导致瓦斯浓度较低;而在自然堆积区向压实稳定区的过渡区域,由于渗透率和孔隙率的改变,该区域瓦斯浓度迅速升高,形成了采空区最高的瓦斯浓度梯度,因此在此区域的瓦斯浓度等值面较密;在采空区的深部,由于远离工作面,漏风风流影响很小,瓦斯浓度区别不大,且浓度都很高,最高可达 20% 以上,采空区内瓦斯浓度随着距工作面的距离加大而不断升高。在自然堆积区内,沿工作面风流方向,风流随自然堆积区的漏风扰动作用越来越小,自然堆积区内靠近进风侧的地方被风流冲洗作用强,瓦斯浓度低,而靠近回风侧和上隅角处区域受风流扰动作用小,瓦斯大量积聚,这是由于漏风风流从工作面进风侧漏向采空区,从回风侧漏回工作面,此时的漏风风流会携带采空区的大量的高浓度瓦斯。

由图 5-4 可以看出,未抽采条件下工作面上隅角是煤矿需要重点关注的区域,工作面上隅角瓦斯集聚的原因主要是:在 U 型通风情况下,采空区瓦斯浓度的分布比较规律,回风巷与工作面交界附近为气体主要流出区域,高浓度瓦斯随着风流由此处流出,从而使上隅角局部瓦斯集聚;另外上隅角处可能处于涡流状态,导致此处的瓦斯难以进入风流,无法被稀释,引起工作面上隅角瓦斯浓度偏高。漏风风流将采空区的高浓度瓦斯排出,导致回风巷上隅角处瓦斯大量聚集,未抽采条件下工作面上隅角瓦斯浓度超过3%。

5.1.2.2 采空区瓦斯运移规律

采空区流场速度切面分布图、采空区瓦斯在三维空间的通量流线图、采空区瓦斯流线平面图分别如图 5-5 至图 5-7 所示。

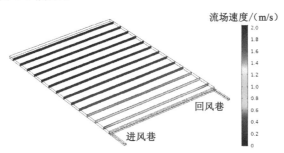

图 5-5　采空区流场速度切面分布图

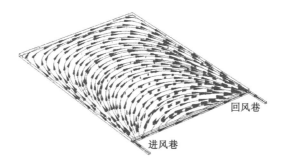

图 5-6　采空区瓦斯在三维空间的通量流线图

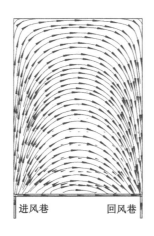

图 5-7　采空区瓦斯流线平面图

由图 5-5 可以看出,沿工作面倾向,靠近工作面的进风侧和回风侧的风流速度较大,约为 1.5 m/s,而工作面附近采空区中部的风流速度较小,约为 1.0 m/s,这表明采空区存在漏风,漏风风流从工作面流入采空区,在漏风风流的动力作用下,漏风风流将采空区内高浓度瓦斯由工作面回风巷排出,因此进风侧和回风侧的风流速度大于工作面附近采空区中部的风流速度。

由图 5-6 和图 5-7 可以看出,瓦斯在采空区的总通量流线曲折复杂,这也符合现实中的流动复杂性,在工作面附近,煤壁释放的瓦斯向工作面扩散,一部分被工作面风流带走,另一部分被工作面漏入采空区的风流带走。整个工作面风流从进风巷流入,主要流经工作面然后从回风巷流出,工作面的风流速度较为平稳,漏入采空区的风流相对较大,风流在采空区形成立体的流场。越靠近工作面的漏风风流速度越大,而越深入采空区内部,漏风风流速度越小,漏风主要从工作面距回风巷一侧 70 m 左右开始,工作面的大部分风流和采空区的大部分漏风风流从回风巷流入,且漏风风流主要在靠近工作面的采空区浅部流动。

5.2 采动裂隙与卸压瓦斯耦合变化规律

5.2.1 采动裂隙场瓦斯运移特性

综放工作面煤层开采后,打破了采场的应力平衡状态,随着工作面的推进,上覆岩层离层裂隙和穿层破断裂隙相互贯通后,形成动态变化的采动裂隙,其为本煤层或邻近煤岩层中的卸压瓦斯流动和储集提供了通道和空间,而采动裂隙场中瓦斯的运移规律十分复杂,下面进行简单介绍。

5.2.1.1 采动裂隙特点

煤层开采后,在采动裂隙场中存在大量的孔隙,煤岩层的层理、节理和裂隙组成了孔隙系统。这些孔隙从形成原因上可分为两种:一是煤岩层在原始成煤作用和漫长的地质作用下所形成的原始孔隙、裂隙,二是由于煤岩层受矿山开采活动的影响而形成的次生采动裂隙。因此,在采动裂隙场中存在两种特性差异很大的孔隙。

(1)原生孔隙特点

煤层原生孔隙是煤在原始地质作用下沉积形成的,主要包括胞腔孔和屑间孔两种类型。胞腔孔是成煤植物本身所具有的细胞结构孔,其空间连通性较差,相互间的连通较少。屑间孔指煤层中各种碎屑颗粒之间的孔隙,由于煤层中的碎屑颗粒普遍呈不规则棱角状、半棱角状或似圆状,大小不均,构成的屑间孔的形态也呈不规则状,孔的尺寸一般小于碎屑颗粒。一般而言,原生孔隙的分布只是与煤层在原始地质作用下形成时的性质、原始应力状况等因素有关,原生孔隙平均尺寸相对于采动孔隙来说要小几个数量级,其渗透性能也要小许多。

(2)采动孔隙特点

采动孔隙的分布具有很大的随机性,是采动裂隙场中瓦斯流动的主要通道[76]。影响采动孔隙的因素很多,主要包括本煤层和邻近煤层岩性、垮落岩层大小及排列情况、工作面采高、二次应力分布等。一般来说,受采动作用后产生的孔隙尺寸、孔隙连通通道尺寸及渗透能力都会增加。

5.2.1.2 多孔介质特性

根据多孔介质的定义,渗流力学认为:① 多孔介质会占据一部分空间,即在多孔介质中至少有一相不是固体;② 多孔介质所占据的范围内,固体相应遍及整个多孔介质,即在每一个表征单元体内必须存在固体颗粒;③ 至少构成孔隙空间的某些孔洞应当互相连通,即从介质的一侧到另一侧至少有若干连续的通道。

对于煤矿井下采场上覆岩层所形成的采动裂隙场,从以上采动裂隙场中煤岩层破坏特征以及其内的气体特点来看,对应上述多孔介质定义,认为:① 将采动裂隙场视为一个研究整体,它是由气体(瓦斯或瓦斯与空气混合气体)、煤岩体以及裂隙组成;② 采动裂隙场中破坏的煤岩层之间的裂隙相对于整个采动裂隙场范围是比较狭窄的;③ 采动裂隙场各岩层或岩块之间的孔隙显然也是连通的。因此,可认为采场上覆岩层所形成的采动裂隙场具有渗流力学中所描述的多孔介质的性质。

为了研究煤层中瓦斯的运移情况,将含有孔隙结构的煤层当成一种多孔介质来进行研究。具有孔隙结构的煤层跟多孔介质同样具有以下特征:

(1) 多相性。即多孔介质中同时存在固、液、气三相或固、液,固、气两相,其中固相为介质固体骨架部分,而多孔介质的孔隙指除固体骨架以外的介质内部空间。

(2) 固体骨架遍布于整个多孔介质中。相比于固体骨架,多孔介质孔隙尺寸小但比表面积大。

(3) 多孔介质中的绝大多数孔隙是相互连通的,流体可以在这些相互连通的孔隙中自由流动。

5.2.1.3 采动裂隙瓦斯升浮

瓦斯的主要成分是甲烷,甲烷是一种无色、无味且可以燃烧甚至爆炸的气体。一般情况下,甲烷的密度为 0.716 kg/m³,为空气密度的 55.4%,瓦斯运移主要是采动裂隙瓦斯聚集体的密度比空气密度小,导致瓦斯聚集体因密度差而升浮。

根据环境流体力学理论,气体发生升浮主要是因为存在密度差,而产生密度差的原因主要为:① 气体受热体积膨胀,密度减小;② 气体中含有的物质浓度相对周围环境气体中含有的物质浓度不同。采空区瓦斯的密度相对于它周围气体的密度要小,导致采空区瓦斯会发生升浮现象。

含有瓦斯的煤层一般都具有很多种类的瓦斯涌出源,例如邻近瓦斯涌出源、工作面瓦斯涌出源等。同时上覆岩层及围岩在煤层开采后,受人为扰动影响将产生采动裂隙。在采空区以及采动裂隙场局部区域聚集一定的瓦斯,由于密度差异和气体浓度差异,煤层中的瓦斯会在破断层的裂隙区域上升,并且随着空气飘浮到断裂离层的顶部区域。

5.2.1.4 采动裂隙瓦斯扩散

扩散是一种能量交换的过程,是粒子或分子集合体发生的运移现象。甲烷分子的扩散速度是空气扩散的 1.34 倍,也就是说瓦斯分子会依据浓度梯度原理从高浓度区域向低浓度区域进行运移。

一般来说,煤层瓦斯的扩散可以根据其成因划分为纯扩散、压强扩散、强制扩散、热扩散4 种扩散类型。纯扩散是一种最普通、最常见的扩散类型,其实质是存在浓度差,但凡有瓦斯本身存在浓度梯度,就一定会发生纯扩散。一般来说,纯扩散是和其他扩散一起相伴发生的。压强扩散是由压强差引起的,当出现压强不均时就会导致压强扩散。强制扩散是在瓦斯单位含量一定的情况下,瓦斯受到外部压力作用的影响导致物质的受力不同而产生的扩散类型。热扩散是混合物中存在气体温度差而引起的。多数情况下,气体的扩散通常出现两种或两种以上扩散类型。

煤层在开采时,采动覆岩中互相连通的裂隙为瓦斯的扩散创造了极为有利的条件和环境,煤层中的瓦斯在其自身存在浓度梯度的情况下发生扩散现象。一般来说,对于采场覆岩瓦斯的扩散是瓦斯浓度梯度引起的纯扩散,而矿井工作区以及采空区周围地区瓦斯的扩散是纯扩散和压强扩散。

5.2.2 数值计算模型建立

工作面有采煤机、支架等各种设备,本次数值模拟实验不予考虑。根据现场实际情况和数值模拟实验,对工作面、采动裂隙场进行以下简化:

(1)在数值模拟实验中只考虑采空区漏风、回风巷对采空区瓦斯分布的影响,不考虑随工作面推进,基本顶悬臂周期性折断出现的其他压力变化的影响。

(2)尽管采动裂隙矩形梯台带在采动裂隙场上部趋于椭圆形圈,在下部趋于圆角矩形圈,但在不影响工程精度及基本规律的前提下,为了建模方便将其简化为矩形梯台体,因此将进风巷、回风巷和工作面空间视为长方体。

根据之前章节研究得出的覆岩的"三带"分布高度、垮落角等参数,构建几何模型和数值计算模型(图 5-8 和图 5-9)。其中进风巷、回风巷的长、宽、高分别为 50 m、5 m、3 m;工作面的长、宽、高分别为 300 m、5 m、3 m;垮落带高度为 25 m,裂隙带中上部高度为 95 m;采空区及上覆岩层根据碎胀系数(即孔隙率)的不同划分为 15 个不同区域。同时对建成的数值计算模型进行网格细化并局部加密,共计划分 89 445 个单元。

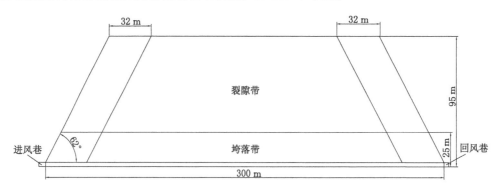

图 5-8　几何模型

5.2.3　考虑采动裂隙场的卸压瓦斯场时空分布特征

5.2.3.1　采场瓦斯浓度空间分布特征

采场瓦斯浓度在三维空间分布如图 5-10 和图 5-11 所示。由图 5-10 可知,工作面附近,进风巷一侧瓦斯浓度较低,回风巷一侧的瓦斯浓度相对较高,从进风巷到采空区深部瓦斯浓度受到漏风影响较大,从回风巷到采空区深部瓦斯浓度受到漏风的影响幅度较小,在相同的水平位置方向,回风巷的瓦斯浓度高于进风巷的瓦斯浓度。这是由于受到矿压的作用,内梯台的垮落带被压实,采空区漏风对其的影响小于对周围裂隙圈的影响,所以回风巷周围的瓦斯浓度高于进风巷周围的瓦斯浓度。

由图 5-11 可知,从工作面至采空区深部瓦斯浓度逐渐升高,离工作面越远瓦斯浓度越高。在采空区中部的瓦斯浓度变化梯度比较明显,瓦斯浓度最高的区域为采空区深部回风

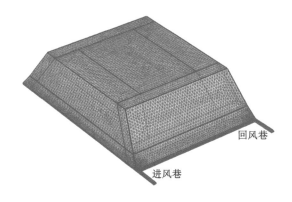

图 5-9　数值计算模型

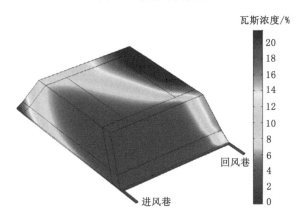

图 5-10　采场瓦斯浓度三维空间分布图

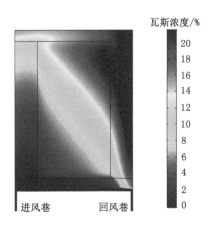

图 5-11　采场瓦斯浓度三维空间分布水平剖面图

巷一侧,分析其原因可能为该区属于负压区,采空区的漏风风速较慢,而负压区内的空气一般处于涡流状态,导致高浓度瓦斯难以进入回风风流,因此瓦斯在此处聚集。在倾向上,靠近进风巷一侧的瓦斯浓度沿纵向方向的变化较小,整体瓦斯浓度较低,越靠近回风巷一侧,瓦斯浓度变化越大,在回风巷一侧的深部采空区,瓦斯浓度都很高,无论是从倾向上还是走向上看,浓度趋于一致。

5.2.3.2　采场瓦斯浓度空间等值面分布特征

采场瓦斯浓度在三维空间等值面分布如图 5-12 至图 5-14 所示,可以清晰看到不同瓦斯浓度区域形态,沿煤层走向,瓦斯从采空区浅部往深部浓度逐渐升高,离工作面越远浓度越大,靠近采空区深部,瓦斯浓度变化梯度较大,瓦斯浓度等值面很密集。采空区浅部受通风影响明显,瓦斯浓度较低。沿煤层倾向,在采空区浅部漏风量较大,瓦斯在漏风风流作用下向回风巷一侧运移,使得由进风巷一侧起瓦斯浓度逐渐升高。而在采空区深部,由于远离工作面,漏风风流对瓦斯浓度的影响很小,瓦斯浓度差异较小,且浓度都很高。

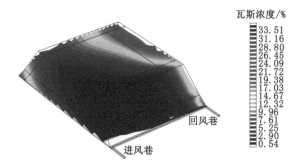

图 5-12　采场瓦斯浓度三维空间等值面分布图

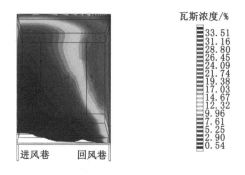

图 5-13　采场瓦斯浓度三维空间等值面俯视图

图 5-14　采场瓦斯浓度三维空间等值面侧视图

5.2.3.3　采场瓦斯空间运移分布特征

采场瓦斯在三维空间流向及总通量流线如图 5-15 至图 5-17 所示,可以看到瓦斯在采空区的总通量流线曲折复杂,这也符合现实中的流动复杂性。在采空区浅部,一部分瓦斯被工作面漏入的新鲜风流带走,另一部分受进风风流作用则向采空区深部运移。采空区存在漏风,漏风风流从工作面流入采空区,并在其动力作用下,将采空区内高浓度瓦斯由工作面回风巷排出。结合采空区覆岩瓦斯空间分布特征可综合分析得出,采动裂隙场瓦斯聚集区位于水平方向距回风巷 25～55 m、垂直方向距煤层顶板 25～50 m 范围内。

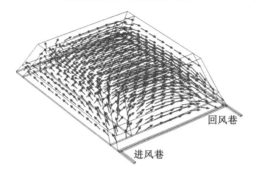

图 5-15　采场瓦斯三维空间流向图

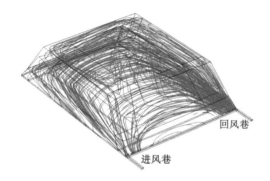

图 5-16　采场瓦斯三维空间总通量流线图

图 5-17　采场瓦斯三维空间总通量流线侧视图

5.3　本章小结

（1）采空区及上隅角瓦斯浓度分布特征表明,靠近工作面位置采空区的自然堆积区瓦斯浓度较低,而在自然堆积区向压实稳定区的过渡区域,由于渗透率和孔隙率的改变,该区域瓦斯浓度迅速升高,形成了采空区最高的瓦斯浓度梯度,在采空区深部,瓦斯浓度最高可达 20％以上。漏风风流将采空区的高浓度瓦斯排出,导致回风巷上隅角处瓦斯大量聚集,未抽采条件下工作面上隅角瓦斯浓度超过 3％。

（2）采场瓦斯浓度在三维空间分布特征表明,受到矿压的作用,采空区内梯台的垮落带被压实,采空区漏风对其的作用小于对周围裂隙圈的影响。在倾向上,靠近进风巷一侧的瓦斯浓度沿纵向方向的变化较小,整体瓦斯浓度较低,越靠近回风巷一侧,瓦斯浓度变化越大,在回风巷一侧的深部采空区,瓦斯浓度较高,无论是从倾向上还是走向上看,浓度趋于一致。

（3）采场瓦斯浓度在三维等值面分布特征表明,靠近采空区深部,采场瓦斯浓度等值面很密集,瓦斯浓度变化梯度较大。采空区浅部受风流影响明显,瓦斯浓度较低。在采空区浅部漏风量较大,瓦斯在漏风风流作用下向回风巷一侧运移,使得由进风巷一侧向回风巷一侧的瓦斯浓度逐渐增加。

（4）瓦斯在采空区的总通量流线曲折复杂,在采空区浅部,一部分瓦斯被工作面漏入的新鲜风流带走,另一部分受进风风流作用则向采空区深部运移。在漏风风流的动力作用下,漏风风流将采空区内高浓度瓦斯由工作面回风巷排出。综合分析可知,采动裂隙场瓦斯聚集区位于水平方向距回风巷 25～55 m、垂直方向距煤层顶板 25～50 m 范围内。

6　低瓦斯低渗透煤层液态 CO_2 相变爆破增透技术

6.1　煤层液态 CO_2 相变爆破增透理论及方法

6.1.1　液态 CO_2 相变爆破增透机理

6.1.1.1　液态 CO_2 相变致裂技术

液态 CO_2 不属于民爆产品,其运输、储存和使用豁免审批,其相变致裂技术是一种物理爆破技术,具有爆破过程无外露火花、爆破威力大、无须验炮、操作简便等特点,被广泛应用于采煤、清堵、建筑物拆除,是国际上一种理念先进、方法安全、效果显著的爆破技术[77-79]。CO_2 在低于 31 ℃且压力大于 7.35 MPa 时以液态存在,而超过 31 ℃时开始汽化,并且随着温度的变化压力也会不断变化。液态 CO_2 相变致裂技术就是利用加热管产生热量,使储液管内的液态 CO_2 在 40 ms 内迅速汽化,体积膨胀 600 倍,产生大量高压 CO_2 气体,达到定压泄能片极限压力后并将其冲破,高压 CO_2 气体从释放管的出气孔急速排出,产生应力波,冲击破碎煤层,达到爆破增透的目的。

6.1.1.2　增透原理

液态 CO_2 相变致裂装置利用加热管对储液管中的液态 CO_2 加热,使其由液态变为超临界状态或气态,压力急剧升高,随后高压 CO_2 气体冲开定压泄能片,产生应力波向周围传播,生成的气体通过释放管的释放通道在极短的时间内到达物料表面,形成爆生气流。应力波和高能气体一方面使物料产生新的裂隙,另一方面促使原生裂隙扩展、发育,达到致裂的效果,其致裂的能量可通过 TNT 当量近似描述。在液态 CO_2 相变致裂装置启动后,液态 CO_2 状态改变、冲出储液管、作用于物料等过程均为物理变化,安全性高,并且液态 CO_2 汽化过程吸收热量,使储液管管体温度下降,有时甚至降到 0 ℃以下,避免反应产生高温而引发安全隐患。

6.1.1.3　增透过程

液态 CO_2 相变致裂技术是利用钻机设备将导通杆、储液管和释放管送入已经打好的钻孔中,通过起爆器将储液管中的加热器加热起爆,高压 CO_2 气体通过释放管进入煤层,利用高压 CO_2 气体瞬间释放的高压膨胀做功来破碎煤层。液态 CO_2 相变致裂不属于化学爆破,是物理变化,与炸药爆破不同,其爆炸时不会产生炸药爆破产生的爆轰波。

液态 CO_2 相变致裂过程中,首先由冲击波在爆破孔周围产生粉碎区和爆破孔法向的初始导向裂隙,为爆破裂隙近区。随着冲击波转变为应力波继续传播,后续大量高压

CO_2气体在初始导向裂隙中尖劈扩展,形成二次裂隙发育,为爆破裂隙中远区。在致裂冲击作用下,煤层将产生径向的位移,钻孔周围煤层产生径向压缩和切向拉伸。当切向的拉应力超过极限抗拉强度后,煤层将被破坏产生裂隙,当冲击波衰减到低于煤层抗拉强度时,裂隙将不再产生。之后高压CO_2气体继续膨胀,楔入各裂隙,随着裂隙的扩展,周围压应力持续衰减,压缩过程中产生的弹性形变能得到释放,形成与压应力波作用方向相反的拉应力,使得煤层中原生裂隙和径向裂隙扩展贯通形成裂隙网,增加了煤层的透气性,促进了瓦斯流动。

6.1.1.4 煤层瓦斯变化

煤层瓦斯主要以游离和吸附两种状态赋存,其流动分为层流和扩散运动两种形式,大孔隙中的瓦斯层流服从达西定律,微孔隙中的瓦斯扩散运动服从菲克定律[80]。为了使煤层中的瓦斯尽快被抽采出来,需向煤层中打抽采钻孔,经过一段时间的抽采,煤层中瓦斯抽采量会减小,这是因为钻孔中煤层任一单元体均处于应力平衡状态,煤层透气性、渗透率和瓦斯压力达到稳定。为了提高煤层的透气性,采用液态CO_2相变致裂技术,煤层中的应力平衡破坏,使煤层应力重新分布,煤层透气性、渗透率和瓦斯压力发生改变,这些变化会直接影响煤层对瓦斯的吸附和抽采效果。煤层受到外力作用后有弹性应变和塑性应变,对煤层来说,弹性应变较小,塑性应变较大。煤层在受到应力破坏前,有弹性次生应力和塑性次生应力。液态CO_2相变致裂后煤层的破坏和致裂范围由三个区域组成,即扩孔区、破碎区和裂隙区[81],如图6-1所示。

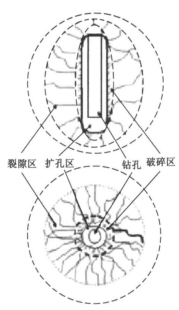

图6-1 液态CO_2相变致裂在煤层中产生的三个区域

在液态CO_2相变致裂作用下,煤层破碎导致裂隙增加,促进了瓦斯的渗流与扩散作用,煤层中瓦斯解吸出来,孔内瓦斯压力减小,煤层深部与抽采钻孔瓦斯压力梯度增大,煤层内部瓦斯的吸附/解吸平衡状态被打破,煤层瓦斯继续解吸并向抽采钻孔运移,促进了瓦斯抽采。

6.1.2 液态 CO_2 爆破增透工艺及技术优势

6.1.2.1 施工工艺

液态 CO_2 相变致裂系统主要由液态 CO_2 槽车、柱塞式致裂泵、逆止阀、涡轮流量计、压力表和分段式封孔器等组成,其系统布置如图 6-2 所示。利用分段式封孔器可以将液态 CO_2 均匀地压入钻孔中。

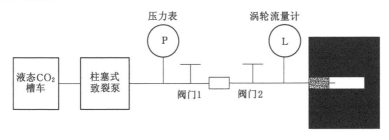

图 6-2　液态 CO_2 相变致裂系统布置

6.1.2.2 技术优势

煤层中注入液态 CO_2 ,会降低煤层温度、疏通煤层微孔隙,液态 CO_2 相变后,产生的高压力对煤层具有致裂作用,与此同时,气态 CO_2 还具有驱替、置换煤层瓦斯作用,提高瓦斯抽采效果。在施工过程中有以下优势:

（1）爆破全过程没有任何火花外露,对高瓦斯及突出矿井的爆破作业尤为安全。

（2）低温起爆,爆破后 CO_2 爆破器表面温度及产生的高压 CO_2 气体温度极低。

（3）高压 CO_2 气体能够营造一个惰性的气体环境,从本质上杜绝了瓦斯爆炸的可能性。

（4）没有具有破坏性的震荡或震波,减小了诱发瓦斯突出的概率。

（5）不需要进行验炮,爆破后便可进人,可连续作业。

（6）液态 CO_2 不属于民爆产品,其运输、储存和使用豁免审批,也不需要专门的爆破工。

6.2　煤层液态 CO_2 相变爆破增透数值模拟分析

6.2.1 煤层增透范围数值模拟

6.2.1.1 数值计算模型建立

以王家岭矿 2 号煤层为参考进行数值建模,由于采煤工作面存在各种设备,按实际条件建立几何模型过程十分复杂,在设计模型时理想化参数条件并简化模型。考虑钻孔的施工情况,设计煤层高度为 6.0 m,煤层长度为 20.0 m,在煤层中部位置布置三排七列钻孔(图 6-3)。钻孔分为多组破碎孔和控制孔,其中每组 1 个破碎孔增透,另外 4 个孔则作为控制孔进行瓦斯抽采,破碎孔位于面中心,4 个控制孔围绕中心破碎孔呈菱形分布且都在该面对角线上。煤层增透数值计算模型如图 6-4 所示。

6.2.1.2 模拟结果分析

煤层增透前后破碎孔周围应力分布图如图 6-5 和图 6-6 所示。随着增透时间的增加,作用于煤层的应力逐渐增大,破碎孔的增透作用范围达到 1.2 m。

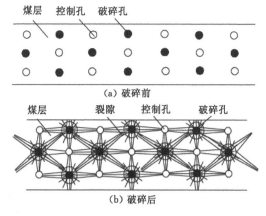

（a）破碎前

（b）破碎后

图 6-3　煤层增透示意图

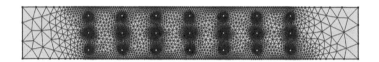

图 6-4　煤层增透数值计算模型

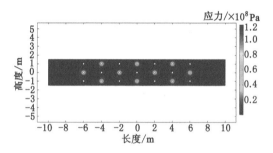

图 6-5　增透前破碎孔周围应力分布图

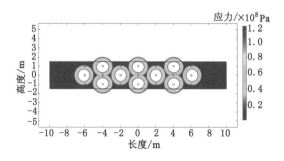

图 6-6　增透后破碎孔周围应力分布图

　　距破碎孔距离越大,对煤层影响效果越小。当控制孔距破碎孔距离较小时,增透作用范围过大,容易造成控制孔的变形甚至阻塞,所以不利于瓦斯的抽采;当控制孔距破碎孔距离较大时,对控制孔周围的煤层作用效果较小,难以实现煤层卸压增透,提高瓦斯抽采的目的,所以合理布置煤层控制孔及破碎孔的位置尤为重要。

根据以上煤层应力变化情况,应力下降 50% 的位置处于距孔中心 1.0 m,破碎孔的作用范围达到 1.2 m,综合分析判定该条件下煤层增透半径在 1.2 m 左右。

6.2.2 煤层增透效果数值模拟

为了充分研究煤层增透前后瓦斯预抽效果,建立合适的数值计算模型,本次选取三层布孔方式进行研究,分析增透前后预抽半径及抽采压力的变化规律,考察预抽效果,为合理布置钻孔提供依据。

6.2.2.1 煤层瓦斯压力变化分析

(1)增透前煤层瓦斯压力变化分析

增透前煤层瓦斯压力随时间变化云图如图 6-7 所示。由图可知,随着抽采时间的增加,

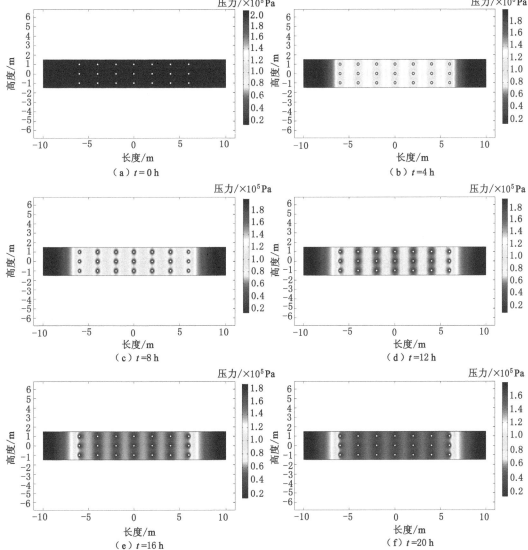

图 6-7 增透前煤层瓦斯压力随时间变化云图

钻孔周围瓦斯压力逐渐下降,且下降幅度较大,但是达到一定时间后下降幅度变小。这是由于钻孔的施工破坏了原始煤层的应力状态,钻孔周围形成一定范围的卸压区域,此范围内煤层透气性系数增大,在抽采初期阶段高瓦斯压力梯度下,该范围内煤层瓦斯压力下降速率较快。随着时间的推移,煤层瓦斯含量减小、瓦斯压力降低、煤层所受有效应力增大,导致煤层内孔隙、裂隙被压缩,渗透率降低,抽采难度加大,经过一段时间抽采后,瓦斯抽采效果趋于稳定。

对于抽采叠加效应影响区域,以中间 5 列孔进行分析:$t=0$ h 时,煤层的初始瓦斯压力为 2.0×10^5 Pa;$t=4$ h 时,钻孔附近的瓦斯压力下降至 $0.4\times10^5\sim0.6\times10^5$ Pa,同时形成了条状带的瓦斯卸压区,条状带宽度约为 1.4 m,条状带高度约为 3.0 m,条状带内的瓦斯压力为 $0.4\times10^5\sim1.2\times10^5$ Pa,比初始瓦斯压力降低了 40%～80%,条状带外的瓦斯压力为 $1.2\times10^5\sim1.4\times10^5$ Pa,比初始瓦斯压力降低了 30%～40%;直至 $t=12$ h 时,条状带的范围大小没有明显的增加,但是条状带内外的瓦斯压力继续呈下降的趋势,随着瓦斯的继续抽采,瓦斯压力的下降趋势减缓;$t=20$ h 时,条状带内的瓦斯压力为 $0.2\times10^5\sim0.4\times10^5$ Pa,条状带外的瓦斯压力为 $0.4\times10^5\sim0.5\times10^5$ Pa,分别比初始煤层压力下降了 80%～90% 和 75%～80%,瓦斯压力下降明显。

对于两侧的钻孔,远离钻孔密集区的瓦斯压力分布云图形成了多个条状带的区域,$t=20$ h 时,钻孔外侧 0.4 m 范围内条状带的瓦斯压力下降至 $0.4\times10^5\sim0.7\times10^5$ Pa,钻孔外侧 $0.4\sim1.0$ m 范围内条状带的瓦斯压力下降至 $0.7\times10^5\sim1.1\times10^5$ Pa,钻孔外侧 $1.0\sim2.2$ m 范围内条状带的瓦斯压力下降至 $1.1\times10^5\sim1.5\times10^5$ Pa。

(2)增透后煤层瓦斯压力变化分析

增透后煤层瓦斯压力随时间变化云图如图 6-8 所示。由图可知,随着抽采时间的增加,钻孔周围瓦斯压力逐渐下降,且下降幅度较大,但是达到一定时间后下降幅度变小。煤层的初始瓦斯压力为 2.0×10^5 Pa,$t=4$ h 时,中间 5 列钻孔附近的瓦斯压力已经下降至 $0.2\times10^5\sim0.4\times10^5$ Pa,形成的 0.4 m 宽的条状带范围内瓦斯压力下降至 $0.2\times10^5\sim0.8\times10^5$ Pa,条状带外的瓦斯压力下降至 $0.8\times10^5\sim1.0\times10^5$ Pa。随着瓦斯的继续抽采,煤层瓦斯压力的下降幅度变小,$t=20$ h 时,条状带外的瓦斯压力下降至 $0.2\times10^5\sim0.3\times10^5$ Pa,而对于两侧的钻孔,远离钻孔密集区的瓦斯压力下降不如抽采叠加区域,外侧 0.7 m 范围内条状带的瓦斯压力下降至 $0.2\times10^5\sim0.8\times10^5$ Pa。

相比于增透前,发现增透后的瓦斯抽采效果更好,且钻孔附近瓦斯压力下降的速度远远大于增透前下降的速度。以 $t=4$ h 为例,增透前条状带内的瓦斯压力为 $0.4\times10^5\sim1.2\times10^5$ Pa,增透后为 $0.2\times10^5\sim0.8\times10^5$ Pa,而增透前条状带外的瓦斯压力为 $1.2\times10^5\sim1.4\times10^5$ Pa,增透后为 $0.8\times10^5\sim1.0\times10^5$ Pa,表明在相同的抽采时间和地点处,增透后的瓦斯压力下降比增透前有了显著的提高。

6.2.2.2 煤层有效抽采半径变化分析

(1)增透前煤层有效抽采半径变化分析

增透前煤层瓦斯压力等值线如图 6-9 所示。由图可知,随着抽采时间的增加,煤层瓦斯压力下降,钻孔影响半径逐渐增大,有效抽采半径也逐渐增大,且增大幅度随着时间的增加而减小。对于中间的 5 列钻孔,$t=4$ h 时,每 1 列的 3 个钻孔的有效抽采区域为 3 个相互独立的椭圆状区域,有效抽采半径约为 0.3 m;$t=8$ h 时,每 1 列的 3 个钻孔的有效抽采区域相

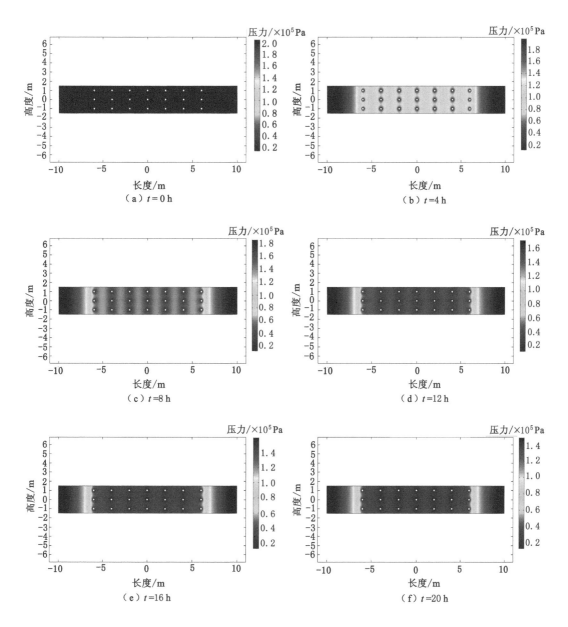

图 6-8 增透后煤层瓦斯压力随时间变化云图

互连通,形成波浪条带状的有效影响区域,条带状宽度约为 0.4 m；$t=12$ h 时,钻孔的有效抽采区域已经相互重叠,高度覆盖了整个煤层,表明此时各钻孔的有效抽采半径已达 1.0 m。对于两侧的钻孔,$t=12$ h 时,钻孔密集区外的有效抽采半径约为 0.5 m,$t=16$ h 时约为 0.6 m,至 $t=24$ h 时约为 0.8 m。

(2)增透后煤层有效抽采半径变化分析

增透后煤层瓦斯压力等值线如图 6-10 所示。由图可知,随着抽采时间的增加,煤层瓦斯压力下降,钻孔影响半径逐渐增大,有效抽采半径也逐渐增大,且增大幅度随着时间的增

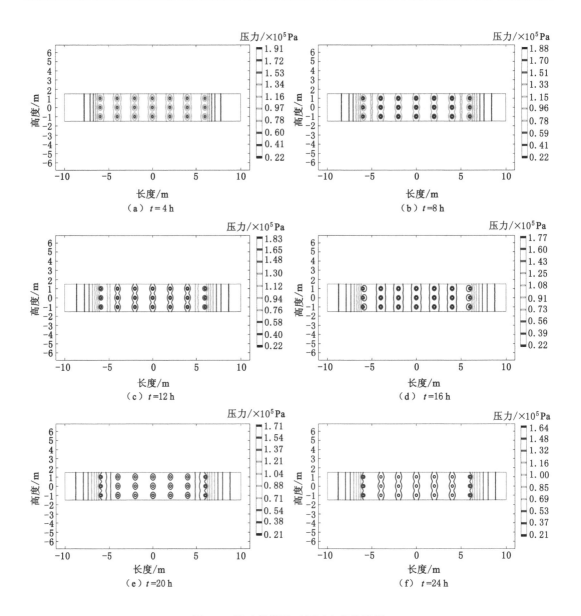

图 6-9　增透前煤层瓦斯压力等值线图

加而减小。对于中间 5 列钻孔，$t=4$ h 时，中间 5 列钻孔抽采叠加区域内的瓦斯压力已经下降至 $0.78\times10^5\sim0.96\times10^5$ Pa，此时钻孔的有效抽采半径已达 1.0 m；$t=8$ h 时，以钻孔为中心，宽度为 1.0 m 的条状带内的瓦斯压力继续下降；直至 $t=24$ h 时，整个抽采叠加区域的瓦斯压力为 $0.19\times10^5\sim0.32\times10^5$ Pa。对于两侧的钻孔，其靠近钻孔密集侧的瓦斯压力远小于钻孔外侧的瓦斯压力。根据钻孔外侧的瓦斯压力等值线，得出钻孔外侧的有效抽采半径约为 1.5 m。

6.2.2.3　瓦斯压力和有效抽采半径对比分析

增透前后的瓦斯压力和有效抽采半径如表 6-1 所列，比较增透前后瓦斯压力和有效抽

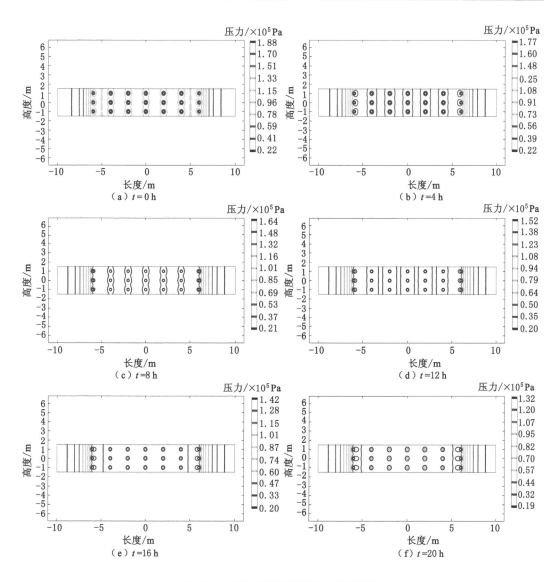

图 6-10　增透后煤层瓦斯压力等值线图

采半径的变化趋势,对增透后的抽采效果进行考察。从表中可以看出,增透后煤层的瓦斯压力为增透前的 $50\%\sim60\%$,增透后的有效抽采半径约为增透前的 1.9 倍,表明增透后煤层透气性大幅增加,使得瓦斯运移加速,提高了瓦斯抽采效率,进而降低了煤层瓦斯压力,同时增大了煤层的有效抽采半径。

表 6-1　增透前后瓦斯压力和有效抽采半径对比表

瓦斯压力/$\times 10^5$ Pa		有效抽采半径/m	
增透前	增透后	增透前	增透后
$0.4\sim0.5$	$0.2\sim0.3$	0.8	1.5

6.3 煤层液态 CO_2 相变爆破增透工艺参数试验

6.3.1 试验钻孔布置

综合考虑增透效果、现场施工和成本控制,本次试验采用单层钻孔布置方式。结合试验工作面情况,考虑到工作面推进度为每月 178.5 m,因此选定试验区距离开切眼 200.0 m。将试验区划分为两个增透区域进行对比分析,分别考察两个区域在增透前和增透后的抽采效果。

区域一:在工作面距开切眼 200.0 m 处回风巷中布置间距为 3.0 m 的单排抽采孔,钻孔深度为 120.0 m,开孔高度距巷道底板 1.2 m,在抽采钻孔中间布置间距为 3.0 m 的液态 CO_2 爆破孔。区域二:在距区域一 50.0 m 处回风巷中布置间距为 5.0 m 的单排抽采孔,钻孔深度为 120.0 m,开孔高度距巷道底板 1.2 m,在抽采钻孔中间布置间距为 5.0 m 的液态 CO_2 爆破孔。试验区钻孔布置如图 6-11 所示,试验区钻孔参数如表 6-2 所列,试验区对比分析如图 6-12 所示。

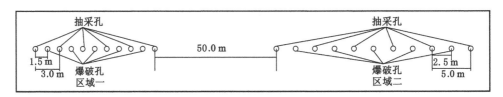

图 6-11 试验区钻孔布置

表 6-2 试验区钻孔参数

试验区域	钻孔类型	钻孔编号	与巷道夹角/(°)	仰角/(°)	孔间距/m	钻孔长度/m	备注
区域一	抽采孔	1#	90	5	3	120	抽采孔单层布置,共计 6 个,开孔高度距巷道底板 1.2 m
		2#	90	5	3	120	
		3#	90	5	3	120	
		4#	90	5	3	120	
		5#	90	5	3	120	
		6#	90	5	3	120	
	爆破孔	1-1	90	5	3	120	爆破孔单层布置,共计 5 个,开孔高度距巷道底板 1.2 m
		1-2	90	5	3	120	
		1-3	90	5	3	120	
		1-4	90	5	3	120	
		1-5	90	5	3	120	

表 6-2(续)

试验区域	钻孔类型	钻孔编号	与巷道夹角/(°)	仰角/(°)	孔间距/m	钻孔长度/m	备注
区域二	抽采孔	7#	90	5	5	120	抽采孔单层布置,共计 6 个,开孔高度距巷道底板 1.2 m
		8#	90	5	5	120	
		9#	90	5	5	120	
		10#	90	5	5	120	
		11#	90	5	5	120	
		12#	90	5	5	120	
	爆破孔	2-1	90	5	5	120	爆破孔单层布置,共计 5 个,开孔高度距巷道底板 1.2 m
		2-2	90	5	5	120	
		2-3	90	5	5	120	
		2-4	90	5	5	120	
		2-5	90	5	5	120	

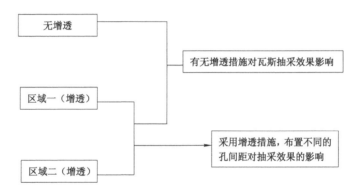

图 6-12　试验区对比分析

根据工作面长度,确定瓦斯抽采孔长度为 120.0 m,爆破孔的长度小于或等于瓦斯抽采孔的长度,定为 120 m。为避免试验区相互干扰,将两个区域之间间距确定为 50 m。

孔板流量计布置:对采取增透措施的工作面回风巷的抽采孔,在每个抽采孔的支管处布置一个 DN50 孔板流量计,共布置 12 个。

阀门布置:为防止钻孔中的瓦斯由于卸压原因导致大量逸散,对试验准确性造成较大影响,对所有预先布置的抽采孔都要安装阀门;对布置孔板流量计的抽采孔,分别在孔板流量计与钻孔孔口之间的支管上布置单个阀门;对未布置孔板流量计的抽采孔,在每个支管路钻孔孔口处布置一个阀门;在工作面的主管路上布置一个主阀门,钻孔施工完成后将阀门关闭。

在液态 CO_2 破碎孔施工前,工作面回风巷布设好抽采管路,以及瓦斯抽采浓度、流量检测设备(如孔板流量计等)。

6.3.2　爆破筒布置深度

现场施工时采用人工方式将液态 CO_2 爆破筒送入煤壁,每节爆破筒的长度为 1.5 m,在爆破筒的端头设有螺纹,将爆破筒之间通过螺纹进行连接,同时通过并联的方式将每节爆破筒与起爆线进行连接,爆破筒深入煤壁的深度如图 6-13 所示。

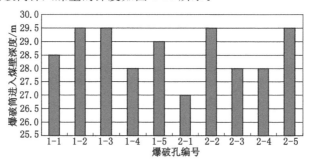

图 6-13　爆破筒进入煤壁的深度

由于在人工送入爆破筒的过程中,个别爆破孔出现塌孔,所以没有送入额定的长度,但是爆破筒进入煤壁的深度最浅也达到了 27.0 m,所以对爆破效果的影响很小。同时,爆破筒需要与锚网进行固定,所以爆破筒要有一小部分留在煤壁外方便固定。爆破筒进入煤壁的深度最深达 29.5 m。

6.3.3　爆破孔布置间距

图 6-14 为爆破孔间距 3 m 时爆破前后瓦斯抽采浓度与纯流量变化,图 6-15 为爆破孔间距 5 m 时爆破前后瓦斯抽采浓度与纯流量变化。

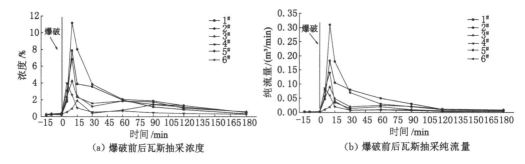

图 6-14　爆破孔间距 3 m 时爆破前后瓦斯抽采浓度与纯流量变化

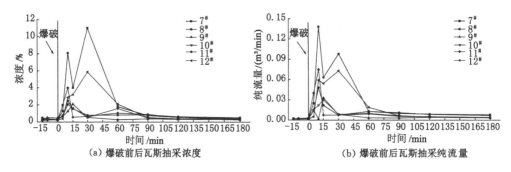

图 6-15　爆破孔间距 5 m 时爆破前后瓦斯抽采浓度与纯流量变化

由图 6-14 可以看出,在致裂爆破后,距离爆破孔 1.5 m 的抽采孔的单孔瓦斯抽采浓度和纯流量提升效果非常显著。爆破后总体上单孔平均瓦斯抽采纯流量提升 5.0 倍左右,瓦斯抽采浓度提升 4.0 倍左右,在致裂爆破后的 160 min 内抽采效果较好。在图中可以看出个别抽采孔的瓦斯抽采浓度明显高于其他抽采孔的瓦斯抽采浓度,这是因为煤层属于非均匀介质,具有各向异性,在爆破过程中裂隙的发育也不均匀,个别抽采孔的瓦斯抽采浓度偏高说明该抽采孔裂隙发育较好,所以抽采效果明显。

由图 6-15 可以看出,在致裂爆破后,距离爆破孔 2.5 m 处的抽采孔的单孔瓦斯抽采效果比较明显,但比距离爆破孔 1.5 m 的抽采孔的抽采效果有所降低。爆破后总体上单孔平均瓦斯抽采纯流量提升 3.0 倍左右,瓦斯抽采浓度提升 3.0 倍左右,在致裂爆破后的 120 min 内抽采效果较好。

通过综合对比分析,爆破孔布置间距为 3.0 m 时瓦斯抽采效果较好。

6.4 本 章 小 结

(1)阐述了液态 CO_2 相变爆破增透机理、工艺及技术优势。采用数值模拟的方法对液态 CO_2 爆破增透范围和增透前后煤层预抽时瓦斯压力、有效抽采半径进行了详细分析,结果表明,煤层增透半径在 1.2 m 左右,增透后煤层的瓦斯压力为增透前的 50%～60%,增透后的有效抽采半径约为增透前的 1.9 倍。

(2)通过现场试验研究了液态 CO_2 相变爆破增透工艺参数,结果表明,爆破筒布置深度为 27.0～29.5 m,爆破孔合理间距为 3.0 m,且增透后 160 min 内瓦斯抽采效果较好,之后恢复至爆破前的水平。

7 低瓦斯低渗透煤层瓦斯压抽一体化强化治理技术

由第 6 章研究结果可以看出,对于低瓦斯赋存煤层,单纯采用增透措施的效果时效性低,远远达不到本煤层瓦斯治理要求,因此在增透的基础上,引入注气驱替压抽煤层瓦斯技术,进一步强化治理煤层瓦斯,保证持续治理效果。

7.1 压抽过程二相二元混合流体流动机理

在进行注气驱替压抽煤层瓦斯现场试验前,开展压抽过程二相二元混合流体流动机理研究,包括煤体等温吸附特征研究、煤体瓦斯扩散动力学实验研究和煤体渗透规律演化特征实验研究。

7.1.1 煤体等温吸附特征研究

7.1.1.1 等温吸附实验设计

利用等温吸附实验装置,对取自王家岭矿的煤样进行 CH_4、CO_2、N_2 和三者中二元混合气体吸附特征研究。等温吸附实验装置的实验压力范围为 $0 \sim 20.000$ MPa,精度为 0.001 MPa;温度范围为室温至 80.0 ℃,精度为 0.1 ℃。等温吸附实验装置主要由吸附装置、数据采集系统、气体增压装置和真空体系四部分构成。实验首先将取自王家岭矿的煤样粉碎、筛分,制得粒径为 $0.20 \sim 0.25$ mm(不破坏孔隙结构,吸附平衡时间短)的粉末 200 g,其次对实验装置的储气罐、样品罐及样品罐(含样品)空白体积进行标定,最后开展不同压力等级下的单组分、二元混合气体等温吸附特征研究。等温吸附实验参数条件如表 7-1 所列。

表 7-1 等温吸附实验参数条件

序号	混合比例	竞争吸附压力/MPa				
1	纯 N_2	1.0	2.0	3.5	5.5	8.0
2	30%CH_4、70%N_2	1.0	2.0	3.5	5.5	8.0
3	50%CH_4、50%N_2	1.0	2.0	3.5	5.5	8.0
4	70%CH_4、30%N_2	1.0	2.0	3.5	5.5	8.0
5	纯 CH_4	1.0	2.0	3.5	5.5	8.0
6	纯 CO_2	1.0	2.0	3.5	5.5	8.0
7	30%CH_4、70%CO_2	1.0	2.0	3.5	5.5	8.0
8	50%CH_4、50%CO_2	1.0	2.0	3.5	5.5	8.0
9	70%CH_4、30%CO_2	1.0	2.0	3.5	5.5	8.0

7.1.1.2　等温吸附实验结果

（1）单组分气体不同吸附平衡压力下等温吸附结果

王家岭矿煤样对三种单组分气体的等温吸附曲线如图 7-1 所示，可以看出，王家岭矿煤样对 CH_4、CO_2、N_2 的等温吸附曲线具有 I 型特征，即随着吸附平衡压力的升高吸附量逐渐增大。在低吸附平衡压力条件下，王家岭矿煤样对 CO_2 的吸附量最大，对 N_2 的吸附量最小；随着吸附平衡压力的升高，相同压力梯度下吸附增量逐渐减小。王家岭矿煤样对 CH_4、CO_2 和 N_2 的吸附能力表现出较大的差异性，在相同吸附平衡压力条件下，同一煤样对三种气体吸附能力由强到弱依次为 CO_2、CH_4、N_2。

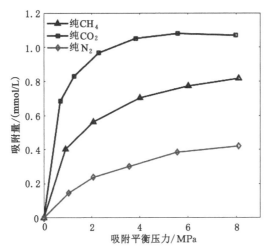

图 7-1　王家岭矿煤样对三种单组分气体的等温吸附曲线

（2）CO_2 和 CH_4 混合气体不同吸附平衡压力下等温吸附结果

王家岭矿煤样对 CO_2 和 CH_4 混合气体的等温吸附曲线如图 7-2 所示，可以看出：当吸

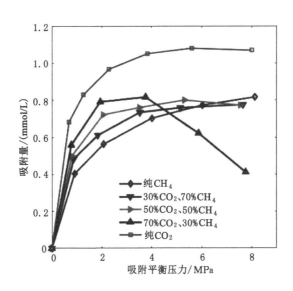

图 7-2　王家岭矿煤样对 CH_4 和 CO_2 混合气体的等温吸附曲线

附平衡压力在 $0 \sim 4$ MPa 压力之间时,王家岭矿煤样对 CO_2 和 CH_4 混合气体的总吸附量介于对纯 CO_2 和纯 CH_4 的吸附量之间,且随混合气体中 CO_2 含量的增加,总吸附量增大;当吸附平衡压力超过 4 MPa 之后,王家岭矿煤样对混合气体的总吸附量出现差异,随混合气体中 CO_2 含量的增加,总吸附量出现不同程度的减小,且 CO_2 含量越大,总吸附量减小幅度越大,甚至低于对纯 CH_4 的吸附量。

(3) N_2 和 CH_4 混合气体不同平衡压力下等温吸附结果

王家岭矿煤样对 N_2 和 CH_4 混合气体的等温吸附曲线如图 7-3 所示,可以看出:王家岭矿煤样对纯 CH_4、纯 N_2 以及二者混合气体的吸附量均随着吸附平衡压力的升高不断增大,而相同压力梯度下吸附增量随吸附平衡压力的升高逐渐减小;王家岭矿煤样对 N_2 和 CH_4 混合气体的总吸附量介于对纯 N_2 和纯 CH_4 的吸附量之间,且随混合气体中 N_2 含量的增加,总吸附量减小。

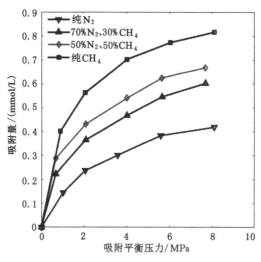

图 7-3　王家岭矿煤样对 N_2 和 CH_4 混合气体的等温吸附曲线

(4) CO_2 和 CH_4 混合气体的总吸附量和各组分气体的吸附量结果

王家岭矿煤样对不同浓度 CO_2 和 CH_4 混合气体的总吸附量和各组分气体的吸附量如图 7-4 所示,可以看出:煤样对 70％CO_2 和 30％CH_4、50％CO_2 和 50％CH_4 混合气体的总吸附量随着吸附平衡压力升高而逐渐增大,但达到一定压力后开始减小,其中 CO_2 的吸附量一直大于 CH_4 的吸附量;煤样对 30％CO_2 和 70％CH_4 混合气体的总吸附量随着吸附平衡压力升高而逐渐增大,并趋于稳定,其中 CO_2 的吸附量开始时小于 CH_4 的吸附量,随着吸附平衡压力的升高,CO_2 的吸附量与 CH_4 的吸附量之间的差值逐渐减小,最后 CO_2 的吸附量大于 CH_4 的吸附量。

王家岭矿煤样对不同浓度 N_2 和 CH_4 混合气体的总吸附量和各组分气体的吸附量如图 7-5 所示,可以看出:煤样对 70％N_2 和 30％CH_4 混合气体的总吸附量随着吸附平衡压力升高而逐渐增大,其中 CH_4 的吸附量开始时小于 N_2 的吸附量,随着吸附平衡压力的升高,CH_4 的吸附量与 N_2 的吸附量之间的差值逐渐减小,最后 CH_4 的吸附量大于 N_2 的吸附量;煤样对 50％N_2 和 50％CH_4 混合气体的总吸附量随着吸附平衡压力升高而逐渐增大,其中 CH_4 的吸附量一直大于 N_2 的吸附量。

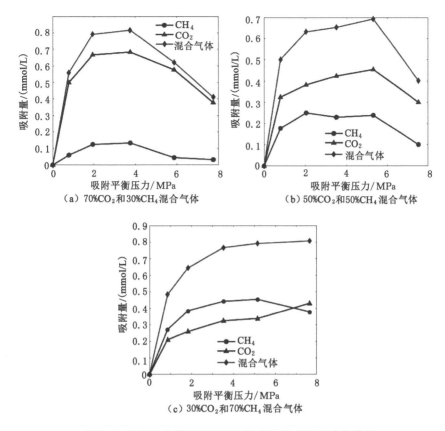

图 7-4 王家岭矿煤样对不同浓度 CO_2 和 CH_4 混合气体的
总吸附量和各组分气体的吸附量

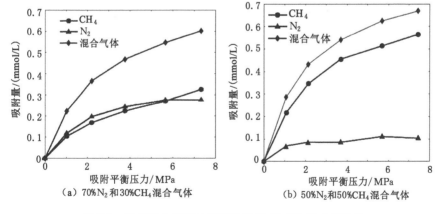

图 7-5 王家岭矿煤样对不同浓度 N_2 和 CH_4 混合气体的
总吸附量和各组分气体的吸附量

7.1.2 煤体瓦斯扩散动力学实验研究

注气驱替压抽煤层瓦斯过程是注入气体的渗流—扩散—吸附与煤层瓦斯（CH_4、CO_2）解吸—扩散—渗流同时发生的复杂物理过程[82]，要研究驱替过程中多元气体的对流扩散规律,不仅要掌握多元气体的"竞争吸附"和"置换吸附"特征,还要深入研究"注气—排气"动态流动过程中的多元气体双向扩散规律。

7.1.2.1 多元气体扩散实验装置平台

利用自行设计的气体双向扩散实验装置,研究注气驱替煤层瓦斯过程中气体双向扩散规律,其实验装置系统示意图如图 7-6 所示。

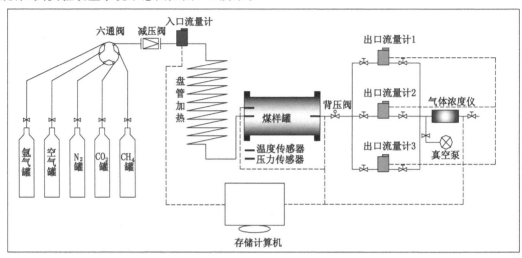

图 7-6 气体双向扩散装置系统示意图

7.1.2.2 N_2 驱替 CH_4 双向扩散实验

(1) 预吸附 CH_4 平衡压力、驱替压力均为 1.0 MPa

① 出气口处气体浓度变化

预吸附 CH_4 平衡压力、驱替压力均为 1.0 MPa 条件下出气口处气体浓度随驱替时间的变化情况如图 7-7 所示。由图可知,出气口处 CH_4 浓度逐渐降低,N_2 浓度逐渐升高。驱替时间在 365 min 以内时,出气口处气体浓度变化较快,之后逐渐趋于平缓。从驱替实验开始至 365 min,N_2 的浓度由 0% 升高至 87.25%,CH_4 的浓度由 100% 降低至 10.95%;从

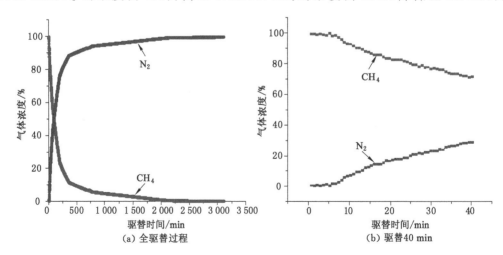

图 7-7 出气口处气体浓度随驱替时间的变化情况(1.0 MPa)

365 min 至 3 105 min，N_2 的浓度由 87.25％升高至 99.38％，CH_4 的浓度由 10.95％降低至 0.38％。同样，驱替实验开始后，出气口处气体浓度没有立刻发生变化，从 0 至 6 min，CH_4 浓度为 100％，N_2 浓度为 0％，而从第 6 分钟起，CH_4 浓度开始降低，N_2 浓度开始升高，这说明对于本次实验，N_2 的突破时间为 6 min。

② 煤样罐自由空间 CH_4 量变化

预吸附 CH_4 平衡压力、驱替压力均为 1.0 MPa 条件下煤样罐自由空间 CH_4 量随驱替时间的变化情况如图 7-8 所示。由图可知，随着驱替实验的进行，第 6 分钟 N_2 突破后，煤样罐自由空间 CH_4 量逐渐减少，CH_4 减少量逐渐增加。

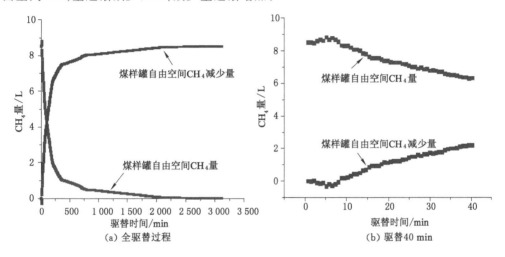

(a) 全驱替过程　　　　(b) 驱替 40 min

图 7-8　煤样罐自由空间 CH_4 量随驱替时间的变化情况（1.0 MPa）

③ 出气口处 CH_4 量与 CH_4 解吸量变化

本次驱替实验结束时，出气口处 CH_4 量约为 26.85 L，煤样罐自由空间 CH_4 减少量约为 8.51 L，CH_4 解吸量约为 18.34 L，如图 7-9 所示。

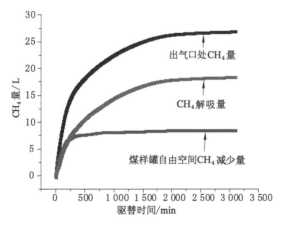

图 7-9　出气口处 CH_4 量与 CH_4 解吸量随驱替时间的变化情况（1.0 MPa）

④ CH_4 解吸速率

基于 CH_4 解吸量计算结果，可以进一步算出本次 N_2 驱替 CH_4 实验过程中 CH_4 的解吸速率,如图 7-10 所示。

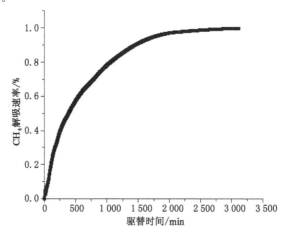

图 7-10 　CH₄解吸速率随驱替时间的变化情况(1.0 MPa)

(2) 预吸附 CH_4 平衡压力、驱替压力均为 2.0 MPa

① 出气口处气体浓度变化

预吸附 CH_4 平衡压力、驱替压力均为 2.0 MPa 条件下出气口处气体浓度随驱替时间的变化情况如图 7-11 所示。由图可知,驱替时间在 495 min 以内时,出气口处气体浓度变化较快,之后逐渐趋于平缓。从驱替实验开始至 495 min,N_2 的浓度由 0% 升高至 88.82%,CH_4 的浓度由 100% 降低至 11.08%;从 495 min 至 3 694 min,N_2 的浓度由 88.82% 升高至 98.14%,CH_4 的浓度由 11.08% 降低至 0.66%。在驱替实验过程中,从第 26 分钟起,CH_4 浓度开始降低,N_2 浓度开始升高,这说明对于本次实验,N_2 的突破时间为 26 min。

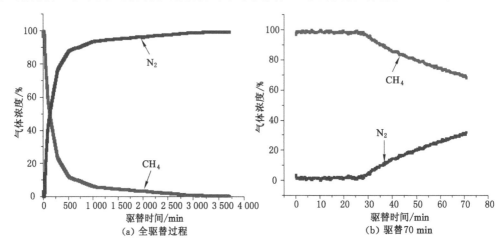

图 7-11 　出气口处气体浓度随驱替时间的变化情况(2.0 MPa)

② 煤样罐自由空间 CH_4 量变化

预吸附 CH_4 平衡压力、驱替压力均为 2.0 MPa 条件下煤样罐自由空间 CH_4 量随驱替时间的变化情况如图 7-12 所示。由图可知,第 26 分钟 N_2 突破后,煤样罐自由空间 CH_4 量逐渐减少,CH_4 减少量逐渐增加。

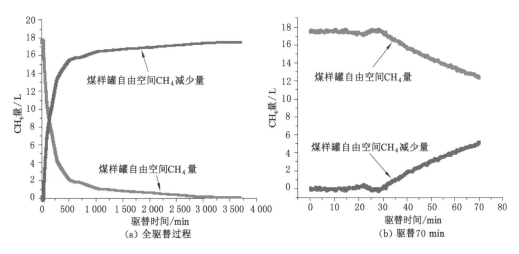

图 7-12 煤样罐自由空间 CH$_4$ 量随驱替时间的变化情况(2.0 MPa)

③ 出气口处 CH$_4$ 量与 CH$_4$ 解吸量变化

本次驱替实验结束时,出气口处 CH$_4$ 量约为 41.19 L,煤样罐自由空间 CH$_4$ 减少量约为 17.46 L,CH$_4$ 解吸量约为 23.73 L,如图 7-13 所示。

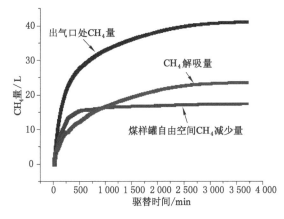

图 7-13 出气口处 CH$_4$ 量与 CH$_4$ 解吸量随驱替时间的变化情况(2.0 MPa)

④ CH$_4$ 解吸速率

基于 CH$_4$ 解吸量计算结果,可以进一步算出本次 N$_2$ 驱替 CH$_4$ 实验过程中 CH$_4$ 的解吸速率,如图 7-14 所示。

(3) 预吸附 CH$_4$ 平衡压力、驱替压力均为 3.0 MPa

① 出气口处气体浓度变化

预吸附 CH$_4$ 平衡压力、驱替压力均为 3.0 MPa 条件下出气口处气体浓度随驱替时间的变化情况如图 7-15 所示。由图可知,从驱替实验开始至 660 min,N$_2$ 的浓度由 0% 升高至 87.95%,CH$_4$ 的浓度由 100% 降低至 10.55%;从 660 min 至 4 025 min,N$_2$ 的浓度由 87.95% 升高至 99.02%,CH$_4$ 的浓度由 10.55% 降低至 0.78%。本次驱替实验 N$_2$ 的突破时间为 56 min。

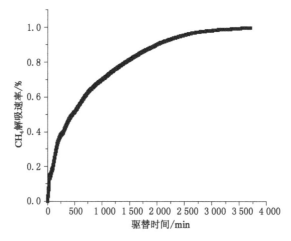

图 7-14　CH₄ 解吸速率随驱替时间的变化情况（2.0 MPa）

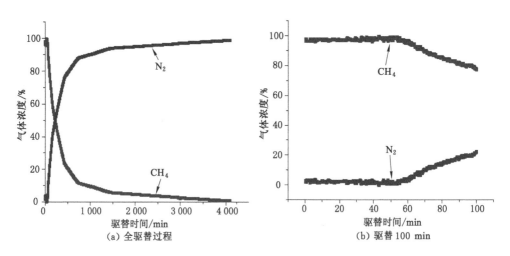

图 7-15　出气口处气体浓度随驱替时间的变化情况（3.0 MPa）

② 煤样罐自由空间 CH₄ 量变化

预吸附 CH₄ 平衡压力、驱替压力均为 3.0 MPa 条件下煤样罐自由空间 CH₄ 量随驱替时间的变化情况如图 7-16 所示。由图可知，第 46 分钟 N₂ 突破后，煤样罐自由空间 CH₄ 量逐渐减少，CH₄ 减少量逐渐增加。

③ 出气口处 CH₄ 量与 CH₄ 解吸量变化

本次驱替实验结束时，出气口处 CH₄ 量约为 53.81 L，煤样罐自由空间 CH₄ 减少量约为 25.93 L，CH₄ 解吸量约为 27.88 L，如图 7-17 所示。

④ CH₄ 解吸速率

基于 CH₄ 解吸量计算结果，可以进一步算出本次 N₂ 驱替 CH₄ 实验过程中 CH₄ 的解吸速率，如图 7-18 所示。

总结上述实验结果，N₂ 驱替 CH₄ 双向扩散实验情况如表 7-2 所列。可以看出，N₂ 突破时间随着驱替压力的升高而延长，驱替时间、CH₄ 排放量（出气口处 CH₄ 量）和 CH₄ 解吸量也随之增加。

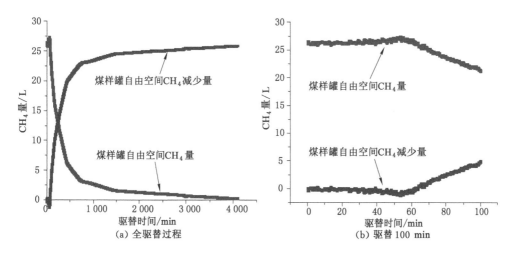

图 7-16　煤样罐自由空间 CH₄ 量随驱替时间的变化情况(3.0 MPa)

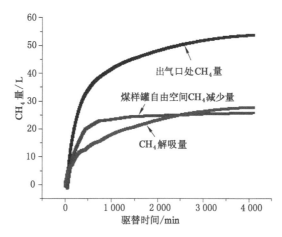

图 7-17　出气口处 CH₄ 量、CH₄ 解吸量随驱替时间的变化情况(3.0 MPa)

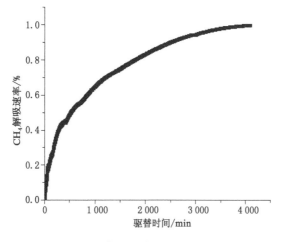

图 7-18　CH₄ 解吸速率随驱替时间的变化情况(3.0 MPa)

表 7-2 N_2 驱替 CH_4 双向扩散实验情况

驱替压力/MPa	N_2 突破时间/min	驱替时间/min	CH_4 排放量/L	CH_4 解吸量/L
1.0	6	3 105	26.85	18.34
2.0	26	3 694	41.19	23.73
3.0	56	4 025	53.81	27.88

　　与 CH_4 单向扩散实验结果相比较(图 7-19),在同等吸附平衡压力下,N_2 驱替 CH_4 双向扩散实验过程中,无论是 CH_4 排放量还是解吸量都要大于单向扩散过程,CH_4 排放量提升了 42%～59%,CH_4 解吸量提升了 1.22～1.46 倍。这说明注入的 N_2 能够置换煤样内常压条件下难以解吸的 CH_4,起到"驱替"的效果。

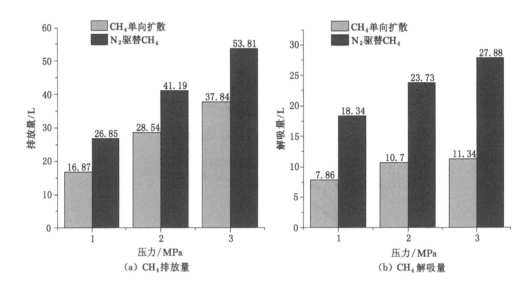

图 7-19 N_2 驱替 CH_4 双向扩散与 CH_4 单向扩散实验结果对比

7.1.3 煤体渗透规律演化特征实验研究及应力敏感性分析

7.1.3.1 N_2 驱替 CH_4 渗流实验设计

　　利用 HA-I型多相流渗透仪,对煤样进行 N_2 驱替 CH_4 渗流实验研究。HA-I型多相流渗透仪实验装置的主要技术参数包括:① 最大工作压力:环压 25.00 MPa,精度 ±0.01 MPa;驱替压力 20.00 MPa,精度 ±0.01 MPa。② 最大工作温度:120.0 ℃,精度 ±0.1 ℃。③ 岩心夹持器规格:25 mm、50 mm、60 mm(直径)。

　　HA-I型多相流渗透仪主要包含以下几个系统:① 岩心夹持系统,岩心被聚四氟乙烯套管包裹后水平置于其中,该套管具有耐高温、耐高压、耐酸等特性。② 气体注入系统,气体可在恒定的压力条件下注入岩心夹持器中。③ 回环压系统,回压通过回压阀控制,当注入岩心的流体压力超过回压阀所设定的阈值之后流体才可从出口端流出;环压是通过注射泵环绕岩心加载的压力,在所有的实验过程中始终要保证环压大于岩心的孔隙压力。④ 数据计量系统,岩心夹持器的入口端和出口端分别设有一个压力传感器,用于实时监测两端的压力值;气体流量计用于测定流出岩心的气体在常温常压下的流量,实时压力及流量值会通过电脑系统每 5～60 s 记录一次。⑤ 温度控制系统,温度控制采用恒温箱空气浴加热,温度范围为室温至 120.0 ℃,精度 ±0.1 ℃。HA-Ⅰ型多相流渗透仪装置示意图如图 7-20 所示。

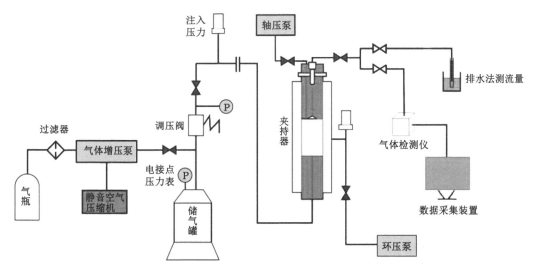

图 7-20　HA-Ⅰ型多相流渗透仪装置示意图

驱替渗流实验分组及研究指标如表 7-3 所列。

表 7-3　驱替渗流实验分组及研究指标

煤样	N_2 注入压力/MPa	加载压力/MPa	研究指标
王家岭矿煤样	2.00	环压 8.00 MPa 轴压 4.00 MPa	① 产出气体浓度变化情况 ② 驱替过程煤体渗透率变化规律
	4.00		
	6.00		

7.1.3.2　N_2 驱替 CH_4 渗流实验结果

（1）N_2 注入压力 2.00 MPa

在环压 8.00 MPa、轴压 4.00 MPa、N_2 注入压力 2.00 MPa 时,驱替过程中气体浓度变化情况如图 7-21 所示,煤样渗透率变化情况如图 7-22 所示。

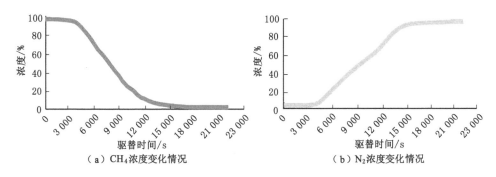

（a）CH_4 浓度变化情况　　　　（b）N_2 浓度变化情况

图 7-21　驱替过程中气体浓度变化情况（N_2 注入压力 2.00 MPa）

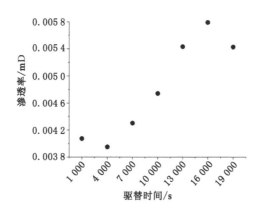

图 7-22　驱替过程中煤样渗透率变化情况（N_2 注入压力 2.00 MPa）

由图 7-21 和图 7-22 可以看出：

① CH_4 浓度随驱替时间推移不断降低，在 4 000 s 时开始快速下降，到 16 000 s 时趋于平缓，N_2 浓度随驱替时间推移不断升高，在 4 000 s 时开始快速上升，到 16 000 s 时趋于平缓。

② 煤样驱替前初始渗透率为 0.004 1 mD，随着 N_2 驱替甲烷的进行，煤样中吸附态与游离态 CH_4 不断被 N_2 驱替出来，煤基质收缩，孔隙与裂隙通道被拓宽，渗透率也随之增大，完全驱替结束时，渗透率增长到 0.005 5 mD。

（2）N_2 注入压力 4.00 MPa

在环压和轴压不变、N_2 注入压力 4.00 MPa 时，驱替过程中气体浓度变化情况如图 7-23 所示，煤样渗透率变化情况如图 7-24 所示。

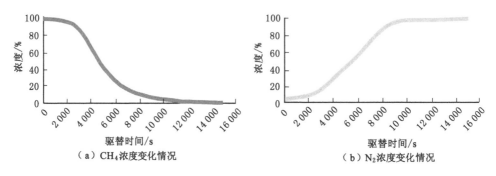

（a）CH_4 浓度变化情况　　　　　　　　（b）N_2 浓度变化情况

图 7-23　驱替过程中气体浓度变化情况（N_2 注入压力 4.00 MPa）

由图 7-23 和图 7-24 可以看出：

① CH_4 浓度随驱替时间推移不断降低，在 2 700 s 时开始快速下降，到 11 000 s 时趋于平缓，N_2 浓度随驱替时间推移不断升高，在 2 700 s 时开始快速上升，到 11 000 s 时趋于平缓。

② 煤样驱替前初始渗透率为 0.005 4 mD，随着 N_2 驱替 CH_4 的进行，煤样中吸附态与游离态 CH_4 不断被 N_2 驱替出来，煤基质收缩，孔隙与裂隙通道被拓宽，渗透率也随之增大，完全驱替结束时，渗透率增长到 0.007 0 mD。

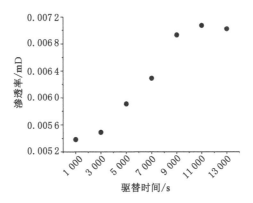

图 7-24 驱替过程中煤样渗透率变化情况(N₂ 注入压力 4.00 MPa)

（3）N₂ 注入压力 6.00 MPa

在环压和轴压不变、N₂ 注入压力 6.00 MPa 时,驱替过程中气体浓度变化情况如图 7-25 所示,煤样渗透率变化情况如图 7-26 所示。

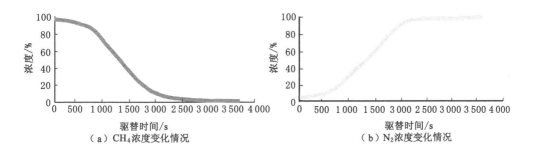

（a）CH₄ 浓度变化情况　　　　　　　（b）N₂ 浓度变化情况

图 7-25 驱替过程中气体浓度变化情况(N₂ 注入压力 6.00 MPa)

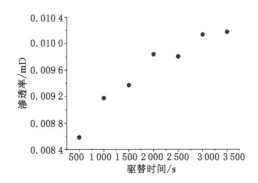

图 7-26 驱替过程中煤样渗透率变化情况(N₂ 注入压力 6.00 MPa)

由图 7-25 和图 7-26 可以看出：

① CH₄ 浓度随驱替时间推移不断降低,在 600 s 时开始快速下降,到 2 500 s 时趋于平缓,N₂ 浓度随驱替时间推移不断升高,在 600 s 时开始快速上升,到 2 500 s 时趋于平缓。

② 煤样驱替前初始渗透率为 0.008 6 mD，随着 N_2 驱替 CH_4 的进行，煤样中吸附态与游离态 CH_4 不断被 N_2 驱替出来，煤基质收缩，孔隙与裂隙通道被拓宽，渗透率也随之增大，完全驱替结束时，渗透率增长到 0.010 2 mD。

通过对比三组不同 N_2 注入压力的驱替 CH_4 渗流实验（表 7-4），发现随着 N_2 注入压力的升高，完全驱替 CH_4 所用时间不断加快，产出气体流量不断增加。实验结果表明 N_2 有助于提高 CH_4 抽采率，N_2 分压大于 CH_4，在压力梯度下不断将 CH_4 驱替出去的同时，由于煤层对 N_2 的吸附性小于 CH_4，随着吸附在煤基质表面的 CH_4 不断解吸，煤基质收缩，气体孔隙和裂隙渗流通道不断被拓宽，大大增加了煤层渗透率，其又反过来促进了驱替效率的提升。

表 7-4　驱替渗流实验结果表

注入气体	环压 /MPa	轴压 /MPa	注入压力 /MPa	产出气体流量/(mL/s)		渗透率/mD	
				驱替前	驱替后	驱替前	驱替后
N_2	8.00	4.00	2.00	0.000 5	0.000 8	0.004 1	0.005 5
			4.00	0.002 9	0.004 6	0.005 4	0.007 0
			6.00	0.035 0	0.048 0	0.008 6	0.010 2

7.2　压抽一体化抽采技术实施及关键工艺研究

7.2.1　压抽一体化强化瓦斯抽采钻孔布置及压抽工艺

7.2.1.1　注气驱替压抽试验钻孔设计

以厚煤层顺层抽采钻孔为基础，设计注气驱替压抽瓦斯抽采钻孔。为了有效控制驱替影响范围，降低煤层可解吸瓦斯量，根据各钻孔的空间位置，在 12309 回风巷 500 m 处布置"一注两产"1 号试验点（考察注气模式）、240 m 处布置"一注四产"2 号试验点（考察注气时长），在 12302 回风巷 1 500 m 处布置"一注四产"2 号试验点（考察注气压力和注气半径），各试验区域钻孔设计平面图如图 7-27 和图 7-28 所示。

7.2.1.2　注气驱替压抽工艺方法

根据注气驱替压抽试验钻孔的布置设计，首先按顺序施工不同试验区域产气孔及注气孔，施工完成后按设计封孔长度封堵钻孔，产气孔并网连抽，考察各产气孔在常规抽采条件下的瓦斯浓度、汇流管的瓦斯浓度及流量，待瓦斯浓度相对稳定后通过注气孔向煤层内注入一定压力的空气，开始注气驱替压抽试验，注气压力可通过调压阀进行控制调节，注气过程中对产气孔及汇流管的瓦斯参数进行监测，当汇流管的瓦斯纯量降至试验前水平时可以停止注气试验。

7.2.1.3　注气驱替压抽试验流程

（1）按设计施工注气驱替压抽试验钻孔，每组包含 1 个注气孔和 2~4 个产气孔。

（2）钻孔施工过程中，产气孔做到完孔即刻封孔并网连抽，采用 20 m"两堵一注"囊袋式封孔工艺。注气孔由于起到向煤层内注入带压气体促流压抽的作用，需要增加钻孔的密封性，保证注入气体在正压环境下可以较好地在煤层中流动，因此采用 30 m"两堵一注"囊

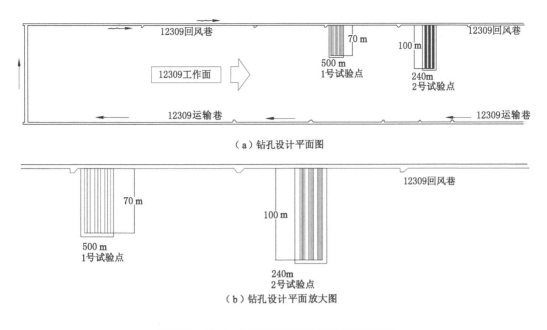

图 7-27 12309 工作面压抽试验钻孔设计平面图

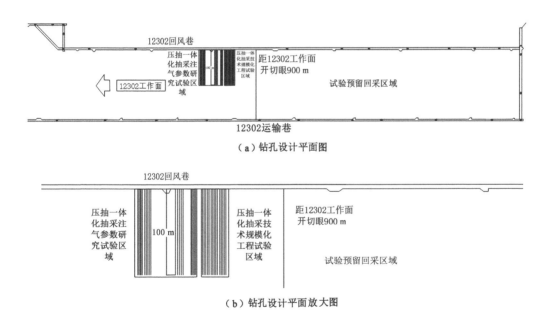

图 7-28 12302 工作面压抽试验钻孔设计平面图

袋式封孔工艺。注气孔封孔结束后,在孔口安装截止阀起到临时密封作用。

(3)钻孔封孔并网完成后,布置连接注气管路。注气管路采用耐压值为 25.0 MPa 的 KJ-25 高压胶管,管路间采用快速接头连接,连接过程严格把关管路的气密性和安全性,接头处均用"U"型卡固定。管路铺设完毕后,进行吊挂和二次防护。

（4）钻孔开始抽采后，技术人员定期下井观测记录各产气孔及各组汇流管的瓦斯浓度、混合流量、负压等原始数据。待钻孔瓦斯浓度和混量变化不大后，开始实施注气驱替压抽试验。

（5）试验开始前，检查试验区域下风侧各气体浓度传感器是否正常，检查试验管路气密性，打开注气钻孔泄压阀排水，试验开始前确保各阀门为关闭状态；管路检查完毕无误后，依次打开增压系统预增气体阀门、增压系统驱动气体阀门，调节驱动气体压力至 0.3 MPa 以上，待驱替增压系统开始工作后，调节增压系统调压阀，将系统出口压力控制在 2.0 MPa 左右。

（6）打开注气试验组注气孔末端安装的截止阀，调节各注气孔分支管路上安装的调压阀至试验设定压力。

（7）试验开展过程中定期记录注气及产气参数，具体包括注气流量、压力和产气浓度、流量和负压。当试验需暂停或终止时，依次关闭气体输送阀门、增压系统预增气体阀门、增压系统驱动气体阀门、增压系统出口阀门、注气孔阀门。

7.2.1.4 注气驱替压抽效果考察方案

为了检验注气驱替压抽煤层瓦斯的效果，充分分析注气驱替压抽煤层瓦斯过程中产气孔的瓦斯参数变化规律，确定针对王家岭矿厚煤层综放工作面的最优注气时长、注气压力、注气半径，分别开展间歇性注气和持续性注气模式下"边注边排""边注边抽"两种产气方式的注气试验，试验考察的目标参数主要包括产气孔瓦斯流量、产气孔瓦斯浓度、煤层瓦斯含量等，具体考察目标参数及测试方法如表 7-5 所列。

表 7-5 注气驱替压抽效果考察目标参数及测试方法

产气方式	测试方法		
	产气孔瓦斯浓度	产气孔瓦斯流量	煤层瓦斯含量
边注边排	光学瓦斯检测仪	湿式气体流量计	井下直接测定
边注边抽		ZD4 煤矿管道用多气体参数测量装置	

针对王家岭矿厚煤层综放工作面而言，布置"一注四产"上下两排覆盖全高的钻孔是较好的方案，进一步的钻孔布置研究及工程检验在后续注气模式和注气关键参数研究中穿插论述。

7.2.2 压抽一体化强化瓦斯抽采注气模式研究及工程试验

试验选用 1 号压抽试验点进行在"边注边排""边注边抽"两种产气方式下的不同注气模式研究，压抽一体化强化瓦斯抽采注气模式可分为间歇性注气和持续性注气两种。

7.2.2.1 1 号试验点钻孔设计与试验基本情况

（1）1 号试验点钻孔设计

1 号试验点（12309 回风巷 500 m 处）共设计 3 组试验钻孔，每组试验钻孔包括 1 个注气孔、2 个产气孔，共计 3 个注气孔（注 1-1、注 1-2 和注 1-3），6 个产气孔（产 1-1-1、产 1-1-2、产 1-2-1、产 1-2-2、产 1-3-1 和产 1-3-2），钻孔设计平面图和开孔示意图如图 7-29 所示，钻孔参数设计表如表 7-6 所列。

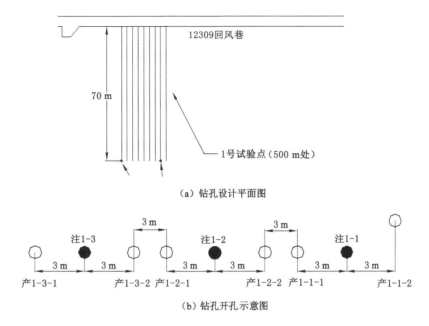

（a）钻孔设计平面图

（b）钻孔开孔示意图

图 7-29   1号试验点钻孔设计平面图和开孔示意图

表 7-6   1号试验点钻孔参数设计表

组号	孔号	开孔高度/m	方位角/(°)	倾角/(°)	孔深/m	封孔长度/m
1-1	注 1-1	1.5 m	180	5.0	70	30
	产 1-1-1	1.5 m	180	5.0	70	20
	产 1-1-2	2.1 m	180	4.5	70	20
1-2	注 1-2	1.5 m	180	5.0	70	30
	产 1-2-1	1.5 m	180	5.0	70	20
	产 1-2-2	1.5 m	180	5.0	70	20
1-3	注 1-3	1.5 m	180	5.0	70	30
	产 1-3-1	1.5 m	180	5.0	70	20
	产 1-3-2	1.5 m	180	5.0	70	20

（2）压抽一体化注气模式研究

1号试验点主要通过开展不同注气模式下压抽先导性试验,考察影响试验工作面的注气起效临界压力和不同注气模式下的试验效果。

在"边注边排"产气方式下,在产气孔孔口连接湿式气体流量计,对注气过程中产气孔气体流量进行监测,同时采用光学瓦斯检测仪测定各产气孔内瓦斯浓度。

在"边注边抽"产气方式下,各产气孔与 12309 回风巷低负压抽采管连接,通过 ZD4 煤矿管道用多气体参数测量装置对钻孔负压、流量进行监测,同时采用光学瓦斯检测仪测定各产气孔及汇流管内瓦斯浓度。

7.2.2.2   1号试验点注气起效临界压力考察试验

2020 年 1 月 4 日 1-3 组汇流管混合流量随注气压力变化曲线如图 7-30 所示,可以看出：在 2020 年 1 月 4 日 16 时 30 分，注气压力初始设置为 0.30 MPa，此时汇流管混合流量为 0.03 m³/min，处于常规抽采流量范围；当 16 时 40 分注气压力调为 0.35 MPa 时，至 17 时 00 分，在 20 min 的注气时长内汇流管混合流量为 0.04～0.08 m³/min，仍然处于常规抽采流量范围，这说明此时通过注气孔注入煤层内的气体没有从产气孔突破；当 17 时 10 分注气压力调整为 0.40 MPa 时，汇流管混合流量有所增大，为 0.12 m³/min，至 17 时 20 分，混合流量为 0.22 m³/min；当 17 时 40 分注气压力升高至 0.45 MPa 时，汇流管混合流量明显增大，为 0.62 m³/min，至 18 时 00 分，混合流量为 0.79 m³/min，仍处于较高水平。由此可以判断，当注气压力为 0.45 MPa 时，注入煤层内的气体能够运移突破至产气孔，因此可以确定当注气孔与产气孔间距为 3 m 时，注气起效临界压力为 0.45 MPa。

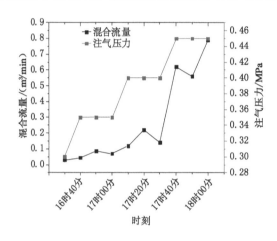

图 7-30　1-3 组汇流管混合流量随注气压力变化曲线（2020 年 1 月 4 日）

7.2.2.3　"边注边排"产气方式下注气模式效果考察

1 号试验点 1-1 组、1-2 组为"边注边排"产气方式，注气模式为间歇性注气和持续性注气。注气驱替压抽强化瓦斯抽采试验效果主要通过压抽试验产气孔混合流量、瓦斯浓度和瓦斯纯流量等指标进行考察。

（1）产气孔混合流量

图 7-31 为产 1-1-1 孔混合流量变化情况，可以看出，在"边注边排"产气方式下，第一次间歇性注气期间，由于注气压力未达到注气起效临界压力，产 1-1-1 孔混合流量几乎为 0 且保持不变。在试验开展的 165 h 后提升了注气压力，产 1-1-1 孔混合流量明显增大，从 0.14×10⁻³ m³/min 增大至 7.63×10⁻³ m³/min，增幅达 53.50 倍。当停止向煤层内注气时，产 1-1-1 孔混合流量迅速减小，且与初始的混合流量相差不大，为 0.16×10⁻³ m³/min。之后的数天时间内，分不同的时间段进行间歇性注气，产 1-1-1 孔混合流量均呈现不同幅度的递增，同时观察到产 1-1-1 孔混合流量存在滞后效应，注气后混合流量虽然低于注气期间混合流量，但在观测期内依然高于注气前混合流量。在试验开展 435 h 后开始持续性注气，待混合流量达到稳定后，可维持在高位水平，为 4.67×10⁻³～7.47×10⁻³ m³/min，混合流量明显增大。

图 7-32 为产 1-2-2 孔混合流量变化情况，可以看出，与产 1-1-1 孔相同，产 1-2-2 孔在第一次间歇性注气期间，由于注气压力未达到注气起效临界压力，其混合流量维持在较低水

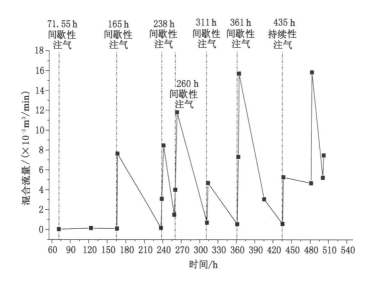

图 7-31 产 1-1-1 孔混合流量变化情况

平,仅 $0.01 \times 10^{-3} \sim 0.19 \times 10^{-3}$ m³/min。在试验开展 165 h 后提升了注气压力,产 1-2-2 孔混合流量明显增大,流量从 0.19×10^{-3} m³/min 增大至 5.33×10^{-3} m³/min,增幅达 27.05 倍。当停止向煤层内注气时,产 1-2-2 孔混合流量迅速减小,且与初始的混合流量相差不大,仅为 0.17×10^{-3} m³/min。之后的数天时间内,分不同的时间段进行间歇性注气,产 1-2-2 孔混合流量均呈现不同幅度的递增,同时观察到产 1-2-2 孔混合流量存在滞后效应,注气后混合流量虽然低于注气期间混合流量,但在观测期内依然高于注气前混合流量。在试验开展 435 h 后开始持续性注气,产 1-2-2 孔混合流量达到最大值,为 24.16×10^{-3} m³/min,之后可维持在高位水平,混合流量明显增大。

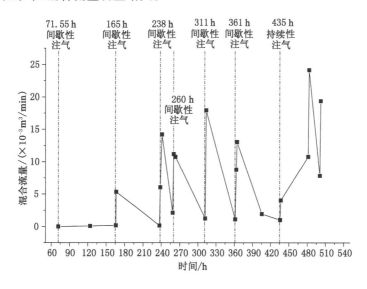

图 7-32 产 1-2-2 孔混合流量变化情况

（2）产气孔瓦斯浓度

图 7-33 为产 1-1-1 孔瓦斯浓度变化情况，可以看出，在"边注边排"产气方式下，第一次间歇性注气期间，产 1-1-1 孔瓦斯浓度由最初的 66.4% 下降至 48.8%，下降明显，当停止注气后，产 1-1-1 孔瓦斯浓度迅速上升至高位水平。在间歇性注气期间，产 1-1-1 孔瓦斯浓度变化趋势和产 1-1-1 孔混合流量变化趋势相反，随着间歇性注气的进行，产 1-1-1 孔瓦斯浓度低位水平不断下降，在最后一次间歇性注气结束后，产 1-1-1 孔瓦斯浓度降至 26.2%。在持续性注气期间，产 1-1-1 孔瓦斯浓度不断下降，由 48.8% 下降至 11.8%，且随着注气时长的延续，产 1-1-1 孔瓦斯浓度维持在低位水平，浮动范围为 11.6%～12.6%，较试验开展最初的瓦斯浓度下降明显。

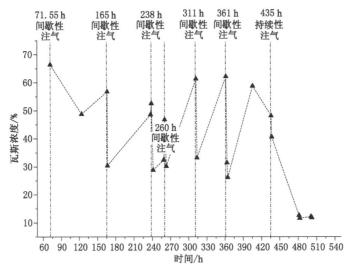

图 7-33　产 1-1-1 孔瓦斯浓度变化情况

图 7-34 为产 1-2-2 孔瓦斯浓度变化情况，可以看出，和产 1-1-1 孔类似，产 1-2-2 孔在第一次间歇性注气期间，瓦斯浓度由最初的 38.6% 下降至 12.4%，下降明显，当停止注气后，产 1-2-2 孔瓦斯浓度迅速上升至 28.8%。在间歇性注气期间，产 1-2-2 孔瓦斯浓度变化趋势和产 1-2-2 孔混合流量变化趋势相反，随着间歇性注气试验的进行，产 1-2-2 孔瓦斯浓度低位水平不断下降，在最后一次间歇性注气结束后，产 1-2-2 孔瓦斯浓度下降至 6.2%。在持续性注气期间，产 1-2-2 孔瓦斯浓度不断下降，由 24.2% 下降至 5.3%，且随着注气时长的延续，产 1-2-2 孔瓦斯浓度维持在低位水平，浮动范围为 5.2%～5.4%，较试验开展最初的瓦斯浓度下降明显。

（3）产气孔瓦斯纯流量

在获取产气孔混合流量与瓦斯浓度的前提下，可以计算得到产气孔瓦斯纯流量，从而分析注气驱替压抽试验过程中产气孔瓦斯纯流量的变化规律。图 7-35 为产 1-1-1 孔瓦斯纯流量变化情况，可以看出，产 1-1-1 孔瓦斯纯流量随着注气驱替压抽试验的开展，由第一次间歇性注气变化不大的情况下不断提升，在试验开展 165 h 时，产 1-1-1 孔瓦斯纯流量提升巨大，由低位水平的 0.056×10^{-3} m³/min 提升至 2.322×10^{-3} m³/min，提升幅度达 40.46 倍。在几次间歇性注气期间，产 1-1-1 孔瓦斯纯流量均随着注气的进行而明显提升，停止注气后恢复到低位水平，

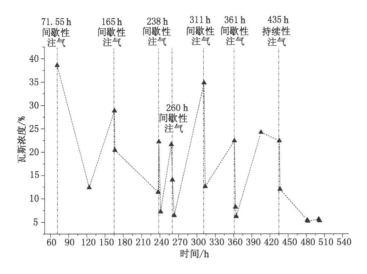

图 7-34   产 1-2-2 孔瓦斯浓度变化情况

但低位水平的瓦斯纯流量由最初的 0.022×10^{-3} m³/min 提升到 0.273×10^{-3} m³/min，说明即使是间歇性注气，对瓦斯纯流量的提升也足够明显。在持续性注气期间，产 1-1-1 孔瓦斯纯流量的提升较间歇性注气期间明显，且能维持在 $0.558 \times 10^{-3} \sim 0.882 \times 10^{-3}$ m³/min。以上说明注气驱替压抽可以明显提升产气孔瓦斯纯流量，为之后的试验奠定了基础。

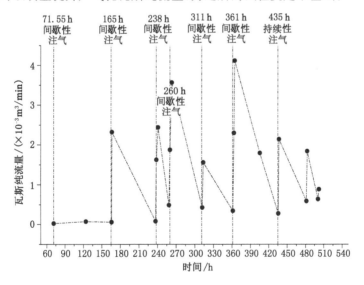

图 7-35   产 1-1-1 孔瓦斯纯流量变化情况

图 7-36 为产 1-2-2 孔瓦斯纯流量变化情况，可以看出，产 1-2-2 孔与产 1-1-1 孔的瓦斯纯流量变化趋势类似。随着注气驱替压抽试验的开展，由第一次间歇性注气变化不大的情况下不断提升，在试验开展 165 h 时，产 1-2-2 孔瓦斯纯流量提升巨大，由低位水平的 0.055×10^{-3} m³/min 提升至 1.088×10^{-3} m³/min，提升幅度达 18.78 倍。在几次间歇性注气期间，产 1-2-2 孔瓦斯纯流量均随着注气的进行而明显提升，停止注气后恢复到低位水平，但低位水平的瓦斯纯流量由最初的 0.055×10^{-3} m³/min 提升到 0.230×10^{-3} m³/min，说明即使是

间歇性注气,对瓦斯纯流量的提升也足够明显。在持续性注气期间,产 1-2-2 孔瓦斯纯流量的提升较间歇性注气期间明显,且能维持在 $0.438 \times 10^{-3} \sim 1.256 \times 10^{-3}$ m³/min。以上说明注气驱替压抽可以明显提升产气孔瓦斯纯流量。

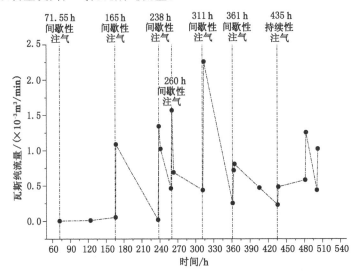

图 7-36 产 1-2-2 孔瓦斯纯流量变化情况

通过 1 号试验点间歇性和持续性注气模式下的"边注边排"产气方式试验,证明了注气驱替压抽对于促进煤层瓦斯排放有明显效果,1 号试验点 2 个产气孔间歇性注气期间瓦斯纯流量提升明显,停止注气后瓦斯纯流量迅速下降,而持续性注气期间,瓦斯纯流量能维持在高位水平,分别为 $0.558 \times 10^{-3} \sim 0.882 \times 10^{-3}$ m³/min 和 $0.438 \times 10^{-3} \sim 1.256 \times 10^{-3}$ m³/min,说明在"边注边排"产气方式下,持续性注气要比间歇性注气增产效果明显,且能较长时间维持在高位水平。

7.2.2.4 "边注边抽"产气方式下注气模式效果考察

1 号试验点 1-3 组为"边注边抽"产气方式,注气模式为间歇性注气和持续性注气。试验开展过程中通过观测记录注气前后汇流管混合流量、瓦斯浓度、瓦斯纯流量,分析注气驱替压抽试验效果。

(1)汇流管混合流量

图 7-37 为 1-3 组汇流管混合流量变化情况,可以看出,2019 年 12 月 19 日至 12 月 26 日常规抽采期间,汇流管混合流量在 0.10 m³/min 左右。12 月 27 日开始间歇性注气前,混合流量为 0.16 m³/min,注气 1.0 h 后,混合流量明显增大,达到 0.69 m³/min,增大了 3.31 倍。之后每次间歇性注气时,混合流量都会明显增大,2020 年 1 月 1 日间歇性注气后,混合流量由 0.05 m³/min 增大至 1.00 m³/min,增大了 19.00 倍。

2020 年 1 月 4 日开始持续性注气,注气前汇流管混合流量为 0.03 m³/min,到 1 月 7 日,流量达到峰值,为 1.75 m³/min,增大了 57.33 倍;1 月 16 日停止注气前混合流量为 0.95 m³/min。同时通过观察可以发现,持续性注气期间汇流管混合流量为 0.55~1.75 m³/min,较间歇性注气期间明显增大,且可维持在高位水平。

(2)汇流管瓦斯浓度

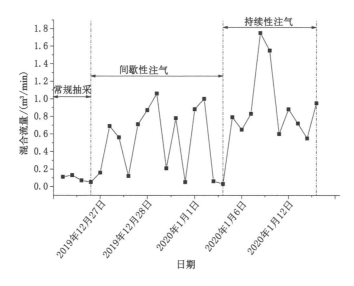

图 7-37 1-3 组汇流管混合流量变化情况

图 7-38 为 1-3 组汇流管瓦斯浓度变化情况,可以看出,常规抽采期间,汇流管瓦斯浓度处于 9.2%~15.2%。在间歇性注气期间,汇流管瓦斯浓度总体呈现不同程度的升降,2019 年 12 月 27 日开始注气前,瓦斯浓度为 8.2%,注气 3.0 h 后浓度降低至 3.8%,12 月 28 日注气 4.0 h 后瓦斯浓度由 5.0% 降低至 3.2%,2020 年 1 月 1 日注气 3.5 h 后瓦斯浓度由 6.2% 降低至 3.8%。

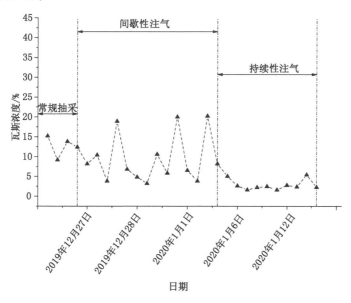

图 7-38 1-3 组汇流管瓦斯浓度变化情况

1 月 4 日开始持续性注气前,汇流管瓦斯浓度为 8.2%,持续性注气后瓦斯浓度明显降低,且维持在低位水平,至 1 月 16 日瓦斯浓度为 2.24%。

(3) 汇流管瓦斯纯流量

瓦斯纯流量是考察瓦斯抽采效果的重要指标。图 7-39 为 1-3 组汇流管瓦斯纯流量变化情况,可以看出,2019 年 12 月 19 日至 12 月 26 日常规抽采期间,汇流管瓦斯纯流量较小且呈现不断减小的趋势,一定程度上反映常规抽采对治理 12309 工作面瓦斯获益较小。12 月 27 日开始间歇性注气前,瓦斯纯流量为 0.013 1 m³/min,注气 1.0 h 后,瓦斯纯流量达到 0.021 8 m³/min,是注气前的 1.66 倍。12 月 30 日注气 1.5 h 后瓦斯纯流量增至 0.025 2 m³/min,是注气前的 1.92 倍。

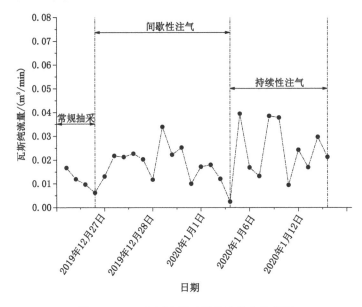

图 7-39　1-3 组汇流管瓦斯纯流量变化情况

1 月 4 日至 1 月 16 日持续性注气期间,汇流管瓦斯纯流量明显增大,最大值增至 0.039 5 m³/min,是注气前的 3.02 倍。1 月 16 日停止试验前瓦斯纯流量为 0.021 0 m³/min,是注气前的 1.60 倍。持续性注气期间瓦斯纯流量均值为 0.024 7 m³/min。

7.2.2.5　压抽一体化强化瓦斯抽采注气模式小结

通过 1 号试验点"边注边排"和"边注边抽"两种产气方式下不同注气模式试验研究,证明了注气驱替压抽对于促进煤层瓦斯排放的明显效果,1 号试验点 4 个产气孔(产 1-1-2 和产 1-2-1 废弃)注气期间瓦斯纯流量提升明显。通过 1 号试验点得出了针对王家岭矿的注气起效临界压力为 0.45 MPa,注气孔和产气孔间距为 3 m 时是可以实现注气驱替压抽强化瓦斯抽采的。基于 1 号试验点的结论和先导性作用,为之后开展考察不同注气压力、注气半径和注气流量奠定了基础。

同时试验结果表明,无论是"边注边排"产气方式,还是"边注边抽"产气方式,持续性注气驱替压抽效果均优于间歇性注气驱替压抽效果。持续性注气模式较间歇性注气模式而言,增产、增透效果明显,本质原因是持续性注气期间,煤层的孔隙压力增大,有效应力减小,宏观裂隙系统扩张膨胀,从而增大了煤层渗透性,应力场不变时,持续性注气可以维持较高的孔隙压力,对煤层有压裂增渗作用。而间歇性注气期间,煤层骨架承受多次交变载荷作用后疲劳破裂并填充孔隙和裂隙空间,占用气体流动通道,煤层渗透性能降低。基于此,后续研究注气驱替压抽关键参数的试验,均在持续性注气驱替压抽的基础上开展。

7.2.3 压抽一体化强化瓦斯抽采注气参数研究及工程试验

7.2.3.1 12309 工作面 2 号试验点最优注气时长考察试验

（1）12309 工作面 2 号试验点钻孔设计与试验基本概况

① 12309 工作面 2 号试验点钻孔设计

通过施工顺层钻孔研究持续性注气模式下注气时长对注气效果的影响。12309 回风巷 240 m 处 2 号试验点共设计 3 组试验钻孔，每组试验钻孔包括 1 个注气孔、4 个产气孔，共 3 个注气孔和 12 个产气孔，如图 7-40 和图 7-41 所示。钻孔参数设计表如表 7-7 所列。

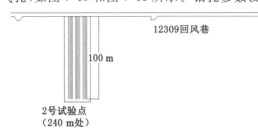

图 7-40　12309 工作面 2 号试验点钻孔设计平面图

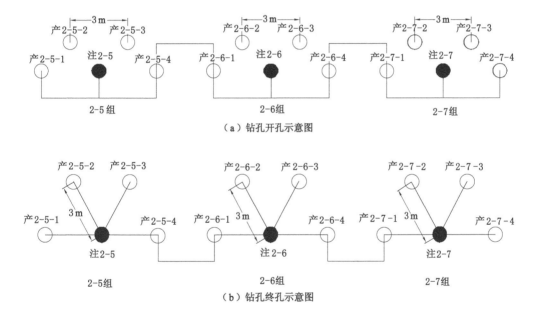

（a）钻孔开孔示意图

（b）钻孔终孔示意图

图 7-41　12309 工作面 2 号试验点钻孔开孔、终孔示意图

表 7-7　12309 工作面 2 号试验点钻孔参数设计表

组号	孔号	开孔高度/m	方位角/(°)	倾角/(°)	孔深/m	封孔长度/m	备注
2-5	注 2-5	1.5	180	3	115	30	注气孔与产气孔间距 3 m
	产 2-5-1	1.5	180	3	115	20	
	产 2-5-2	2.1	180	4	115	20	
	产 2-5-3	2.1	180	4	115	20	
	产 2-5-4	1.5	180	3	115	20	

表 7-7(续)

组号	孔号	开孔高度/m	方位角/(°)	倾角/(°)	孔深/m	封孔长度/m	备注
2-6	注 2-6	1.5	180	3	115	30	注气孔与产气孔间距 3 m
	产 2-6-1	1.5	180	3	115	20	
	产 2-6-2	2.1	180	4	115	20	
	产 2-6-3	2.1	180	4	115	20	
	产 2-6-4	1.5	180	3	115	20	
2-7	注 2-7	1.5	180	3	115	30	注气孔与产气孔间距 3 m
	产 2-7-1	1.5	180	3	115	20	
	产 2-7-2	2.1	180	4	115	20	
	产 2-7-3	2.1	180	4	115	20	
	产 2-7-4	1.5	180	3	115	20	

② 12309 工作面 2 号试验点考察参数

12309 工作面 2 号试验点主要考察注气时长对注气驱替压抽效果的影响。各产气孔与 12309 回风巷高负压抽采管连接,通过 ZD4 煤矿管道用多气体参数测量装置对钻孔负压、流量进行监测,同时采用光学瓦斯检测仪测定各产气孔及汇流管内瓦斯浓度。最优注气时长测试设计表如表 7-8 所列。

表 7-8　最优注气时长测试设计表

试验组号	注气时长/d	注气孔与产气孔间距/m	注气压力/MPa	测试参数
2-5	15	3	0.6	注气流量、产气流量、产气浓度
2-6	35			
2-7	30			

(2) 12309 工作面 2 号试验点注气驱替压抽现场测试结果

分析注气驱替压抽试验后 2-5 组、2-6 组、2-7 组汇流管混合流量、瓦斯浓度、瓦斯纯流量相较于注气前(常规负压抽采)的变化情况。

① 汇流管混合流量

图 7-42 为 2-5 组汇流管混合流量变化情况,可以看出,2-5 组试验于 2020 年 4 月 20 日至 5 月 2 日期间进行常规负压抽采,汇流管混合流量不断减小,至开始注气前,混合流量为 0.066 m^3/min。5 月 2 日开始注气,汇流管混合流量迅速增大,5 月 3 日达到 0.281 m^3/min,增大了 3.26 倍,至 5 月 10 日混合流量达到 0.690 m^3/min,较开始注气前的混合流量增大了 9.45 倍。注气期间 2-5 组汇流管混合流量出现明显增大。

图 7-43 为 2-6 组汇流管混合流量变化情况,可以看出,2-6 组试验于 2020 年 4 月 1 日至 4 月 9 日常规负压抽采期间,汇流管混合流量为 0.078~1.300 m^3/min,呈现先增大后减小的趋势。4 月 9 日开始注气前,汇流管混合流量为 0.078 m^3/min,注气后 4 月 10 日混合流量增大至 0.640 m^3/min,增大了 7.21 倍,持续注气至 5 月 18 日,其间混合流量为 0.078~2.812 m^3/min,总体呈现波动变化上升。

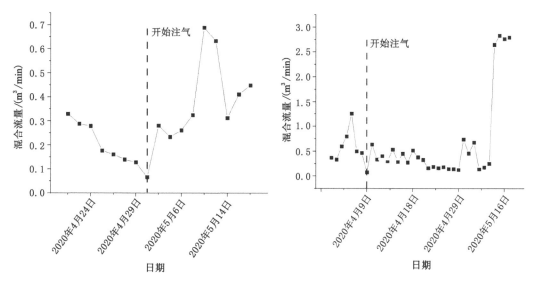

图 7-42 2-5 组汇流管混合流量变化情况   图 7-43 2-6 组汇流管混合流量变化情况

图 7-44 为 2-7 组汇流管混合流量变化情况,可以看出,2-7 组试验于 2020 年 4 月 1 日至 4 月 9 日常规负压抽采期间,汇流管混合流量为 0.043～0.248 m³/min。4 月 9 日开始注气前,汇流管混合流量为 0.053 m³/min,注气后 4 月 10 日混合流量增大至 0.461 m³/min,增大了 7.70 倍,持续注气至 5 月 10 日,其间混合流量为 0.049～0.397 m³/min,较常规负压抽采期间混合流量明显增大。

② 汇流管瓦斯浓度

图 7-45 为 2-5 组汇流管瓦斯浓度变化情况,可以看出,2-5 组试验于 2020 年 4 月 20 日至 5 月 2 日常规负压抽采期间,汇流管瓦斯浓度为 2.06%～7.20%,5 月 2 日开始注气前瓦斯浓度为 0.34%。持续注气期间,汇流管瓦斯浓度为 0.34%～1.88%,较常规负压抽采期间浓度降低,其中 5 月 12 日至 5 月 18 日瓦斯浓度不断降低,至注气结束时,瓦斯浓度降至 0.34%。

图 7-46 为 2-6 组汇流管瓦斯浓度变化情况,可以看出,2-6 组试验于 2020 年 4 月 1 日至 4 月 9 日常规负压抽采期间,汇流管瓦斯浓度为 0.78%～4.24%。4 月 9 日开始注气前,汇流管瓦斯浓度为 2.04%,注气后 4 月 10 日瓦斯浓度为 2.64%,持续注气至 5 月 18 日,其间瓦斯浓度为 0.06%～4.58%,其中 5 月 8 日至 5 月 18 日瓦斯浓度不断降低,至注气结束时瓦斯浓度降至 0.08%。

图 7-47 为 2-7 组汇流管瓦斯浓度变化情况,可以看出,2-7 组试验于 2020 年 4 月 1 日至 4 月 9 日常规负压抽采期间,汇流管瓦斯浓度为 1.68%～16.80%。4 月 9 日开始注气前,汇流管瓦斯浓度为 1.68%,注气后 4 月 10 日瓦斯浓度为 2.82%,持续注气至 5 月 10 日,其间瓦斯浓度为 0.16%～4.82%,总体呈现先升高后降低的趋势,至注气结束时瓦斯浓度降至 0.78%。

③ 汇流管瓦斯纯流量

图 7-48 为 2-5 组汇流管瓦斯纯流量变化情况,可以看出,2-5 组试验于 2020 年 4 月 20 日至 5 月 2 日常规负压抽采期间,汇流管瓦斯纯流量为 0.001 0～0.011 9 m³/min。开始

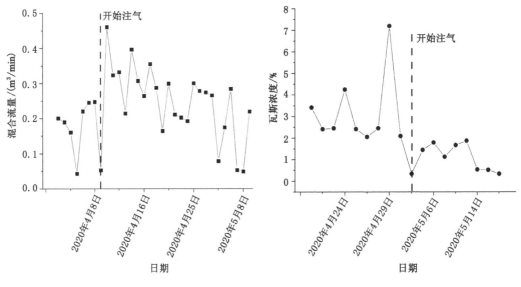

图 7-44　2-7 组汇流管混合流量变化情况　　　图 7-45　2-5 组汇流管瓦斯浓度变化情况

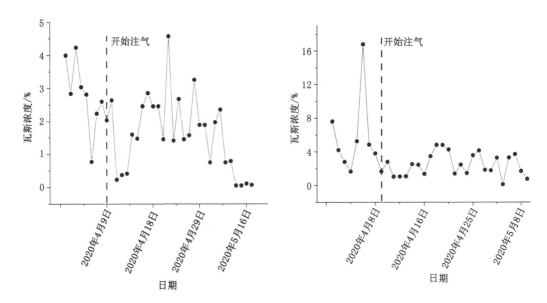

图 7-46　2-6 组汇流管瓦斯浓度变化情况　　　图 7-47　2-7 组汇流管瓦斯浓度变化情况

注气前汇流管瓦斯纯流量为 0.001 0 m³/min,5 月 2 日开始注气后,瓦斯纯流量整体呈现上升的趋势,至 5 月 18 日注气结束,其间瓦斯纯流量为 0.001 0~0.011 9 m³/min。

图 7-49 为 2-6 组汇流管瓦斯纯流量变化情况,可以看出,2-6 组试验于 2020 年 4 月 1 日至 4 月 9 日常规负压抽采期间,汇流管瓦斯纯流量为 0.002 0~0.023 0 m³/min。开始注气前汇流管瓦斯纯流量为 0.002 0 m³/min,注气后 4 月 10 日瓦斯纯流量增大至 0.017 0 m³/min,增大了 7.50 倍,持续注气至 5 月 18 日,其间瓦斯纯流量为 0.002 0~0.017 0 m³/min。进一步观察发现,5 月 6 日至 5 月 18 日期间,汇流管瓦斯纯流量基本保持不变。

图 7-50 为 2-7 组汇流管瓦斯纯流量变化情况,可以看出,2-7 组试验于 2020 年 4 月 1 日

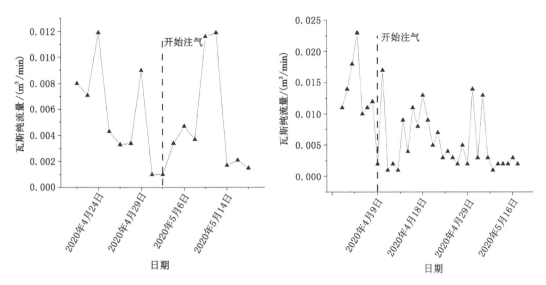

图 7-48　2-5 组汇流管瓦斯纯流量变化情况　　图 7-49　2-6 组汇流管瓦斯纯流量变化情况

至 4 月 9 日常规负压抽采期间,汇流管瓦斯纯流量为 0.000 9~0.038 0 m³/min。开始注气前汇流管瓦斯纯流量为 0.000 9 m³/min,注气后 4 月 10 日瓦斯纯流量增大至 0.013 0 m³/min,增大了 13.44 倍,持续注气至 5 月 10 日,其间瓦斯纯流量为 0.000 8~0.013 9 m³/min,总体呈现波动变化的趋势。在注气期间,汇流管瓦斯纯流量逐渐趋于稳定。

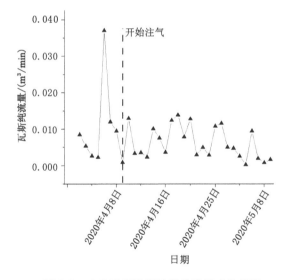

图 7-50　2-7 组汇流管瓦斯纯流量变化情况

（3）12309 工作面 2 号试验点最优注气时长小结

通过 12309 工作面 2 号试验点研究影响注气驱替压抽试验的最优注气时长,从三组试验结果可以看出,当注气驱替压抽试验开展后,各汇流管混合流量、瓦斯纯流量均有明显增大。同时根据常规负压抽采数据拟合发现,2-7 组累计瓦斯抽采量大于 2-6 组累计瓦斯抽采量。综合瓦斯纯流量提升指标和钻孔累计抽采指标,得出当注气孔与产气孔间距为 3 m

时,在 0.6 MPa 的注气压力下,最优注气时长为 30 d 至 35 d,即在一定时间段内注气时长越长压抽效果越好。

7.2.3.2　12302 工作面 2 号试验点最优注气压力考察试验

（1）12302 工作面 2 号试验点钻孔设计与试验基本情况

① 12302 工作面 2 号试验点钻孔设计

通过施工顺层钻孔研究持续性注气模式下注气压力对注气效果的影响。12302 回风巷 1 500 m 处 2 号试验点共设计 2 组试验钻孔,每组试验钻孔包括 1 个注气孔、4 个产气孔,共 2 个注气孔和 8 个产气孔,如图 7-28 和图 7-51 所示。钻孔参数设计表如表 7-9 所列。注气试验期间注气压力为 0.6 MPa 和 0.7 MPa。

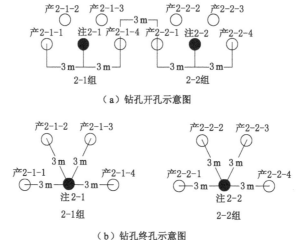

（a）钻孔开孔示意图

（b）钻孔终孔示意图

图 7-51　12302 工作面 2 号试验点钻孔开孔、终孔示意图(2-1 组和 2-2 组)

表 7-9　12302 工作面 2 号试验点钻孔参数设计表(2-1 组和 2-2 组)

组号	孔号	开孔高度/m	方位角/(°)	倾角/(°)	孔深/m	封孔长度/m	备注
2-1	注 2-1	1.5	180	3	100	30	注气孔与产气孔间距 3 m
	产 2-1-1	1.5	180	3	100	20	
	产 2-1-2	2.1	180	4	100	20	
	产 2-1-3	2.1	180	4	100	20	
	产 2-1-4	1.5	180	3	100	20	
2-2	注 2-2	1.5	180	3	100	30	注气孔与产气孔间距 3 m
	产 2-2-1	1.5	180	3	100	20	
	产 2-2-2	2.1	180	4	100	20	
	产 2-2-3	2.1	180	4	100	20	
	产 2-2-4	1.5	180	3	100	20	

② 12302 工作面 2 号试验点考察参数

在 12302 回风巷施工顺层钻孔,利用顺层钻孔开展考察矿井持续性注气模式下驱替煤层瓦斯最优注气压力。各产气孔与 12302 回风巷高负压抽采管连接,通过 ZD4 煤矿管道用多气体参数测量装置对钻孔负压、流量进行监测,同时采用光学瓦斯检测仪测定各产气孔及汇流管内瓦斯浓度。最优注气压力测试设计表如表 7-10 所列。

表 7-10　最优注气压力测试设计表

试验组号	注气压力/MPa	注气孔与产气孔间距/m	注气时长/d	测试参数
2-1	0.6	3	30	注气流量、产气流量、产气浓度
2-2	0.7			

（2）12302 工作面 2 号试验点注气驱替压抽现场测试结果

分析注气驱替压抽试验后 2-1 组、2-2 组汇流管混合流量、瓦斯浓度、瓦斯纯流量相较于注气前(常规负压抽采)的变化情况。

① 汇流管混合流量

图 7-52 为 2-1 组汇流管混合流量变化情况,可以看出,2-1 组试验于 2020 年 6 月 29 日至 7 月 25 日期间进行常规负压抽采,汇流管混合流量整体维持在 0.200 0 m³/min 附近波动,但个别日期出现骤然增大或减小,其间平均混合流量为 0.234 0 m³/min。7 月 25 日开始注气后,汇流管混合流量达到 0.701 0 m³/min,较常规负压抽采期间平均混合流量增大了 2.00 倍,至 8 月 25 日平均混合流量为 0.444 3 m³/min,较常规负压抽采期间平均混合流量增大了 89%。注气期间 2-1 组汇流管混合流量相比注气前总体维持在较高水平。

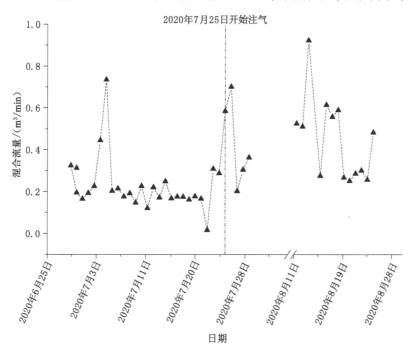

图 7-52　2-1 组汇流管混合流量变化情况

图 7-53 为 2-2 组汇流管混合流量变化情况,可以看出,2-2 组试验于 2020 年 6 月 29 日至 7 月 25 日期间进行常规负压抽采,汇流管混合流量先减小后增大并最终趋于稳定,其间平均

混合流量为 0.200 7 m³/min。7 月 25 日开始注气,至 8 月 25 日,汇流管混合流量最大达到 1.150 5 m³/min,较常规负压抽采期间平均混合流量增大了 4.73 倍,平均混合流量为 0.678 0 m³/min,较常规负压抽采期间平均混合流量增大了 2.38 倍。注气期间 2-2 组汇流管混合流量呈现大幅度增大的趋势。

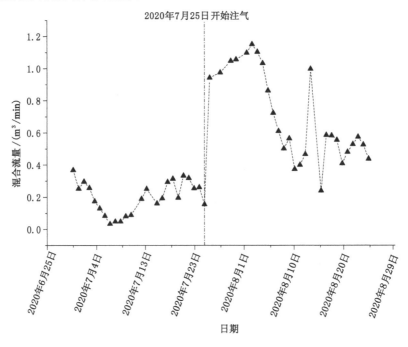

图 7-53　2-2 组汇流管混合流量变化情况

② 汇流管瓦斯浓度

图 7-54 为 2-1 组汇流管瓦斯浓度变化情况,可以看出,2-1 组试验于 2020 年 6 月 29 日至 7 月 25 日期间进行常规负压抽采,汇流管瓦斯浓度变化范围为 1.24%～54.80%,平均瓦斯浓度为 19.96%,7 月 25 日开始注气前瓦斯浓度为 4.66%。注气期间汇流管瓦斯浓度变化范围为 2.42%～17.40%,平均瓦斯浓度为 4.90%,较常规负压抽采期间瓦斯浓度降低,其中 8 月 14 日至 8 月 25 日瓦斯浓度维持在低位水平,在 3.12%～4.34%之间波动。

图 7-55 为 2-2 组汇流管瓦斯浓度变化情况,可以看出,2-2 组试验于 2020 年 6 月 29 日至 7 月 25 日期间进行常规负压抽采,汇流管瓦斯浓度变化范围为 2.42%～7.64%,平均瓦斯浓度为 4.71%。注气期间汇流管瓦斯浓度维持在低位水平,变化范围为 1.46%～5.48%,平均瓦斯浓度为 3.78%,较常规负压抽采期间瓦斯浓度降低。

③ 汇流管瓦斯纯流量

图 7-56 为 2-1 组汇流管瓦斯纯流量变化情况,可以看出,2-1 组试验于 2020 年 6 月 29 日至 7 月 25 日期间进行常规负压抽采,汇流管平均瓦斯纯流量为 0.051 5 m³/min。7 月 25 日开始注气,汇流管瓦斯纯流量呈现波动下降的趋势,至 8 月 25 日平均瓦斯纯流量为 0.022 5 m³/min。

结合现场试验状况,注气期间该组试验钻孔出水量大,且产 2-1-4 孔明显有漏气情况,在汇流管混合流量增大幅度不明显且瓦斯浓度不断降低的情况下,瓦斯纯流量变化不大。

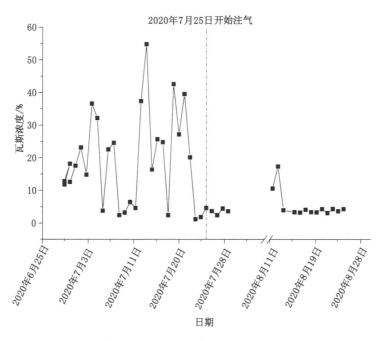

图 7-54　2-1 组汇流管瓦斯浓度变化情况

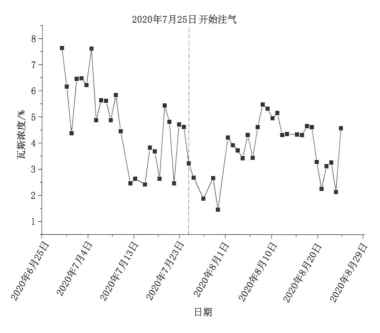

图 7-55　2-2 组汇流管瓦斯浓度变化情况

分析认为钻孔内水量较大造成水封抑制瓦斯解吸,钻孔漏风造成注入的气体不能实现驻留驱赶煤层内瓦斯,最终导致该组试验效果不理想。

　　图 7-57 为 2-2 组汇流管瓦斯纯流量变化情况,可以看出,2-2 组试验于 2020 年 6 月 29 日至 7 月 25 日期间进行常规负压抽采,汇流管瓦斯纯流量呈现波动下降后逐渐稳定的趋势,

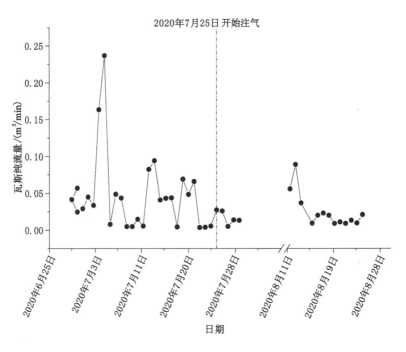

图 7-56 2-1 组汇流管瓦斯纯流量变化情况

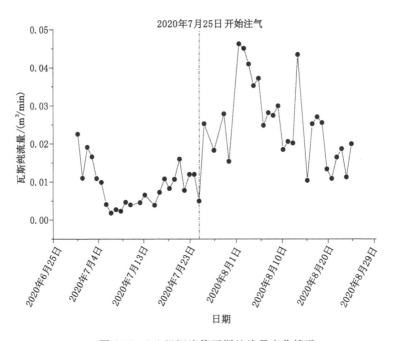

图 7-57 2-2 组汇流管瓦斯纯流量变化情况

平均瓦斯纯流量为 0.009 0 m³/min。开始注气前,汇流管瓦斯纯流量为 0.006 3 m³/min,7 月 25 日开始注气后,瓦斯纯流量呈现波动上升的趋势,至 8 月 2 日达到最大值,为 0.046 3 m³/min,较常规负压抽采期间平均瓦斯纯流量增大了 4.14 倍。注气期间汇流管平均瓦斯纯流量为0.025 3 m³/min,较常规负压抽采期间平均瓦斯纯流量增大了1.81倍,提升明显。

（3）12302工作面2号试验点最优注气压力小结

通过12302工作面2号试验点2-1组和2-2组试验研究影响注气驱替压抽试验的最优注气压力,选用产气孔瓦斯浓度维持在高位水平(注气后瓦斯浓度高于试验前最低浓度的状态)的时间进行分析。从两组试验结果可以看出,在注气驱替压抽试验开展过程中,2-1组(0.6 MPa)产气孔瓦斯浓度维持在高位水平的时间为17 d,2-2组(0.7 MPa)产气孔瓦斯浓度维持在高位水平的时间为23 d。因此,当注气孔与产气孔间距为3 m,累计注气时长为30 d时,可以确定最优注气压力为0.7 MPa。

7.2.3.3　12302工作面2号试验点最优注气半径考察试验

（1）12302工作面2号试验点钻孔设计与试验基本情况

① 12302工作面2号试验点钻孔设计

通过施工顺层钻孔研究持续性注气模式下注气半径对注气效果的影响。12302回风巷1 500 m处2号试验点共设计2组试验钻孔,每组试验钻孔包括1个注气孔、4个产气孔,共2个注气孔和8个产气孔,如图7-28和图7-58所示。钻孔参数设计表如表7-11所列。

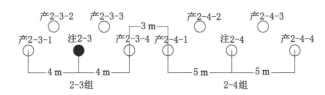

（a）钻孔开孔示意图

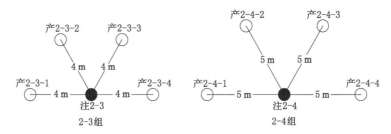

（b）钻孔终孔示意图

图7-58　12302工作面2号试验点钻孔开孔、终孔示意图(2-3组和2-4组)

表7-11　12302工作面2号试验点钻孔参数设计表(2-3组和2-4组)

组号	孔号	开孔高度/m	方位角/(°)	倾角/(°)	孔深/m	封孔长度/m	备注
2-3	注 2-3	1.5	180	3.0	100	30	注气孔与产气孔间距4 m
	产 2-3-1	1.5	180	3.0	100	20	
	产 2-3-2	2.1	180	4.0	100	20	
	产 2-3-3	2.1	180	4.0	100	20	
	产 2-3-4	1.5	180	3.0	100	20	

表 7-11(续)

组号	孔号	开孔高度/m	方位角/(°)	倾角/(°)	孔深/m	封孔长度/m	备注
2-4	注 2-4	1.5	180	3.0	100	30	注气孔与产气孔间距 5 m
	产 2-4-1	1.5	180	3.0	100	20	
	产 2-4-2	2.1	180	4.5	100	20	
	产 2-4-3	2.1	180	4.5	100	20	
	产 2-4-4	1.5	180	3.0	100	20	

② 12302 工作面 2 号试验点考察参数

在 12302 回风巷施工顺层钻孔,利用顺层钻孔开展考察矿井"边注边抽"煤层瓦斯最优注气半径。各产气孔与 12302 回风巷高负压抽采管连接,通过 ZD4 煤矿管道用多气体参数测量装置对钻孔负压、流量进行监测,同时采用光学瓦斯检测仪测定各产气孔及汇流管内瓦斯浓度。最优注气半径测试设计表如表 7-12 所列。

表 7-12 最优注气半径测试设计表

试验组号	注气孔与产气孔间距/m	注气压力/MPa	注气时长/d	测试参数
2-3	4	0.6	30	注气流量、产气流量、产气浓度
2-4	5			

(2) 12302 工作面 2 号试验点注气驱替压抽现场测试结果

分析注气驱替压抽试验后 2-3 组、2-4 组汇流管混合流量、瓦斯浓度、瓦斯纯流量相较于注气前(常规负压抽采)的变化情况。

① 汇流管混合流量

图 7-59 为 2-3 组汇流管混合流量变化情况,可以看出,2-3 组试验于 2020 年 6 月 29 日至 7 月 25 日期间进行常规负压抽采,汇流管混合流量呈现波动上升最终趋于稳定的趋势,平均混合流量为 0.038 5 m³/min。7 月 25 日开始注气后,汇流管混合流量达到 0.227 1 m³/min,较常规负压抽采期间平均混合流量增大了 4.90 倍,至 8 月 14 日混合流量达到最大值,为 0.571 7 m³/min,较常规负压抽采期间平均混合流量增大了 13.85 倍。注气驱替压抽试验持续至 8 月 25 日,注气期间汇流管平均混合流量达到 0.276 3 m³/min,较常规负压抽采期间平均混合流量增大了 6.18 倍。注气期间 2-3 组汇流管混合流量呈现波动上升的趋势。

图 7-60 为 2-4 组汇流管混合流量变化情况,可以看出,2-4 组试验于 2020 年 6 月 29 日至 7 月 25 日期间进行常规负压抽采,汇流管混合流量基本稳定,平均混合流量为 0.035 5 m³/min。7 月 25 日开始注气后,汇流管混合流量达到 0.358 3 m³/min,较常规负压抽采期间平均混合流量增大了 9.09 倍,至 8 月 14 日混合流量达到最大值,为 0.691 6 m³/min,较常规负压抽采期间平均混合流量增大了 18.48 倍。注气驱替压抽试验持续至 8 月 25 日,注气期间汇流管平均混合流量达到 0.402 4 m³/min,较常规负压抽采期间平均混合流量增大了 10.34 倍。注气期间 2-4 组汇流管混合流量呈现波动上升的趋势。

② 汇流管瓦斯浓度

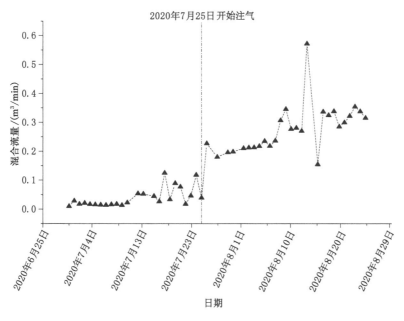

图 7-59　2-3 组汇流管混合流量变化情况

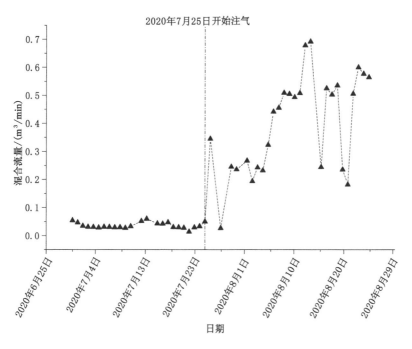

图 7-60　2-4 组汇流管混合流量变化情况

图 7-61 为 2-3 组汇流管瓦斯浓度变化情况,可以看出,2-3 组试验于 2020 年 6 月 29 日至 7 月 25 日期间进行常规负压抽采,汇流管瓦斯浓度变化范围为 1.82%～49.80%,平均瓦斯浓度为 17.46%,整体呈现波动上升后不断下降的趋势。注气期间,汇流管瓦斯浓度变化范围为 2.86%～25.40%,平均瓦斯浓度为 5.93%,较常规负压抽采期间瓦斯浓度降低,其中

8 月 10 日至 8 月 25 日瓦斯浓度维持在 3.62％～9.42％的低位水平。

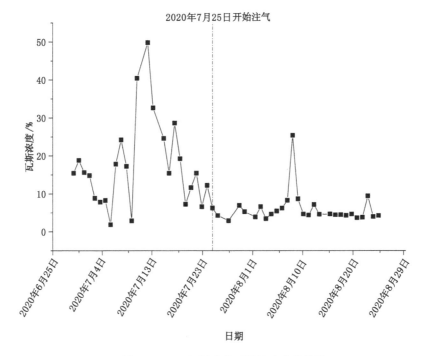

图 7-61　2-3 组汇流管瓦斯浓度变化情况

　　图 7-62 为 2-4 组汇流管瓦斯浓度变化情况,可以看出,2-4 组试验于 2020 年 6 月 29 日至 7 月 25 日期间进行常规负压抽采,汇流管瓦斯浓度变化范围为 1.82％～55.20％,平均瓦斯浓度为 21.16％,整体呈现波动变化的趋势。注气期间,汇流管平均瓦斯浓度为 7.04％,较常规负压抽采期间瓦斯浓度降低,其中 8 月 11 日至 8 月 25 日瓦斯浓度维持在 2.92％～11.60％的低位水平。

　　③ 汇流管瓦斯纯流量

　　图 7-63 为 2-3 组汇流管瓦斯纯流量变化情况,可以看出,2-3 组试验于 2020 年 6 月 29 日至 7 月 25 日期间进行常规负压抽采,汇流管瓦斯纯流量呈现波动变化的趋势,平均瓦斯纯流量为 0.002 8 m³/min。开始注气前,汇流管瓦斯纯流量为 0.002 0 m³/min,7 月 25 日开始注气后,瓦斯纯流量呈现波动上升的趋势,至 8 月 9 日达到最大值,为 0.077 9 m³/min,较常规负压抽采期间平均瓦斯纯流量增大了 26.82 倍。注气期间汇流管平均瓦斯纯流量为 0.016 7 m³/min,较常规负压抽采期间平均瓦斯纯流量增大了 4.96 倍,提升明显。

　　图 7-64 为 2-4 组汇流管瓦斯纯流量变化情况,可以看出,2-4 组试验于 2020 年 6 月 29 日至 7 月 25 日期间进行常规负压抽采,汇流管瓦斯纯流量波动较小,平均值为 0.004 5 m³/min。开始注气前,汇流管瓦斯纯流量为 0.016 0 m³/min,7 月 25 日开始注气后,瓦斯纯流量呈现波动上升的趋势,至 8 月 10 日达到最大值,为 0.083 9 m³/min,较常规负压抽采期间平均瓦斯纯流量增大了 17.64 倍。注气期间汇流管平均瓦斯纯流量为 0.031 0 m³/min,较常规负压抽采期间平均瓦斯纯流量增大了 5.89 倍,提升明显。

　　(3) 12302 工作面 2 号试验点最优注气半径小结

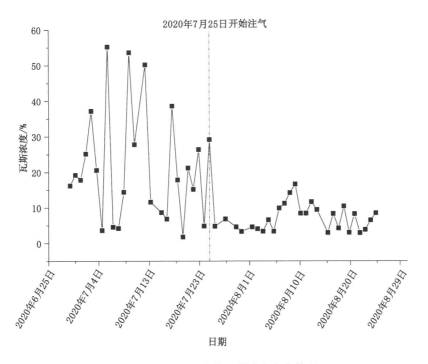

图 7-62　2-4 组汇流管瓦斯浓度变化情况

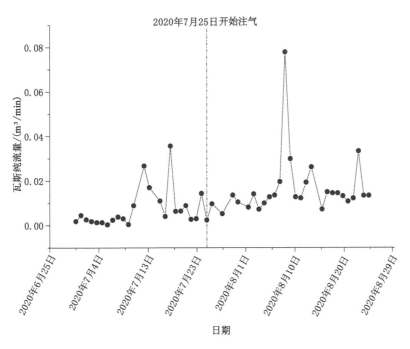

图 7-63　2-3 组汇流管瓦斯纯流量变化情况

通过 12302 工作面 2 号试验点 2-3 组和 2-4 组试验研究影响注气驱替压抽试验的最优注气半径,选用试验期间累计瓦斯抽采量作为考察指标。从两组试验结果可以看出,当注气驱替压抽试验开展后,各汇流管混合流量、瓦斯纯流量均有明显增大。其中,2-3 组注气孔

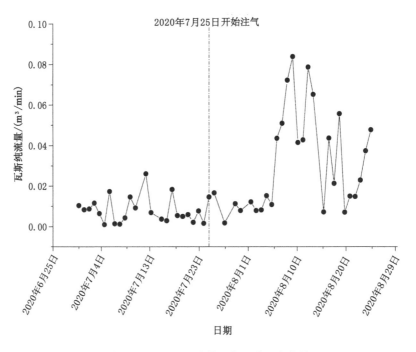

图 7-64　2-4 组汇流管瓦斯纯流量变化情况

与产气孔间距为 4 m,试验期间累计瓦斯抽采量为 890.58 m³,2-4 组注气孔与产气孔间距为 5 m,试验期间累计瓦斯抽采量为 1 495.44 m³。因此,当注气压力为 0.6 MPa,注气时长为 30 d 的情况下,可以确定最优注气半径为 5 m。

7.2.3.4　压抽一体化强化瓦斯抽采注气参数小结

通过 12309 工作面 2 号试验点和 12302 工作面 2 号试验点研究最优注气时长、最优注气压力和最优注气半径,可以看出注气驱替压抽对强化瓦斯抽采效果明显。当开始持续性注气驱替压抽试验后,各试验组汇流管混合流量、瓦斯纯流量均有明显增大。

通过研究最优注气时长发现,当注气孔与产气孔间距固定(3 m)、注气压力不变(0.6 MPa)的情况下,在一定时间段内注气时长越长,驱替压抽瓦斯效果越好。2-6 组和 2-7 组试验在持续注气 30~35 d 的情况下,瓦斯纯流量明显增大,累计瓦斯抽采量增幅较大。通过研究最优注气压力发现,当注气孔与产气孔间距固定(3 m)、注气时长不变(30 d)的情况下,注气压力越大,驱替压抽瓦斯效果越好。2-2 组试验在注气压力为 0.7 MPa 的情况下,注气期间钻孔瓦斯浓度能较长时间维持在高位水平。通过研究最优注气半径发现,当注气压力固定(0.6 MPa)、注气时长不变(30 d)的情况下,在一定的注气孔与产气孔间距下,间距越远,驱替压抽瓦斯效果越好。2-4 组试验在注气孔与产气孔间距为 5 m 的情况下,注气期间累计瓦斯抽采量较大。

7.3　本章小结

(1)在低渗透煤层特性及压抽过程混合流体流动机理的基础上,研究了王家岭矿煤样对 CO_2、CH_4、N_2 三种气体的吸附能力。瓦斯扩散实验结果表明,N_2 驱替 CH_4 双向扩散较

CH_4 单向扩散，CH_4 排放量提升了 42%～59%，解吸量提升了 1.22～1.46 倍，说明注入的 N_2 能够置换煤样内常压条件下难以解吸的 CH_4，起到"驱替"的效果。N_2 驱替 CH_4 渗流实验结果表明，随着 N_2 注入压力的升高，完全驱替 CH_4 所用时间加快，产出气体流量增加，同时经驱替后的煤样渗透率提升。

（2）结合压抽一体化抽采技术工艺，测试注气驱替压抽的钻孔布置方式和注气模式，以此为基础对注气压抽强化瓦斯抽采的关键参数，包括注气压力、注气时长和注气半径等进行了试验研究。结果表明：钻孔较好的布置方式为"一注四产"双排布置；试验范围内的最优注气压力为 0.7 MPa，最优注气时长为 30～35 d，最优注气半径为 5 m。

8 工作面瓦斯涌出分源动态预测 及工艺参数优化技术

8.1 采落煤瓦斯涌出量预测模型

采落煤瓦斯涌出量大小主要与采落煤质量、可解吸瓦斯量、瓦斯涌出强度及暴露时间等因素有关[83-85],公式如下:

$$Q_采 = \int_0^{t_采} V_采 \, \mathrm{d}t \cdot M_采 \frac{W_解}{W_0} \tag{8-1}$$

式中 $Q_采$——采落煤瓦斯涌出量,$\mathrm{m^3/min}$;

     $V_采$——某时刻采落煤综合瓦斯涌出强度[见式(8-2)],$\mathrm{m^3/(t \cdot min)}$;

     $M_采$——单位时间采落煤质量[见式(8-3)],$\mathrm{t/min}$;

     $W_解$——工作面开采煤体的可解吸瓦斯量,$\mathrm{m^3/t}$;

     W_0——矿井平均可解吸瓦斯量,取 $1.5\ \mathrm{m^3/t}$;

     $t_采$——采落煤经刮板输送机和胶带运出工作面的时间,min。

$$V_采 = f_1(\alpha_1 \mathrm{e}^{-\beta_1 t} + \gamma_1) + f_2(\alpha_2 \mathrm{e}^{-\beta_2 t} + \gamma_2) + \cdots + f_n(\alpha_n \mathrm{e}^{-\beta_n t} + \gamma_n) \tag{8-2}$$

式中 $\alpha_i, \beta_i, \gamma_i$——不同粒度采落煤瓦斯涌出系数,由不同粒度采落煤瓦斯涌出强度随时间变化曲线拟合得出;

     f_i——不同粒度采落煤分布比例,%;

     t——煤体瓦斯释放时间,min。

$$M_采 = h_采 \rho d v_割 \tag{8-3}$$

式中 $h_采$——工作面采煤高度,m;

     ρ——煤体密度,$\mathrm{t/m^3}$;

     d——采煤机截深,m;

     $v_割$——割煤速度,$\mathrm{m/min}$。

运用数理统计和回归的方法对式(8-2)进行化简,即分别计算出时间 t 为 0、1、2、3…30 min时采落煤的综合瓦斯涌出强度,利用 Origin 软件进行拟合(图 8-1),拟合公式如下:

$$V_采 = \alpha_采 \mathrm{e}^{-\beta_采 t} + \gamma_采 \tag{8-4}$$

式中 $\alpha_采, \beta_采, \gamma_采$——采落煤综合瓦斯涌出系数,$\alpha_采$ 取 $0.028\ 49\ \mathrm{m^3/(t \cdot min)}$,$\beta_采$ 取 $0.980\ 23\ \mathrm{min^{-1}}$,$\gamma_采$ 取 $0.002\ 65\ \mathrm{m^3/(t \cdot min)}$。

将式(8-3)和式(8-4)代入式(8-1)中,可得:

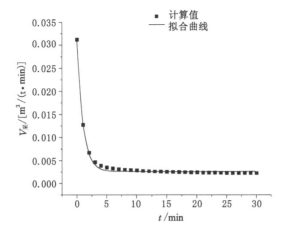

图 8-1　采落煤综合瓦斯涌出强度与时间的关系

$$Q_采 = \frac{1}{W_0} h_采 \rho d v_割 W_解 \int_0^{t_采} (\alpha_采 e^{-\beta_采 t} + \gamma_采) \mathrm{d}t \qquad (8\text{-}5)$$

对式(8-5)求积分,可得:

$$Q_采 = \frac{1}{W_0} h_采 \rho d v_割 W_解 \left[\frac{\alpha_采}{\beta_采} (1 - e^{-\beta_采 t_采}) + \gamma_采 t_采 \right] \qquad (8\text{-}6)$$

8.2　放落煤瓦斯涌出量预测模型

综放开采过程中,放落煤瓦斯涌出量的计算公式与采落煤的一致,如下:

$$Q_放 = \int_0^{t_放} V_放 \mathrm{d}t \cdot M_放 \frac{W_解}{W_0} \qquad (8\text{-}7)$$

式中　$Q_放$——放落煤瓦斯涌出量,$\mathrm{m}^3/\min$;

$\quad\quad V_放$——某时刻放落煤综合瓦斯涌出强度,$\mathrm{m}^3/(\mathrm{t \cdot min})$;

$\quad\quad M_放$——单位时间放落煤质量[见式(8-8)],$\mathrm{t}/\min$;

$\quad\quad W_解$——工作面开采煤体的可解吸瓦斯量,m^3/t;

$\quad\quad W_0$——矿井平均可解吸瓦斯量,取 $1.5\ \mathrm{m}^3/\mathrm{t}$;

$\quad\quad t_放$——放落煤经刮板输送机和胶带运出工作面的时间,$\min$。

$$M_放 = d v_割 \rho \left[h_放 - h_总 (1 - R) \right] \qquad (8\text{-}8)$$

式中　$h_放$——工作面放煤高度,m,$h_放 = \dfrac{h_采}{k'}$;

$\quad\quad h_采$——工作面采煤高度,m;

$\quad\quad k'$——工作面采放比;

$\quad\quad h_总$——工作面采放总高度,m;

$\quad\quad R$——工作面采出率,$\%$;

$\quad\quad \rho$——煤体密度,t/m^3;

$\quad\quad d$——放煤步距,即采煤机截深,m;

$\quad\quad v_割$——割煤速度,$\mathrm{m}/\min$。

放落煤综合瓦斯涌出强度计算公式和式(8-2)一致,运用数理统计和回归的方法对其化简,即分别计算出时间 t 为 0、1、2、3…30 min 时放落煤的综合瓦斯涌出强度,利用 Origin 软件进行拟合(图 8-2),拟合公式如下:

$$V_{放} = \alpha_{放} e^{-\beta_{放} t} + \gamma_{放} \tag{8-9}$$

式中　$\alpha_{放}$,$\beta_{放}$,$\gamma_{放}$——放落煤综合瓦斯涌出系数,$\alpha_{放}$ 取 0.012 35 $\text{m}^3/(\text{t} \cdot \text{min})$,$\beta_{放}$ 取 0.914 48 min^{-1},$\gamma_{放}$ 取 0.001 93 $\text{m}^3/(\text{t} \cdot \text{min})$。

　　t——煤体瓦斯释放时间,min。

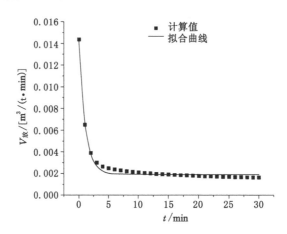

图 8-2　放落煤综合瓦斯涌出强度与时间的关系

将式(8-8)和式(8-9)代入式(8-7)中,可得:

$$Q_{放} = \frac{1}{W_0} d v_{割} \rho \left[h_{放} - h_{总} (1-R) \right] W_{解} \int_0^{t_{放}} (\alpha_{放} e^{-\beta_{放} t} + \gamma_{放}) \mathrm{d}t \tag{8-10}$$

对式(8-10)求积分,可得:

$$Q_{放} = \frac{1}{W_0} d v_{割} \rho \left[\frac{h_{采}}{k'} - h_{总} (1-R) \right] W_{解} \left[\frac{\alpha_{放}}{\beta_{放}} (1 - e^{-\beta_{放} t_{放}}) + \gamma_{放} t_{放} \right] \tag{8-11}$$

8.3　采空区瓦斯涌出量预测模型

为了研究采空区瓦斯涌出规律,推演综放工作面的采空区瓦斯涌出量预测模型,做以下假设:① 假设遗煤均匀地分布在采空区;② 采空区遗煤均为放落煤的遗煤;③ 涌向工作面的采空区瓦斯源为一个来压周期内的遗煤所释放的瓦斯;④ 相同开采条件下采空区瓦斯涌出量占采空区瓦斯总涌出量的比例固定;⑤ 工作面风流状态相对稳定,采空区瓦斯涌出受风流影响较小。

则采空区有效瓦斯储量为:

$$Q_{储} = \int_0^{t_{遗}} V_{遗} \mathrm{d}t \cdot M_{遗} \frac{W_{解}}{W_0} \tag{8-12}$$

式中　$Q_{储}$——采空区影响工作面有效瓦斯储量,m^3;

　　　$V_{遗}$——某时刻采空区遗煤综合瓦斯涌出强度,$\text{m}^3/(\text{t} \cdot \text{min})$;

$M_{遗}$——某时刻采空区遗煤质量[见式(8-13)],t;

$W_{解}$——工作面开采煤体的可解吸瓦斯量,m^3/t;

W_0——矿井平均可解吸瓦斯量,取 1.5 m^3/t;

$t_{遗}$——采空区遗煤暴露时间,min。

$$M_{遗} = (1-R)l_0 h_{总} \rho l \qquad (8-13)$$

式中 $h_{总}$——工作面采放总高度,m;

R——工作面采出率,%;

ρ——煤体密度,t/m^3;

l_0——工作面长度,m;

l——一个来压周期内工作面推进距离,m。

按照假设条件②"采空区遗煤均为放落煤的遗煤",则参考放落煤综合瓦斯涌出强度计算方法,得:

$$V_{遗} = \alpha_{遗} e^{-\beta_{遗}t} + \gamma_{遗} \qquad (8-14)$$

式中 $\alpha_{遗}, \beta_{遗}, \gamma_{遗}$——采空区遗煤综合瓦斯涌出系数,$\alpha_{遗}$ 取 0.012 35 $m^3/(t \cdot min)$,$\beta_{遗}$ 取 0.914 48 min^{-1},$\gamma_{遗}$ 取 0.001 93 $m^3/(t \cdot min)$;

t——煤体瓦斯释放时间,min。

将式(8-13)和式(8-14)代入式(8-12)中,则得:

$$Q_{储} = \frac{1}{W_0}(1-R)l_0 h_{总} \rho l W_{解} \int_0^{t_{遗}} (\alpha_{遗} e^{-\beta_{遗}t} + \gamma_{遗}) \mathrm{d}t \qquad (8-15)$$

对式(8-15)求积分,可得:

$$Q_{储} = \frac{1}{W_0}(1-R)l_0 h_{总} \rho l W_{解} \left[\frac{\alpha_{遗}}{\beta_{遗}}(1-e^{-\beta_{遗}t_{遗}}) + \gamma_{遗} t_{遗} \right] \qquad (8-16)$$

则采空区瓦斯总涌出量为:

$$Q_{空总} = \frac{1}{t_{遗}} \frac{1}{W_0}(1-R)l_0 h_{总} \rho l W_{解} \left[\frac{\alpha_{遗}}{\beta_{遗}}(1-e^{-\beta_{遗}t_{遗}}) + \gamma_{遗} t_{遗} \right] \qquad (8-17)$$

考虑王家岭矿针对采空区瓦斯布置了抽采措施,结合假设条件④"相同开采条件下采空区瓦斯涌出量占采空区瓦斯总涌出量的比例固定",令固定比例为瓦斯涌出比例因子 θ,则:

$$Q_{空} = \theta(Q_{空总} - Q_{抽}) = \frac{\theta}{W_0 t_{遗}}(1-R)l_0 h_{总} \rho l W_{解} \left[\frac{\alpha_{遗}}{\beta_{遗}}(1-e^{-\beta_{遗}t_{遗}}) + \gamma_{遗} t_{遗} \right] - \theta Q_{抽}$$

$$(8-18)$$

式中 $Q_{空}$——采空区瓦斯涌出量,m^3/min;

$Q_{抽}$——采空区瓦斯抽采流量(根据不同层位而定),m^3/min;

θ——瓦斯涌出比例因子,%,即采空区瓦斯涌出量占采空区瓦斯总涌出量(除去抽采流量)的比例。

考虑矿井来压周期 T、来压步距 L 及采空区瓦斯涌出初始强度,引入采空区瓦斯初始涌出步距 l_1,其值为来压后采空区垮落岩体与工作面之间形成的空间宽度。根据现场实际情况,规定采空区瓦斯涌出量 $Q_{空}$ 预测模型中 $t_{遗}$ 和 l 的取值范围分别为:$0 < t_{遗} < T$,$l_1 < l < l_1 + L$。

根据矿井实际情况,式(8-18)中的已知参数值如表 8-1 所列。

表 8-1 采空区瓦斯涌出量预测模型中已知参数值

l_0/m	$h_{总}/\mathrm{m}$	L/m	T/min	$R/\%$
300	6	20	7 200	83

$\rho/(\mathrm{t/m^3})$	$W_{解}/(\mathrm{m^3/t})$	$\alpha_{遗}/[\mathrm{m^3/(t \cdot min)}]$	$\beta_{遗}/\mathrm{min^{-1}}$	$\gamma_{遗}/[\mathrm{m^3/(t \cdot min)}]$	$Q_{抽}/(\mathrm{m^3/min})$
1.35	1.5	0.012 35	0.914 48	0.001 93	1.84~3.24(合理层位) 0.53~2.65(其他层位)

由表 8-1 可知,瓦斯涌出比例因子 θ 为待解参数,现根据现场实测得到的采空区瓦斯涌出量,通过计算采空区瓦斯总涌出量,获得采空区瓦斯涌出量占采空区瓦斯总涌出量的比例 θ。周期来压前实测的采空区瓦斯涌出量为 $1.10\ \mathrm{m^3/min}$,将其近似为来压前最大步距 20 m、最大周期 5 d 产生的瓦斯涌出量,然后表 8-1 中的数据代入式(8-18)计算可得 θ 为 $7.13\%\sim8.65\%$,由不同层位抽采效果而定。

8.4 煤壁瓦斯涌出量预测模型

综放工作面某时刻煤壁瓦斯涌出量计算公式为:

$$Q_{壁}' = \alpha_{壁}\mathrm{e}^{-\beta_{壁}t} + \gamma_{壁} \tag{8-19}$$

式中 $Q_{壁}'$——某时刻煤壁瓦斯涌出量,$\mathrm{m^3/min}$;

$\alpha_{壁}$,$\beta_{壁}$,$\gamma_{壁}$——煤壁瓦斯涌出系数,$\alpha_{壁}$ 取 $1.907\ 6\ \mathrm{m^3/min}$,$\beta_{壁}$ 取 $0.002\ 3\ \mathrm{min^{-1}}$,$\gamma_{壁}$ 取 $0.506\ 8\ \mathrm{m^3/min}$;

t——煤体瓦斯释放时间,min。

考虑时间效应在煤壁瓦斯涌出过程中的作用,结合数值计算过程中的初始参数,煤壁从 0 时刻暴露到 $t_{壁}$ 时刻瓦斯涌出总量为:

$$Q_{壁总} = \frac{h_{采}}{h_{原}} \times \frac{s_0}{s_{原}} \times \frac{l_0}{l_{原}} \times \frac{W_{解}}{W_0} \int_0^{t_{壁}} (\alpha_{壁}\mathrm{e}^{-\beta_{壁}t} + \gamma_{壁})\mathrm{d}t \tag{8-20}$$

式中 $Q_{壁总}$——某段时间煤壁瓦斯涌出总量,$\mathrm{m^3}$;

$h_{采}$——工作面采煤高度,m;

$h_{原}$——原始测试时工作面采煤高度,取 3 m;

l_0——工作面长度,m;

$l_{原}$——原始测试时工作面长度,取 300 m;

s_0——液压支架顶部支撑长度,m;

$s_{原}$——原始测试时液压支架顶部支撑长度,取 3 m;

$W_{解}$——工作面开采煤体的可解吸瓦斯量,$\mathrm{m^3/t}$;

W_0——矿井平均可解吸瓦斯量,取 $1.5\ \mathrm{m^3/t}$;

$t_{壁}$——煤壁暴露时间,min,$t_{壁} = 2l_0/v_{割} + t_0$;

$v_{割}$——割煤速度,m/min;

t_0——采煤机每刀之间的间隙时间,min。

对式(8-20)求积分,可得:

$$Q_{壁总} = \frac{h_采 s_0 l_0 W_解}{h_原 s_原 l_原 W_0} \left[\frac{\alpha_壁}{\beta_壁} (1 - e^{-\beta_壁 t_壁}) + \gamma_壁 t_壁 \right] \tag{8-21}$$

则煤壁瓦斯涌出量为:

$$Q_壁 = \frac{h_采 s_0 l_0 W_解}{h_原 s_原 l_原 W_0} \left[\frac{\alpha_壁}{\beta_壁 t_壁} (1 - e^{-\beta_壁 t_壁}) + \gamma_壁 \right] \tag{8-22}$$

8.5 考虑来压影响的瓦斯涌出量总预测模型

针对王家岭矿的实际情况,在不考虑邻近层影响的条件下,综采放顶煤工作面的瓦斯涌出由采落煤瓦斯涌出、放落煤瓦斯涌出、采空区瓦斯涌出和煤壁瓦斯涌出几部分组成,则工作面瓦斯涌出量为各部分之和,另外周期来压发生期间工作面会出现瓦斯异常涌出,且该期间瓦斯涌出量是正常期间瓦斯涌出量的 1.1~1.6 倍,综上可得出工作面瓦斯涌出量预测模型为:

$$Q_涌 = (Q_采 + Q_放 + Q_空 + Q_壁)\mu \tag{8-23}$$

式中 $Q_涌$——工作面瓦斯涌出量,m^3/min;

$\qquad Q_采$——采落煤瓦斯涌出量,m^3/min;

$\qquad Q_放$——放落煤瓦斯涌出量,m^3/min;

$\qquad Q_空$——采空区瓦斯涌出量,m^3/min;

$\qquad Q_壁$——煤壁瓦斯涌出量,m^3/min;

$\qquad \mu$——周期来压瓦斯涌出纠正系数,正常期间 μ 取 1.0,周期来压期间 μ 取 1.1~1.6。

8.6 多源瓦斯涌出动态预测模型验证

根据现场实测数据和工作面回风巷瓦斯探头的数据进行统计分析,用统计数据验证模型的计算数据。在数据统计中无法将采落煤瓦斯涌出和放落煤瓦斯涌出合理地分开,故落煤瓦斯涌出量预测模型验证是对采落煤和放落煤两部分的瓦斯涌出量进行整体验证;采空区瓦斯涌出量预测模型是基于现场实测数据推导而来,在此不进行验证。因此本部分内容主要对落煤瓦斯涌出量预测模型和煤壁瓦斯涌出量预测模型进行验证。

8.6.1 现场数据统计结果

对 12322 综放工作面 2019 年 7—9 月回风巷瓦斯探头的最大瓦斯浓度进行统计,并剔除其中不生产期(即日推进距离为 0)的数据,如表 8-2 所列。

表 8-2　2019 年 7—9 月 12322 综放工作面瓦斯浓度统计表

日期	回风流最大瓦斯浓度/%	日推进距离/m	日期	回风流最大瓦斯浓度/%	日推进距离/m	日期	回风流最大瓦斯浓度/%	日推进距离/m
7 月 1 日	0.41	4.8	7 月 8 日	0.37	5.5	7 月 15 日	0.43	7.2
7 月 2 日	0.41	6.0	7 月 9 日	0.39	4.9	7 月 16 日	0.46	5.1
7 月 3 日	0.35	3.5	7 月 10 日	0.37	4.1	7 月 17 日	0.54	7.4
7 月 4 日	0.34	3.8	7 月 11 日	0.50	6.5	7 月 18 日	0.54	7.8
7 月 5 日	0.32	5.2	7 月 13 日	0.50	13.0	7 月 19 日	0.56	6.0

表 8-2(续)

日期	回风流最大瓦斯浓度/%	日推进距离/m	日期	回风流最大瓦斯浓度/%	日推进距离/m	日期	回风流最大瓦斯浓度/%	日推进距离/m
7月23日	0.39	8.0	8月21日	0.27	7.7	9月10日	0.41	7.8
7月25日	0.50	8.9	8月22日	0.27	14.4	9月11日	0.44	4.6
7月26日	0.49	6.3	8月23日	0.04	0.7	9月12日	0.44	6.4
7月27日	0.49	7.5	8月24日	0.23	1.5	9月15日	0.35	7.0
7月28日	0.55	5.8	8月25日	0.26	2.0	9月16日	0.38	4.9
8月5日	0.61	11.2	8月26日	0.37	2.0	9月17日	0.21	4.3
8月6日	0.49	7.9	8月27日	0.40	2.0	9月19日	0.26	3.4
8月7日	0.44	6.7	8月28日	0.44	7.8	9月20日	0.31	1.1
8月8日	0.20	2.2	8月29日	0.35	6.2	9月21日	0.16	2.2
8月10日	0.36	4.9	8月31日	0.36	10.0	9月24日	0.36	7.0
8月12日	0.29	6.8	9月2日	0.30	2.3	9月25日	0.44	7.0
8月13日	0.39	5.8	9月4日	0.47	7.5	9月26日	0.14	8.0
8月14日	0.36	6.1	9月5日	0.28	3.7	9月27日	0.19	4.0
8月15日	0.31	3.0	9月6日	0.33	2.4	9月28日	0.42	5.6
8月16日	0.36	3.7	9月7日	0.32	3.8	9月29日	0.45	4.0
8月19日	0.38	6.5	9月8日	0.39	4.8	9月30日	0.40	7.1
8月20日	0.33	6.7	9月9日	0.42	3.8			

对表 8-2 中最大瓦斯浓度进行计算分析,得出其平均值为 0.37%,并根据 2019 年 7—9 月矿井通风报表计算得出 12322 综放工作面回风巷风量的平均值为 1 796.00 m³/min,综合计算得出 12322 综放工作面 2019 年 7—9 月最大瓦斯涌出量的平均值为 6.65 m³/min。

8.6.2 预测模型计算结果

考虑到瓦斯浓度为每天最大浓度,所以预测模型相关参数选取了王家岭矿 12322 综放工作面实际参数范围的上限,具体参数如表 8-3 所列。

表 8-3 煤壁及落煤瓦斯涌出预测模型参数表

s_0/m	d/m	l_0/m	$h_{总}$/m	$h_{采}$/m	$W_{解}$/(m³/t)	R/%
3	0.85	305	6	3	1.5	83

$v_{割}$/(m/min)	ρ/(t/m³)	k'	$t_{采}$/min	$t_{放}$/min	t_0/min
8	1.35	1.0	20	20	30

α	β	γ
0.028 49(采落煤)	0.980 23(采落煤)	0.002 65(采落煤)
0.012 35(放落煤)	0.914 48(放落煤)	0.001 93(放落煤)
1.907 60(煤壁)	0.002 30(煤壁)	0.506 80(煤壁)

经实测可知,生产期间采空区瓦斯涌出量为 1.10 m³/min,并经计算得出,煤壁瓦斯涌出量为 2.24 m³/min,放落煤瓦斯涌出量为 0.95 m³/min,采落煤瓦斯涌出量为 2.26 m³/min,总计 6.55 m³/min。考虑到验证的是 3 个月的瓦斯浓度平均值,忽略因周期来压导致的涌出量不均衡系数,所以模型计算涌出量为 6.55 m³/min。

根据模型计算结果和现场数据统计结果对比验证发现,两者误差为 1.5%。

8.7 影响瓦斯涌出关键工艺参数优化

8.7.1 合理割煤速度优化

以割煤速度为影响因子,基于综放工作面瓦斯涌出动态预测模型,计算不同割煤速度条件下的工作面瓦斯涌出量,并绘制割煤速度与工作面瓦斯涌出量的变化关系图(图 8-3),进一步对其拟合,探寻两者之间实际的定性和定量关系,为今后综放工作面采煤机运行速度的控制提供指导和参考。

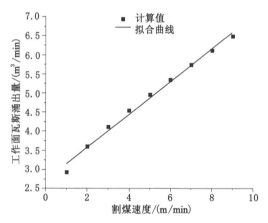

图 8-3 割煤速度与工作面瓦斯涌出量的变化关系及拟合结果

由图 8-3 可以看出,随着割煤速度的增加,工作面瓦斯涌出量增大,两者基本呈线性关系,拟合关系式为:

$$Q_{涌} = \delta(0.43 v_{割} + 2.72) \tag{8-24}$$

式中 $Q_{涌}$——工作面瓦斯涌出量,m³/min;

  $v_{割}$——割煤速度,m/min,一般不大于 10 m/min;

  δ——瓦斯涌出不均衡系数,取 1.0~1.6。

为保证上隅角瓦斯浓度不大于 0.8%,工作面瓦斯涌出量应不大于 8 m³/min,同时为确保安全,还需留有一定的富余量。如要保证工作面瓦斯涌出量不大于 6 m³/min,由割煤速度与工作面瓦斯涌出量的定量表征关系,得出割煤速度应不大于 7.63 m/min。

8.7.2 合理运煤时间优化

以运煤时间为影响因子,基于综放工作面瓦斯涌出动态预测模型,计算不同运煤时间条件下的工作面瓦斯涌出量,并绘制运煤时间与工作面瓦斯涌出量的变化关系图(图 8-4),进一步对其拟合,探寻两者之间实际的定性和定量关系,为今后综放工作面刮板输送机和胶带运行速度的控制提供指导和参考。

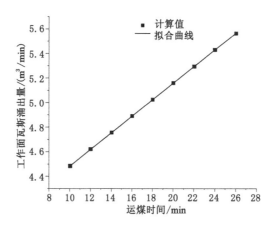

图 8-4　运煤时间与工作面瓦斯涌出量的变化关系及拟合结果

由图 8-4 可以看出,随着运煤时间的增加,工作面瓦斯涌出量增大,两者基本呈线性关系,拟合关系式为:

$$Q_涌 = \delta(0.07t_运 + 3.81) \qquad\qquad (8\text{-}25)$$

式中　$Q_涌$——工作面瓦斯涌出量,m^3/min;

　　　$t_运$——运煤时间,min,一般不大于 30 min;

　　　δ——瓦斯涌出不均衡系数,取 $1.0\sim1.6$。

为保证上隅角瓦斯浓度不大于 0.8%,工作面瓦斯涌出量应不大于 8 m^3/min,同时为确保安全,还需留有一定的富余量。如要保证工作面瓦斯涌出量不大于 6 m^3/min,由运煤时间与工作面瓦斯涌出量的定量表征关系,得出运煤时间应不大于 31.29 min。

8.7.3　合理采放比优化

以采放比为影响因子,基于综放工作面瓦斯涌出动态预测模型,计算不同采放比条件下的工作面瓦斯涌出量,并绘制采放比与工作面瓦斯涌出量的变化关系图(图 8-5),进一步对其拟合,探寻两者之间实际的定性和定量关系,为今后综放工作面合理采放比的分配提供指导和参考。

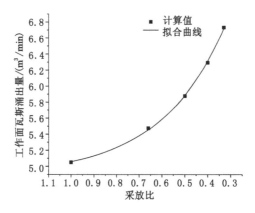

图 8-5　采放比与工作面瓦斯涌出量的变化关系及拟合结果

由图 8-5 可以看出,随着采放比由 1∶1 增加到 1∶3,工作面瓦斯涌出量增大,这是由于

放落煤和遗煤增加,放落煤和采空区的瓦斯涌出量相应增大。两者基本呈指数关系,拟合关系式为:

$$Q_涌 = \delta[5.98e^{(-k'/0.28)} + 4.90] \tag{8-26}$$

式中　$Q_涌$——工作面瓦斯涌出量,m^3/min;

　　　k'——采放比,一般在 1∶1～1∶3 之间;

　　　δ——瓦斯涌出不均衡系数,取 1.0～1.6。

　　为保证上隅角瓦斯浓度不大于 0.8%,工作面瓦斯涌出量应不大于 8 m^3/min,同时为确保安全,还需留有一定的富余量。如要保证工作面瓦斯涌出量不大于 6 m^3/min,由采放比与工作面瓦斯涌出量的定量表征关系,得出采放比应不大于 1∶2.2。

8.7.4　合理采出率优化

　　以采出率为影响因子,基于综放工作面瓦斯涌出动态预测模型,计算不同采出率条件下的工作面瓦斯涌出量,并绘制采出率与工作面瓦斯涌出量的变化关系图(图 8-6),进一步对其拟合,探寻两者之间实际的定性和定量关系,为今后综放工作面合理采煤工艺的采用提供指导和参考。

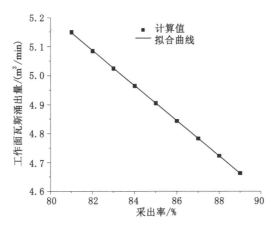

图 8-6　采出率与工作面瓦斯涌出量的变化关系及拟合结果

　　由图 8-6 可以看出,随着采出率的增加,工作面瓦斯涌出量减小,这是由于采出率增加使放落煤和遗煤减少,放落煤和采空区的瓦斯涌出量相应减小。两者基本呈线性关系,拟合关系式为:

$$Q_涌 = \delta(-6.05R + 10.05) \tag{8-27}$$

式中　$Q_涌$——工作面瓦斯涌出量,m^3/min;

　　　R——采出率,%;

　　　δ——瓦斯涌出不均衡系数,取 1.0～1.6。

　　为保证上隅角瓦斯浓度不大于 0.8%,工作面瓦斯涌出量应不大于 8 m^3/min,同时为确保安全,还需留有一定的富余量。如要保证工作面瓦斯涌出量不大于 6 m^3/min,由采出率与工作面瓦斯涌出量的定量表征关系,得出采出率应不小于 66.9%。

8.7.5　合理瓦斯抽采流量优化

　　以瓦斯抽采流量为影响因子,基于综放工作面瓦斯涌出动态预测模型,计算不同工作面瓦斯抽采流量条件下的工作面瓦斯涌出量,并绘制工作面瓦斯抽采流量与工作面瓦斯涌出量的变化关系图(图 8-7),进一步对其拟合,探寻两者之间实际的定性和定量关系,为今后综放工作面瓦斯抽采系统的布置和设计提供指导和参考。

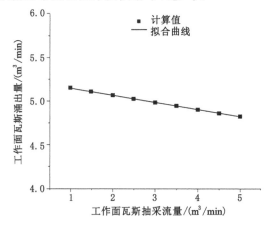

图 8-7　工作面瓦斯抽采流量与工作面瓦斯涌出量的变化关系及拟合结果

由图 8-7 可以看出,随着工作面瓦斯抽采流量的增大,工作面瓦斯涌出量减小。两者基本呈线性关系,拟合关系式为:

$$Q_涌 = \delta(-0.08Q_抽 + 5.23) \tag{8-28}$$

式中　$Q_涌$——工作面瓦斯涌出量,m^3/min;

　　　$Q_抽$——工作面瓦斯抽采流量,m^3/min;

　　　δ——瓦斯涌出不均衡系数,取 1.0~1.6。

为保证上隅角瓦斯浓度不大于 0.8%,工作面瓦斯涌出量应不大于 8 m^3/min,同时为确保安全,还需留有一定的富余量。如要保证工作面瓦斯涌出量不大于 6 m^3/min,考虑来压时期采空区瓦斯抽采对工作面瓦斯涌出的重要作用,取瓦斯涌出不均衡系数为 1.2,则由工作面瓦斯抽采流量与工作面瓦斯涌出量的定量表征关系,得出工作面瓦斯抽采流量应不小于 2.88 m^3/min。

8.8　本章小结

(1) 通过研究影响综放工作面瓦斯涌出的关键因素,分别建立了采落煤、放落煤、采空区、煤壁的瓦斯涌出预测模型,并考虑周期来压的影响,建立了考虑来压影响的瓦斯涌出预测模型;最终将预测模型计算结果与现场数据统计结果进行对比,验证了预测模型的准确性。

(2) 分别对不同割煤速度、运煤时间、采放比、采出率、瓦斯抽采流量等因素影响下的瓦斯涌出规律进行了研究,并通过建立的瓦斯涌出预测模型对关键工艺参数进行了优化。结果表明:割煤速度应不大于 7.63 m/min,运煤时间应不大于 31.29 min,采放比应不大于 1∶2.2,采出率应不小于 66.9%,工作面瓦斯抽采流量应不小于 2.88 m^3/min。

9 高强度开采采空区卸压富集瓦斯分时分区治理技术

9.1 采空区高位定向钻孔抽采高/低位卸压富集瓦斯

9.1.1 初采时期高位定向"抛物线"钻孔抽采低位卸压瓦斯

9.1.1.1 钻孔布置设计

针对工作面初采时期顶板裂隙发育不充分、常规设计的高位定向"水平"钻孔在此时间段内抽采效果不理想的问题,将工作面第一组顶板高位长钻孔设计成"抛物线"轨迹,以保证工作面初采时期采空区覆岩低位卸压瓦斯抽采效果。在工作面 1# 钻场中设计 4 个高位定向"抛物线"钻孔,其中 2 个钻孔终孔位置进入开切眼处待开采煤层,抽采由开切眼开采至初次来压时期的卸压瓦斯,其余 2 个钻孔终孔位置位于垮落带边界左右,抽采前三次周期来压时期的卸压瓦斯。

基于上述分析,工作面初采时期 1# 钻场高位定向"抛物线"钻孔设计参数表如表 9-1 所列。

表 9-1 工作面初采时期 1# 钻场高位定向"抛物线"钻孔设计参数表

钻场	钻孔编号	层位最高点距煤层顶板垂距/m	终孔位置距回风巷平距/m	终孔位置距煤层顶板垂距/m	孔深/m
1#	1-1	44	45	29	300
	1-2	34	32	19	300
	1-3	29	24	0	312
	1-4	26	15	0	306

工作面初采时期 1# 钻场高位定向"抛物线"钻孔设计轨迹图如图 9-1 所示。根据设计参数,1-1 钻孔层位最高点距煤层顶板垂距为 44 m、终孔位置距开切眼平距为 21 m、距回风巷平距为 45 m、距煤层顶板垂距为 29 m;1-2 钻孔层位最高点距煤层顶板垂距为 34 m、终孔位置距开切眼平距为 19 m、距回风巷平距为 32 m、距煤层顶板垂距 19 m;1-3 钻孔层位最高点距煤层顶板垂距为 29 m,终孔位置进入 2 号煤层、距回风巷平距为 24 m;1-4 钻孔层位最高点距煤层顶板垂距为 26 m,终孔位置进入 2 号煤层、距回风巷平距为 15 m。

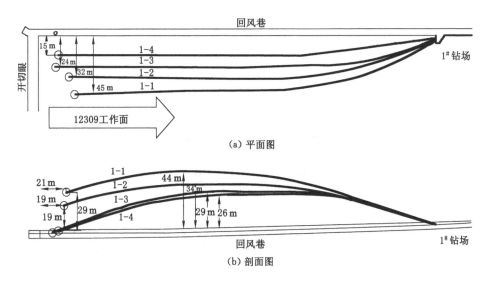

图 9-1 工作面初采时期 1# 钻场高位定向"抛物线"钻孔设计轨迹图

9.1.1.2 瓦斯抽采效果考察

工作面初采时期 1# 钻场高位定向"抛物线"钻孔瓦斯抽采效果如图 9-2 所示。由图可知,除 1-2 钻孔的瓦斯抽采纯流量外,其余钻孔的瓦斯抽采浓度和纯流量整体上呈上升的趋势,说明随着工作面的不断开采,工作面采空区裂隙逐渐发育,钻孔与裂隙导通导致瓦斯抽采浓度和纯流量逐渐上升。整个初采期间,1-1、1-2、1-3、1-4 钻孔的瓦斯抽采浓度区间分别为 5.60%～6.77%、5.72%～6.91%、5.61%～7.19%、5.75%～7.35%,平均瓦斯抽采浓度分别为 5.95%、6.17%、6.28%、6.48%,瓦斯抽采纯流量区间分别为 0.66～1.01 m³/min、0.65～0.81 m³/min、0.73～1.00 m³/min、0.72～1.02 m³/min,平均瓦斯抽采纯流量分别为 0.77 m³/min、0.75 m³/min、0.83 m³/min、0.85 m³/min。

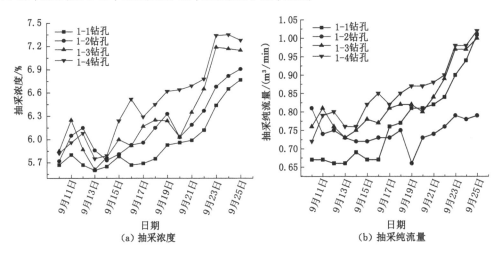

图 9-2 工作面初采时期 1# 钻场高位定向"抛物线"钻孔瓦斯抽采效果

整体分析 1# 钻场,4 个钻孔均采用"抛物线"布置,且 1-3 和 1-4 钻孔终孔位置处于工作面开切眼里,1-3和1-4钻孔在初采期间的平均瓦斯抽采浓度和纯流量均高于1-1和1-2钻孔的平均瓦斯抽采浓度和纯流量,表明在初采期间"抛物线"轨迹终点进入煤层内的高位钻孔的瓦斯抽采效果较好,有效地抽采了采空区积存的低位卸压瓦斯。

9.1.2　开采稳定时期高位定向"水平"钻孔抽采高位卸压瓦斯

9.1.2.1　钻孔布置设计

根据之前的研究成果,工作面开采稳定时期"三带"发育高度基本稳定,采动覆岩垮落带高度为15.0~28.2 m,裂隙带高度为115.0~128.0 m,采动裂隙带瓦斯聚集区基本处于裂隙带下部、垮落带之上,水平方向距回风巷25~55 m、垂直方向距煤层顶板25~50 m范围内,主要储运本煤层开采卸压瓦斯,针对此区域富集卸压瓦斯,采用高位定向"水平"钻孔抽采方式进行治理。

为保证工作面开采稳定时期高位定向"水平"钻孔的瓦斯抽采效果,结合现场实际情况,综合分析得出较为合理的钻孔设计参数,如表9-2所列。3#钻场内布置4个高位定向"水平"钻孔,钻孔孔径为133 mm,钻孔长度为500 m左右,开孔段9 m范围设置钢制套管并用水泥砂浆采用"两堵一注"方式进行封孔。工作面开采稳定时期3#钻场高位定向"水平"钻孔设计轨迹图如图9-3所示。

表 9-2　工作面开采稳定时期 3# 钻场高位定向"水平"钻孔设计参数表

钻场	钻孔编号	距回风巷平距/m	距煤层顶板垂距/m	钻孔长度/m
3#	3-1	50	45	521
	3-2	40	40	511
	3-3	30	32	503
	3-4	20	25	497

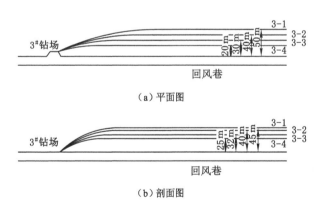

图 9-3　工作面开采稳定时期 3# 钻场高位定向"水平"钻孔设计轨迹图

9.1.2.2　瓦斯抽采效果考察

工作面开采稳定时期3#钻场高位定向"水平"钻孔瓦斯抽采效果如图9-4所示。由图可知,在此期间瓦斯抽采浓度和纯流量总体呈波动下降的趋势,4个钻孔平均瓦斯抽采浓度分别为4.98%、4.80%、7.69%、5.73%,平均瓦斯抽采纯流量分别为0.31 m³/min、0.35 m³/min、1.36 m³/min、0.80 m³/min,可以看出各钻孔平均瓦斯抽采浓度和纯流量相对较高,达到了一定的瓦斯抽采效果。

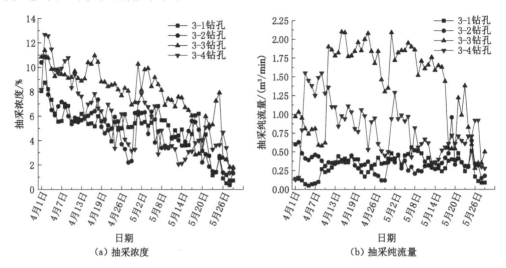

图 9-4 工作面开采稳定时期 3#钻场高位定向"水平"钻孔瓦斯抽采效果

9.1.3 基于"开采-地质-瓦斯"综合信息的高位定向钻孔优化

针对工作面开采稳定时期高位定向"水平"钻孔瓦斯抽采效果的长期考察发现,虽然总体上保证了一定的瓦斯抽采效果,但在钻孔瓦斯抽采全生命周期内,瓦斯抽采浓度和纯流量出现不稳定波动现象,不能充分发挥定向钻孔的瓦斯抽采优势。究其原因为现场实际煤岩层分布、煤岩层厚度、煤岩层岩性、开采速度、产量、垮落带高度、裂隙带高度、瓦斯赋存等都在动态变化。

因此,需进一步开展基于"开采-地质-瓦斯"综合信息的高位定向钻孔优化,充分定量分析其中的原因,探寻瓦斯抽采效果不稳定与开采条件、地质条件和瓦斯赋存之间的定量关系,最大限度发挥高位定向钻孔的瓦斯抽采效果。

9.1.3.1 钻孔优势层位和平距总体划分

为得到钻孔瓦斯抽采效果与垮落带的关系,统计了工作面 1#~6# 钻场所有钻孔的瓦斯抽采纯流量,筛选出抽采效果较好的钻孔,并结合高位定向钻实钻轨迹图以及工作面的推进距离,得出钻孔瓦斯抽采纯流量与层位关系图,如图 9-5 所示。由图可知,在工作面高位定向钻孔瓦斯抽采期间,抽采效果较好的钻孔的层位分布范围较宽,在 0~10 m 范围内,钻孔的抽采效果不佳,最大瓦斯抽采纯流量不超过 0.75 m³/min,而在 20~45 m 范围内的钻孔瓦斯抽采效果好,瓦斯抽采纯流量最大可超过 2 m³/min,且绝大部分抽采效果好的钻孔的层位均分布在 20~45 m 范围内。

使用同样的方法得出了钻孔瓦斯抽采纯流量与平距关系图,如图 9-6 所示。由图可知,在工作面高位定向钻孔瓦斯抽采期间,抽采效果较好的钻孔的平距分布范围较层位分布范围大,平距在 15 m 以内时,钻孔瓦斯抽采纯流量最大不超过 0.60 m³/min,大部分抽采效果较好的钻孔的平距在 15~55 m 范围内。

9.1.3.2 考虑日推进距离变化的钻孔优势层位和平距划分

通过对钻孔瓦斯抽采效果与层位和平距的分析可知,钻孔瓦斯抽采效果与层位和平距

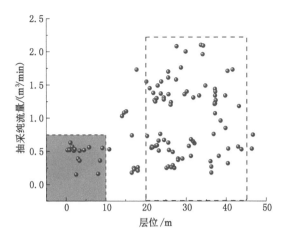

图 9-5　钻孔瓦斯抽采纯流量与层位关系图

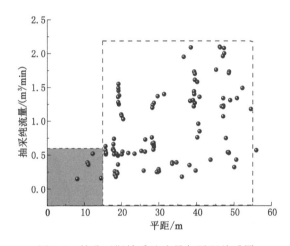

图 9-6　钻孔瓦斯抽采纯流量与平距关系图

有着明显的关系,所以结合日推进距离进一步对钻孔瓦斯抽采效果与层位和平距之间的关系进行分析。

(1)日推进距离小于 4 m 时钻孔优势层位和平距

当推进距离小于 4 m 时,钻孔瓦斯抽采纯流量与层位和平距三维关系图如图 9-7 所示。由图可知,钻孔瓦斯抽采效果较好的点比较集中,基本分布在层位为 5～45 m、平距为 12～50 m 的范围内,表明当日推进距离小于 4 m 时,在此区域的钻孔瓦斯抽采效果较好,因此在高位定向钻孔设计时,可以根据矿井近期的推进速度设计合理的钻孔层位和平距。当日推进距离小于 4 m 时,高位定向钻孔的合理布置层位为 5～45 m、合理布置平距为 12～50 m,其中瓦斯抽采纯流量最大的几个钻孔的层位为 12～30 m、平距为 28～41 m。

(2)日推进距离为 4～8 m 时钻孔优势层位和平距

当工作面日推进距离为 4～8 m 时,钻孔瓦斯抽采纯流量与层位和平距三维关系图如图 9-8 所示。由图可知,钻孔瓦斯抽采效果较好的点相对集中,基本分布在层位为 8～45 m、平距为 10～60 m 的范围内,表明当日推进距离为 4～8 m 时,在此区域的钻孔瓦斯抽

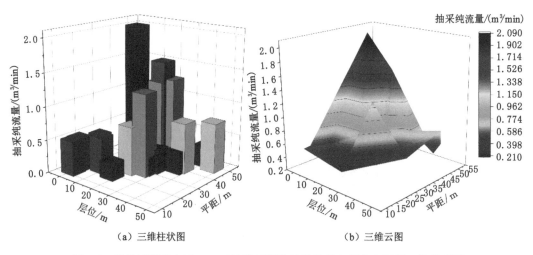

图 9-7　日推进距离小于 4 m 时钻孔瓦斯抽采纯流量与层位和平距三维关系图

采效果较好,因此在高位定向钻孔设计时,可以根据矿井近期的推进速度设计合理的钻孔层位和平距。当日推进距离为 4～8 m 时,高位定向钻孔的合理布置层位为 8～45 m、合理布置平距为 10～60 m,其中瓦斯抽采纯流量最大的几个钻孔的层位为 9～44 m、平距为 20～55 m。

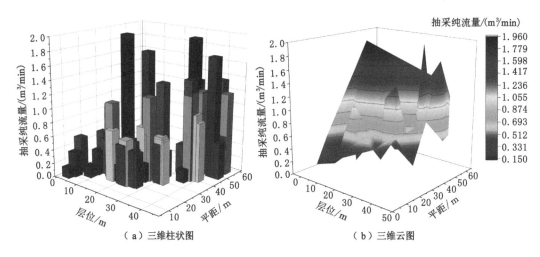

图 9-8　日推进距离为 4～8 m 时钻孔瓦斯抽采纯流量与层位和平距三维关系图

(3) 日推进距离大于 8 m 时钻孔优势层位和平距

当工作面日推进距离大于 8 m 时,钻孔瓦斯抽采纯流量与层位和平距三维关系图如图 9-9 所示。由图可知,钻孔瓦斯抽采效果较好的点相对集中,基本分布在层位为 15～41 m、平距为 17～53 m 的范围内,表明当日推进距离大于 8 m 时,在此区域的钻孔瓦斯抽采效果较好,因此在高位定向钻孔设计时,可以根据矿井近期的推进速度设计合理的钻孔层位和平距。当日推进距离大于 8 m 时,高位定向钻孔的合理布置层位为 15～41 m,合理布置平距为 17～53 m,其中瓦斯抽采纯流量最大的几个钻孔的层位为 21～41 m、平距为 19～53 m。

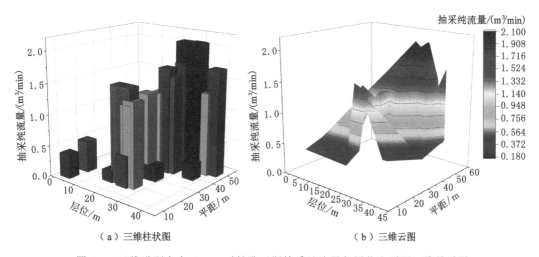

（a）三维柱状图　　　　　　　　　　（b）三维云图

图 9-9　日推进距离大于 8 m 时钻孔瓦斯抽采纯流量与层位和平距三维关系图

9.1.3.3　不同日推进距离下的钻孔优势层位和平距定量关系

根据工作面的日推进距离，分别整理出日推进距离小于 4 m、4～8 m、大于 8 m 瓦斯抽采效果较好的钻孔层位和平距，并绘制出两者之间的关系图，如图 9-10 所示。由图可以看出，不同日推进距离下的钻孔优势平距和层位的拟合效果较好，R^2 均在 0.600 0 以上，随着日推进距离的增大，直线的斜率逐渐降低，表明日推进距离对垮落范围具有一定的影响。当日推进距离小于 4 m 时，瓦斯抽采效果较好的钻孔层位集中在 5～45 m，平距集中在 12～

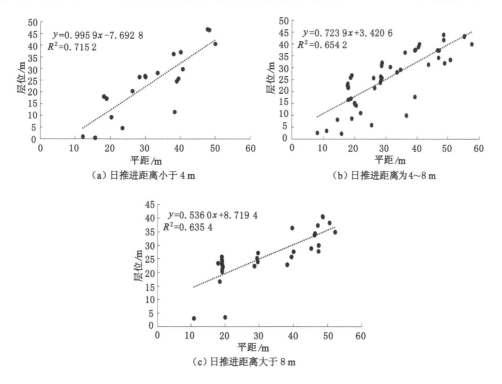

（a）日推进距离小于 4 m　　　　　　　（b）日推进距离为 4～8 m

（c）日推进距离大于 8 m

图 9-10　不同日推进距离下的钻孔优势层位和平距关系图

50 m;当日推进距离为 4～8 m,瓦斯抽采效果较好的钻孔层位集中在 8～45 m,平距集中在 10～60 m;当日推进距离大于 8 m 时,瓦斯抽采效果较好的钻孔层位集中在 15～41 m,平距集中在 17～53 m。随着日推进距离的增大,瓦斯抽采效果较好的钻孔最低层位逐渐上升,最高层位逐渐下降,平距范围先增大后减小。

综上分析,可以得出不同日推进距离区间下钻孔优势层位和平距定量关系(即垮落带边界变化形态函数公式),如表 9-3 所列。结合不同日推进距离区间下钻孔优势层位和平距范围,可计算得出各钻孔具体层位和平距的设计参数。

表 9-3   不同日推进距离区间下钻孔优势层位和平距定量关系

日推进距离	钻孔优势层位 y 和平距 x 定量关系
小于 4 m	$y = 0.995\ 9x - 7.692\ 8$
4～8 m	$y = 0.723\ 9x + 3.420\ 6$
大于 8 m	$y = 0.536\ 0x + 8.719\ 4$

9.2   采空区埋管抽采上隅角卸压富集瓦斯

9.2.1   合理埋管参数数值模拟

采用 COMSOL Multiphysics 数值模拟软件模拟采空区不同埋管抽采参数下工作面瓦斯分布规律,并研究不同埋管抽采参数下上隅角埋管对采空区瓦斯流场及上隅角瓦斯浓度的影响规律,确定最佳的埋管参数。

9.2.1.1   模型建立及模拟方案确定

(1)模型建立

将采煤工作面简化为三维模型,并建立动态采空区瓦斯流动模型,开展采空区埋管抽采瓦斯数值模拟。采空区模型长 400 m,宽 300 m,高 6 m;工作面长 300 m,宽 5 m,高 3 m;进风巷、回风巷长 50 m,宽 5 m,高 3 m;指定埋管抽采管路与工作面回采等速移动,因此建立埋管抽采模型时,固定埋管距离即可。采空区埋管抽采瓦斯模型如图 9-11 所示。

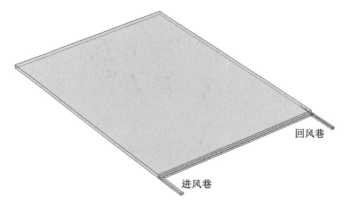

图 9-11   采空区埋管抽采瓦斯模型

（2）模型参数确定

根据现场情况及查阅相关资料,采空区区域孔隙率为 0.17,渗透率为 1.45×10^{-6} m^2。工作面模拟进风巷为入口,回风巷为出口,忽略边界湍流效应,在入口时风速与现场实际情况一致,为 2.26 m/s,埋管采用的低负压抽采简化为出口边界,其余边界设置为无通量边界。工作面回采时煤壁及采空区瓦斯涌出量分别为 6 m^3/min、14 m^3/min,分别计算出采空区及煤壁的瓦斯源项。采空区及巷道的压力设为大气压,并采用多孔隙物质介质稀物质传递及 Brinkman 方程进行耦合求解。

（3）模拟方案

为了研究埋管抽采参数与采空区流场之间的关系,确定最佳埋管抽采参数,结合王家岭矿工作面实际情况,主要模拟埋管负压和埋管间距对上隅角瓦斯分布的影响规律。埋管参数方案如表 9-4 所列。

表 9-4　埋管参数方案

埋管参数	参数数值			
埋管负压	5 kPa	10 kPa	15 kPa	20 kPa
埋管间距	10 m	15 m	20 m	25 m

9.2.1.2　埋管抽采合理负压分析

研究埋管负压与采空区瓦斯流场分布及上隅角瓦斯浓度的关系,分别分析埋管负压为 5、10、15、20 kPa 时采空区和上隅角瓦斯浓度分布规律。

（1）埋管负压为 5 kPa 时抽采效果分析

图 9-12 是埋管负压为 5 kPa 时采空区瓦斯浓度分布图,可以看出,当埋管负压为 5 kPa 时,埋管抽采对采空区流场有一定影响,但效果不强烈。无抽采时,受进风巷风速影响,工作面产生漏风,采空区瓦斯涌入工作面,但由于埋管抽采的影响,漏风区域明显减少,上隅角瓦斯也受负压影响进入埋管管路,对上隅角瓦斯浓度有一定的控制作用。

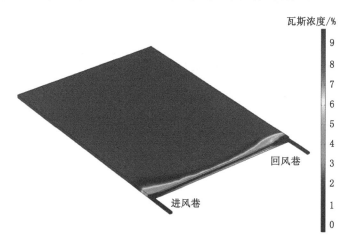

图 9-12　埋管负压为 5 kPa 时采空区瓦斯浓度分布图

图 9-13 是埋管负压为 5 kPa 时上隅角瓦斯浓度分布图,可以看出,当埋管负压为 5 kPa 时,上隅角瓦斯浓度为 1.52%,回风风流瓦斯浓度为 1.01%。此时上隅角和回风巷瓦斯浓度超限,虽然相比较无抽采条件下,采空区内瓦斯流向采空区深部和埋管处,对上隅角瓦斯浓度控制起到了明显作用,但是由于埋管负压较低,抽采瓦斯有限,没有完全解决上隅角瓦斯浓度超限问题。

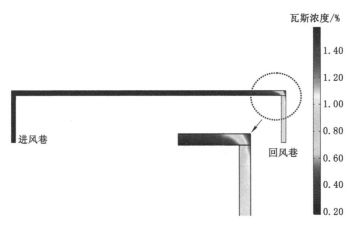

图 9-13　埋管负压为 5 kPa 时上隅角瓦斯浓度分布图

(2) 埋管负压为 10 kPa 时抽采效果分析

图 9-14 是埋管负压为 10 kPa 时采空区瓦斯浓度分布图,可以看出,当埋管负压为 10 kPa 时,采空区瓦斯流场受埋管影响范围变化明显,瓦斯涌出区域明显向采空区深部偏移,采空区瓦斯向工作面偏移范围更小,上隅角瓦斯治理效果明显。

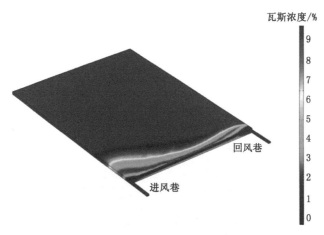

图 9-14　埋管负压为 10 kPa 时采空区瓦斯浓度分布图

图 9-15 是埋管负压为 10 kPa 时上隅角瓦斯浓度分布图,可以看出,当埋管负压为 10 kPa 时,上隅角瓦斯浓度为 0.63%,回风风流瓦斯浓度为 0.40%。此时上隅角和回风巷瓦斯浓度控制较好,相比较 5 kPa 埋管负压条件下,采空区内瓦斯流向采空区深部和埋管处,对上隅角瓦斯浓度控制起到了明显作用,基本可解决上隅角瓦斯浓度超限问题。

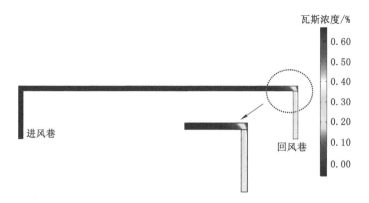

图 9-15　埋管负压为 10 kPa 时上隅角瓦斯浓度分布图

（3）埋管负压为 15 kPa 时抽采效果分析

图 9-16 是埋管负压为 15 kPa 时采空区瓦斯浓度分布图，可以看出，当埋管负压为 15 kPa 时，采空区瓦斯流场改变明显，进风巷一侧深度为 120 m 处才出现高浓度瓦斯，回风巷一侧基本控制在埋管抽采口出现高浓度瓦斯，工作面漏风导致的采空区向工作面涌入高浓度瓦斯的情况可以得到明显缓解。

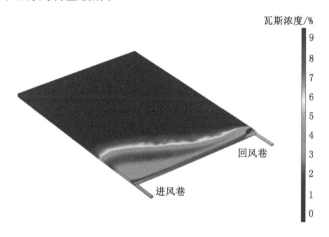

图 9-16　埋管负压为 15 kPa 时采空区瓦斯浓度分布图

图 9-17 是埋管负压为 15 kPa 时上隅角瓦斯浓度分布图，可以看出，当埋管负压为 15 kPa时，上隅角瓦斯浓度为 0.48%，回风风流瓦斯浓度为 0.26%，达到国家规定的安全标准，埋管抽采治理效果明显。

（4）埋管负压为 20 kPa 时抽采效果分析

图 9-18 是埋管负压为 20 kPa 时采空区瓦斯浓度分布图，可以看出，当埋管负压为 20 kPa 时，采空区深部易受风流影响的区域内瓦斯治理效果非常明显，上隅角及回风巷瓦斯均得到有效治理。

图 9-19 是埋管负压为 20 kPa 时上隅角瓦斯浓度分布图，可以看出，当埋管负压为 20 kPa 时，上隅角瓦斯浓度为 0.36%，回风风流瓦斯浓度基本维持在 0.21%，达到国家规定的安全标准，埋管抽采治理效果明显。

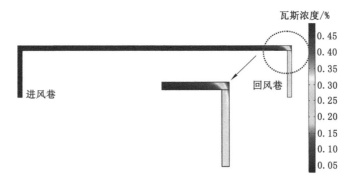

图 9-17 埋管负压为 15 kPa 时上隅角瓦斯浓度分布图

图 9-18 埋管负压为 20 kPa 时采空区瓦斯浓度分布图

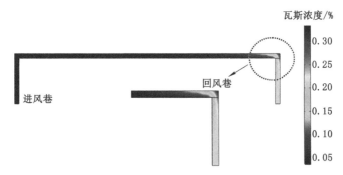

图 9-19 埋管负压为 20 kPa 时上隅角瓦斯浓度分布图

（5）埋管负压优化分析

为进一步分析埋管负压对埋管抽采效果的影响，分别对无负压状态及 5 kPa、10 kPa、15 kPa、20 kPa 埋管负压下对上隅角、回风风流瓦斯浓度的影响规律进行分析，绘制曲线如图 9-20 所示。

从整体上来看，上隅角、回风风流瓦斯浓度随着埋管负压的升高而降低，呈现出降低的趋势。但当埋管负压逐渐升高后，瓦斯浓度降低范围变小，20 kPa 埋管负压时与 15 kPa 埋

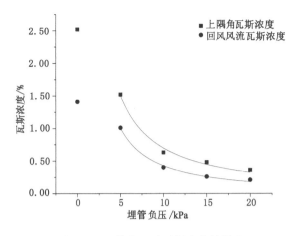

图 9-20 埋管负压对瓦斯浓度的影响

管负压时相比,上隅角瓦斯浓度降低 0.12%,回风风流瓦斯浓度降低 0.05%。考虑到抽采效果及经济效益,确定埋管负压为 15 kPa 比较合适。

9.2.1.3 埋管抽采合理间距分析

采空区埋管抽采瓦斯期间,随着工作面的推进,抽采口位置将远离工作面,当抽采口进入采空区内最佳抽采位置时,开始通过此抽采口抽采采空区瓦斯,而当该抽采口进入采空区更深处时,再通过下一个抽采口抽采采空区瓦斯,以此类推,使抽采口保持在最佳抽采位置,从而达到防止采空区瓦斯向工作面涌出与消除回风工作面上隅角瓦斯积聚及超限的目的。

为进一步研究合适的埋管布置间距,通过数值模拟埋管间距为 10 m、15 m、20 m、25 m 时采空区和上隅角瓦斯浓度分布情况,进而确定埋管间距与采空区瓦斯流场分布及上隅角瓦斯浓度的关系,以达到对采空区高浓度瓦斯的有效抽采。

(1)埋管间距为 10 m 时抽采效果分析

当埋管间距为 10 m 时,上隅角瓦斯浓度为 0.52%,回风风流瓦斯浓度为 0.48%,瓦斯抽采浓度为 1.31%,瓦斯抽采浓度偏低,抽采效果欠佳,如图 9-21 和图 9-22 所示。

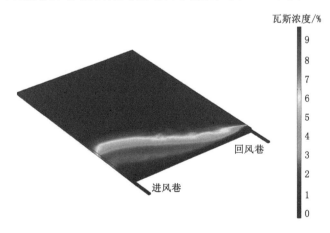

图 9-21 埋管间距为 10 m 时采空区瓦斯浓度分布图

由于该区域内抽采口埋深浅,受漏风风流影响大,瓦斯大部分被漏风风流带走,进入回

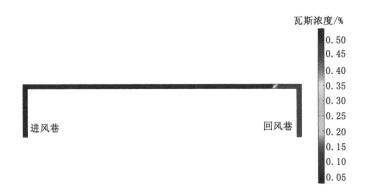

图 9-22　埋管间距为 10 m 时上隅角瓦斯浓度分布图

风巷,致使瓦斯抽采浓度偏低,虽对上隅角瓦斯浓度进行一定控制,但回风巷中瓦斯浓度偏高,不能有效防止采空区瓦斯向工作面的涌出。

（2）埋管间距为 15 m 时抽采效果分析

当埋管间距为 15 m 时,上隅角瓦斯浓度为 0.51%,回风风流瓦斯浓度为 0.29%,瓦斯抽采浓度为 1.69%,如图 9-23 和图 9-24 所示。

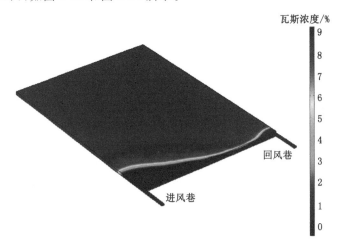

图 9-23　埋管间距为 15 m 时采空区瓦斯浓度分布图

在埋管间距为 15 m 抽采瓦斯时,治理工作面上隅角瓦斯积聚及超限效果显著,原因是该区域受漏风风流影响减弱,采空区瓦斯在抽采口负压作用下被抽出,有效阻止了采空区瓦斯向工作面的涌出,采空区瓦斯涌出量减少,上隅角瓦斯浓度明显降低。

（3）埋管间距为 20 m 时抽采效果分析

当埋管间距为 20 m 时,上隅角瓦斯浓度为 0.59%,回风风流瓦斯浓度为 0.36%,瓦斯抽采浓度为 1.93%,如图 9-25 和图 9-26 所示。

在埋管间距为 20 m 抽采瓦斯时,瓦斯抽采浓度相比埋管间距 15 m 时也有一定升高,但上隅角瓦斯浓度同样升高,控制效果变差。

（4）埋管间距为 25 m 时抽采效果分析

图 9-24　埋管间距为 15 m 时上隅角瓦斯浓度分布图

图 9-25　埋管间距为 20 m 时采空区瓦斯浓度分布图

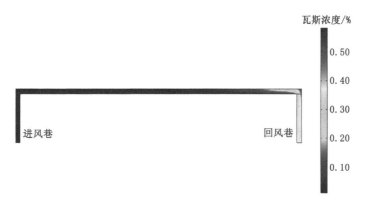

图 9-26　埋管间距为 20 m 时上隅角瓦斯浓度分布图

当埋管间距为 25 m 时,上隅角瓦斯浓度为 0.81%,回风风流瓦斯浓度为 0.46%,瓦斯抽采浓度为 2.01%,如图 9-27 和图 9-28 所示。

当埋管间距为 25 m 时,瓦斯抽采浓度升高,虽然采空区瓦斯抽采浓度较高,但是此时抽采瓦斯对工作面上隅角瓦斯的处理效果趋于降低。

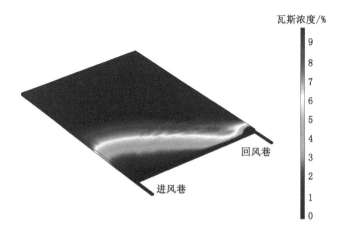

图 9-27　埋管间距为 25 m 时采空区瓦斯浓度分布图

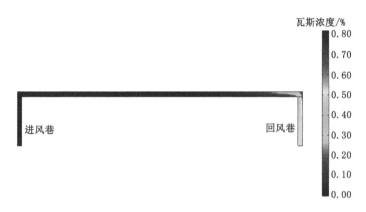

图 9-28　埋管间距为 25 m 时上隅角瓦斯浓度分布图

（5）埋管间距合理性分析

图 9-29 为埋管间距对瓦斯浓度的影响，可以看出，上隅角瓦斯浓度总体上随着埋管间距的增大而升高，呈现正相关。当埋管间距为 10 m 及 15 m 时，上隅角瓦斯浓度相差不大，但回风风流瓦斯浓度相差较大，这是由于埋管间距为 10 m 时，对采空区风流场影响较大，将高浓度瓦斯从采空区带出工作面，但又无法全部抽采，导致回风风流瓦斯浓度较高。继续增大埋管间距，上隅角和回风风流瓦斯浓度均出现升高现象，这是由于埋管间距较大时，埋管离上隅角较远，埋管抽采对采空区内风流影响较小，此时埋管很难及时抽采上隅角处积聚的瓦斯，治理效果差。当埋管间距为 15 m 时，上隅角瓦斯浓度为 0.51%，回风风流瓦斯浓度为 0.29%，埋管离上隅角距离较近，能及时抽采上隅角处瓦斯，从而达到治理上隅角瓦斯浓度超限的目的。同时综合考虑经济效益，埋管间距设置为 15 m 最佳。

9.2.2　上隅角埋管抽采工艺

综放工作面上隅角采用埋管瓦斯抽采方法，每隔 15 m 预留抽采口，抽采口进入采空区前连接 1.8 m 长的花管，如图 9-30 所示。

在回风巷内敷设大直径抽采管，管路每隔一定距离串接一个具有阀门的花管作为抽采采空区瓦斯的吸气口。当花管进入采空区最佳抽采位置时，打开阀门，抽采采空区瓦斯。依

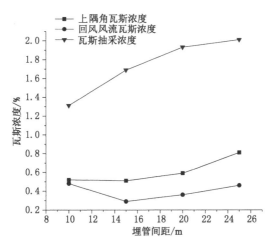

图 9-29　埋管间距对瓦斯浓度的影响

图 9-30　上隅角埋管瓦斯抽采方法示意图

次类推,使吸气口保持在最佳抽采位置,从而防止采空区瓦斯向工作面涌出。

在抽采管路内要安设瓦斯抽放监测传感器,对管路内的抽采负压和瓦斯浓度、流量、抽采量等参数进行监测,并通过工业环网接入矿井安全监测系统。

9.3　本 章 小 结

（1）针对工作面初采时期和开采稳定时期瓦斯涌出和聚集特征的差异性,提出了各时期的采空区瓦斯治理技术;并结合不同地质情况及回采情况下采空区垮落带区域的变化规律,对高位定向钻孔抽采设计进行了优化。

（2）建立数值模型,对不同埋管负压、埋管间距下上隅角瓦斯治理效果进行研究,确定了合理埋管负压和间距,并通过研究结果指导了现场埋管抽采布置工艺。

10 矿井瓦斯监测数据集成与预警技术

10.1 瓦斯监测子系统共享数据管理和预警平台

10.1.1 管理和预警平台架构

瓦斯监测子系统共享数据管理和预警平台整体架构主要分为三个层次,由下至上分别为:数据源层、网络层和系统应用层,如图 10-1 所示。

(1) 数据源层

数据源层是瓦斯监测子系统共享数据管理和预警平台的基础数据来源,包括:天地(常州)自动化股份有限公司生产的 KJ95N 安全监测监控系统(以下简称"KJ95N")、中煤科工集团重庆研究院有限公司生产的 KJ90BN 地面瓦斯抽采泵站监测系统(以下简称"KJ90BN")、光力科技股份有限公司生产的 KJ370 瓦斯抽采参数监测监控系统(以下简称"KJ370")。

(2) 网络层

网络层是指矿井工业环网,是数据源层的数据传输的媒介,瓦斯监测子系统共享数据管理和预警平台通过该层获取网络内 KJ95N、KJ90BN、KJ370 服务器上的在线监测数据。

(3) 系统应用层

系统应用层是该瓦斯监测子系统共享数据管理和预警平台的主体,涵盖了数据源层在线监测数据被采集入库到生成报表及曲线的全过程,包括数据在线采集工具、数据中心、应用中心。数据在线采集工具,是定制 KJ95N、KJ90BN、KJ370 和调度系统等数据源层的数据交换协议接口,实现了数据源层基础数据的采集,并提交数据中心储存。数据中心,是在线监测数据的存储和调度中心,存储对象主要包括数据源层实时数据库、历史数据库和矿井属性数据库等。应用中心,是将数据中心中的数据经过加工处理,数据挖掘和数据创新,结合多种数据展现方式,应用和分析展示数据,主要包括实时动态报表,实时、历史曲线,报警提示,历史报警查询,报表查询、输出、打印,抽采达标分析等。

10.1.2 管理和预警平台组成

瓦斯监测子系统共享数据管理和预警平台的组成分为:井下及泵站传感器层、网络传输层、地面服务器及辅助设备层,如图 10-2 所示。

(1) 井下及泵站传感器层

井下及泵站传感器层主要负责监测点在线监测数据的采集,包括:KJ95N 布置于井巷内的传感器,如瓦斯浓度、风速、温度、一氧化碳传感器等;KJ90BN 布置于地面瓦斯抽采泵

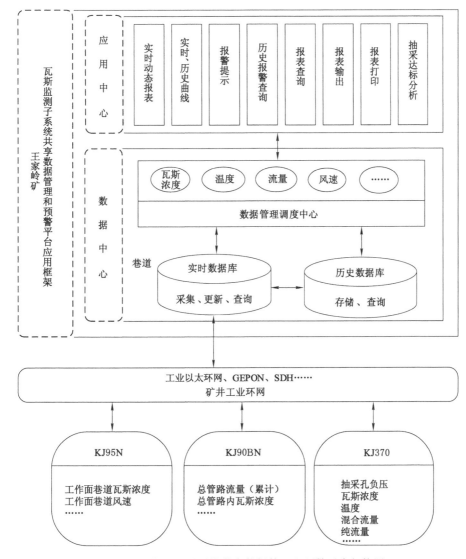

图 10-1 瓦斯监测子系统共享数据管理和预警平台架构图

站及管路内的传感器,如瓦斯浓度、抽采流量、压力传感器等;KJ370 布置于工作面钻场管路内的传感器,如瓦斯浓度、流量、负压、温度、一氧化碳传感器等。

(2) 网络传输层

网络传输层主要负责井下传感器在线监测数据的传输,包括井下工业环网(线缆及交换机等网络设备)、地面工业环网(线缆及交换机等网络设备)。

(3) 地面服务器及辅助设备层

地面服务器及辅助设备层主要负责数据的存储、加工处理及展示,包括:KJ95N 数据服务器、KJ90BN 数据服务器、KJ370 数据工控机、瓦斯报表系统服务器、客户端、打印机等。

10.1.3 管理和预警平台功能

(1) 井下瓦斯抽采管路参数监测数据上传通信

在井下工作面回风巷内布置 KJ370-F 型监控分站,由分站通过通信电缆采集井下瓦斯

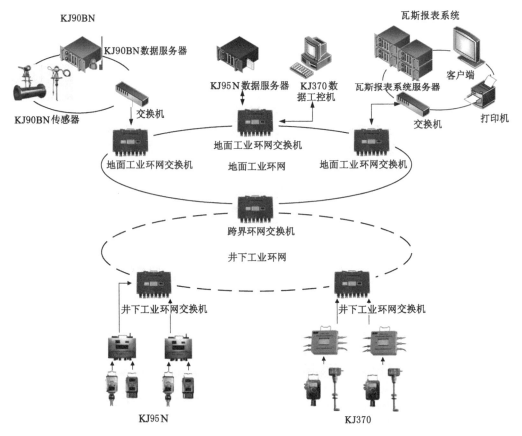

图 10-2　瓦斯监测子系统共享数据管理和预警平台组成

抽采管路测点的监测数据,然后利用井下工业环网交换机的 RS-485 接口或 RJ-45 接口,借助工业环网将数据上传至地面监控中心瓦斯监测子系统共享数据管理和预警平台服务器,再按照数据交换协议将井下瓦斯抽采管路监测数据采集至瓦斯监测子系统共享数据管理和预警平台数据中心。其设备布置示意图如图 10-3 所示。

（2）瓦斯监测子系统统一接口协议开发

王家岭矿同时在用 3 个瓦斯监测子系统,即 KJ95N、KJ90BN、KJ370,这 3 个瓦斯监测子系统独立运行,使用各自不同的数据结构,没有统一的通信协议,数据不能互通,数据管理、收集、统计、分析工作量非常大。为了满足从 3 个瓦斯监测子系统中获取所需数据,并自动生成瓦斯报表的需求,需要开发集成这 3 个瓦斯监测子系统的数据共享平台。

要搭建 3 个瓦斯监测子系统数据共享平台,进一步规范王家岭矿瓦斯监测数据管理,首先需要获取或开发这 3 个瓦斯监测子系统数据接口及通信协议,确保数据读取、保存和统计分析的准确性,通过调研、协商和开发,制定出 1 套 3 个瓦斯监测子系统均能适用的统一接口协议,实现对 KJ95N、KJ90NB、KJ370 在线监测实时数据的采集、保存和统计分析等。

参照《山西省瓦斯监控系统数据接口规范》,制定了《王家岭矿瓦斯数据集成与预警系统与 KJ95N、KJ90NB、KJ370 系统接口协议》。通过统一格式的配置文件 Dev.txt 和对应的数据文件 Rtdata.txt 实现数据的发布和采集。数据同步集成的软件界面如图 10-4 所示。

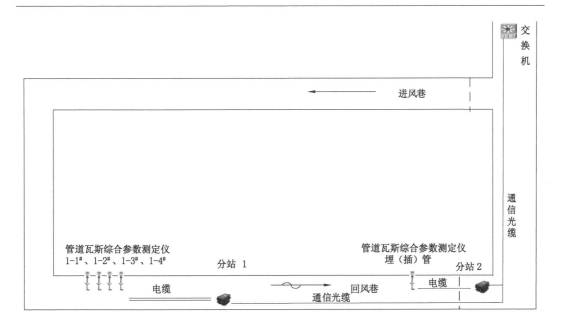

图 10-3　井下瓦斯抽采管路参数监测数据上传通信设备布置示意图

图 10-4　数据同步集成软件界面示意图

10.2　瓦斯监测数据集成中心平台建立与管理

瓦斯监测数据集成中心平台,是实现对 KJ370、KJ95N、KJ90BN 监测数据的实时读取、存储及查询检索、统计分析等集中管理,建立统一的数据库文件,将 3 个瓦斯监测子系统的监测数据进行分类储存,根据数据的使用频次、热度等条件,定制数据表及存储方式,以供上层应用模块高效地使用数据。

10.2.1 瓦斯监测数据集成中心主要功能

数据读取：分别从 3 个瓦斯监测子系统集中监控终端读取实时监测数据，是矿井瓦斯监测数据集成共享的基础。

数据存储：根据数据文件解析出来的数据项的字段定制存储表格，再根据数据存储的频率及一次存储的数据量大小、是否存在数据筛选及二次处理，来定制数据表及存储方式，目的是要根据日常数据量大小及应用，设计数据库，保证数据存取、调用的效率。

数据统计：根据实际日常统计报表的需求将数据定时汇总到数据库，避免在查询统计数据时再进行实时计算，这样可以缩短查询的等待时间，提高服务器资源效率。

数据调度：根据实际的数据量和热点数据类型定制数据的存储周期，按照数据使用情况分为高频、中频、低频，对每种数据类型设置数据的存储和归档方案，可以提高数据的可用度和稳定性，并且可以提升数据查询的效率。

为了满足王家岭矿瓦斯报表系统日常使用的需要，提高报表访问、查询、统计的效率，对王家岭矿在线监测数据的存储结构采用分级设计。

根据数据的实时性，将数据分类为：实时数据和历史数据。其中，实时数据采集和显示同步进行，并且刚刚采集的数据使用频率相对较高，因此，实时数据在监测系统的数据分级属于较高级别。

根据数据的安全级别，将数据分类为：报警数据和正常数据。其中，报警数据是关注的重点，查询和统计的频率较高，因此，报警数据在监测系统的数据分级也属于较高级别。

根据数据的时间效应，将数据按照时间进行分区：年分区、月分区、15 日分区、当日数据等，时间越近的数据，数据分级越高。

根据数据的热度，将数据按照使用频次，进行分类：使用频次高的数据较使用频次低的数据分级高。

集成数据分级表如表 10-1 所列。

表 10-1　集成数据分级表

级别	数据类型
第一级	实时数据、报警数据、当日采集的数据、热度较高的数据
第二级	15 日分区数据、月分区数据、热度较低的数据
第三级	年分区数据、"0"热度的数据

10.2.2 瓦斯监测数据和曲线实时显示

（1）实时数据列表及曲线

瓦斯监测数据集成中心平台实现集成 3 个瓦斯监测子系统的实时数据，并以列表或曲线的形式展示所有测点的在线监测值，同时展示其报警状态。实时报警列表示意图如图 10-5 所示。

（2）历史数据列表及曲线

瓦斯监测数据集成中心平台将采集的所有数据，按照调度和使用规则，格式化及序列化后存储到数据库中，形成了历史数据，通过查询，可查看过去某一时段任意监测点的在线监

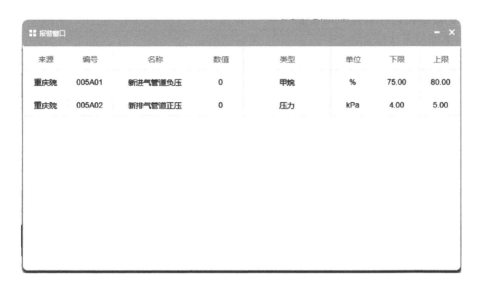

图 10-5　实时报警列表示意图

测数据,绘制历史曲线,查询历史报警状态。

（3）统计分析

瓦斯监测数据集成中心平台实现统计分析功能,可根据需要对瓦斯监测的系统数据和矿井其他参数数据进行对比分析,发现数据与数据之间的关系,从而辅助生产决策。例如:综采工作面回风风流瓦斯浓度与掘进进尺或产量和瓦斯抽采量之间的关系等。

10.2.3　瓦斯报表在线生成和打印

瓦斯监测数据集成中心平台实现了瓦斯报表的自动生成,包括工作面及全矿井瓦斯抽采的日报、周报、月报、季报和年报,并支持在线导出及打印功能,如图 10-6 所示。

王家岭矿瓦斯抽采周报表

周报日期: 2018-03-10 ~ 2018-03-16

序号	抽放泵	工作面	检测点	负压(kPa)	平均浓度(%)	温度(℃)	混合流量(m³/min)	纯流量(m³/min)	混量(m³)	纯量(m³)	时间(d)
1	3#	12311	回风高抽	13.52	3.76	3.08	2.71	0.71	3908.57	1028.57	7
2	3#	12311	低位埋管	12.64	0.09	3.02	9.34	0.06	13451.66	84.34	7
3	3#	12311	4#钻孔	-38.43	7.01	31.54	29.66	1.11	42714.51	1600.46	7
		12311	3#钻孔	-18.69	2.68	17.7	23.49	0.67	33827.66	966.86	7
		12311	2#钻孔	-20.11	12.77	23.47	14.93	1.77	21501.26	2552.91	7
		12311	1#钻孔	-22.56	7.15	20.11	26.72	1.59	38480.91	2283.43	7
		合计			5.02		89.75	4.64	129235.89	6687.77	
2	12311抽采量统计				5.02		89.75	4.64	129235.89	6687.77	
3	12311工作面风排瓦斯量(m³/min)			1.47			12311工作面日抽采率（%）			63.59	

矿长:　　总工程师:　　通风副总:　　通风科长:　　审核人:　　制表:

图 10-6　矿井瓦斯抽采周报表打印预览示意图

10.2.4 瓦斯抽采达标自评价和预警

（1）瓦斯抽采达标自评价

瓦斯监测数据集成中心平台实现了瓦斯抽采达标自评价功能，该功能主要是基于瓦斯抽采在线监测数据采集和矿井瓦斯基础属性信息录入，经过数据计算和分析处理，获得瓦斯抽采达标评定项关键技术指标，对比达标评价标准，从而得出是否达标的评价结论，如图 10-7 和图 10-8 所示。同时，技术人员可根据系统指出的不达标项，有的放矢地分析不达标原因，从而制定措施，使不达标项最终达标。

图 10-7　矿井是否需瓦斯抽采达标的评定界面

图 10-8　关键技术指标及评判结果界面

后台实现的主要功能：① 获取评判相关在线监测数据及基础信息；② 评判指标的计算；③ 对比评判标准，得出评价结论；④ 标注不达标项。

前台实现的主要功能：① 矿井瓦斯基础属性信息录入；② 评判结果输出；③ 评判标准

和依据。

（2）瓦斯监测实时报警

当获取 3 个瓦斯监测子系统数据后，经判断其超过报警阈值（模拟量）或处于报警状态（开关量）时，预警系统会及时在对应位置上发出预警显示和声音报警，以提醒管理人员及时应对和处理。

10.3 本 章 小 结

本章研发并搭建了矿井瓦斯监测子系统共享数据管理和预警平台，建立了瓦斯监测数据集成中心平台，实现了 3 个瓦斯监测子系统的数据实时共享、数据存储、数据检索、实时数据和历史曲线查询，可以对瓦斯报表自动生成与打印及瓦斯抽采达标自评价，还可以对井下超限指标进行实时报警。经长期的应用验证，系统运行稳定、数据存储可靠、数据检索快速、数据计算和分析正确，报表在线生成符合矿方管理需求，抽采达标自评价内容齐全、运行结果正确。

11 高瓦斯涌出工作面通风实时监控及决策调控技术

11.1 通风定量调节设施开发

矿井通风定量调节设施是井下的机械执行机构,本书中的井下通风定量调控设施为百叶式自动风窗。

11.1.1 百叶式自动风窗总体结构

百叶式自动风窗如图 11-1 所示,可以看出,百叶式自动风窗主要由支撑框架、动力及传动装置和运动机构组成。

(a) 完全打开状态　　　　　　　　(b) 打开一半状态

图 11-1　百叶式自动风窗

百叶式自动风窗安装于巷道内,能够通过上位机软件远程发布命令控制或者就地手动控制,以压缩空气为动力完成过风断面的快速精确调节。百叶式自动风窗的左右门体各配备了一个气阀箱。气阀箱内部封装了矿用防爆电磁阀,控制百叶式自动风窗压缩空气的接通与关闭。电控柜以 TCP/IP 协议接入井下环网与上位机软件通信,实现百叶式自动风窗的远程就地精确控制。

11.1.2 支撑框架

支撑框架主要由窗扇框和小门门框两部分组成,各部分由螺栓连接成为一个整体结构。支撑框架主要起到固定支撑作用,为动力及传动装置、运动机构和各类传感器提供固定安装载体。

窗扇框如图 11-2 所示,可以看出,窗扇框由立挡板、上下挡板通过螺栓拼接固定而成。在窗扇框内部等间距布置了 4 道隔板,形成了 5 个风流通道,并在通道内安装 5 个窗叶,通过窗叶角度的变化,改变风流通道的过风面积。

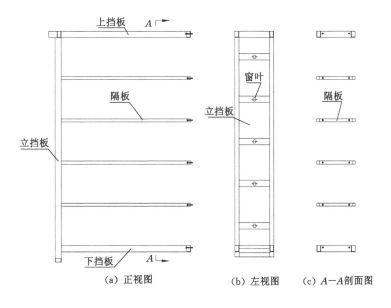

(a) 正视图　　　　　(b) 左视图　　(c) A—A剖面图

图 11-2　窗扇框

11.1.3　动力及传动装置

百叶式自动风窗的每个门体配备了 2 套动力及传动装置:气动马达和手动轮链条系统。正常工作条件下,以压缩空气为动力,使用气动马达快速调节风窗过风面积;在井下停电、压缩空气中断等异常条件下,使用手动轮链条系统应急调节风窗过风面积。

(1) 气动马达

气动马达也称为风动马达,是指将压缩空气的压力能转换为旋转的机械能的装置。一般作为更复杂装置或机器的旋转动力源。气动马达与电动机相比,其优点是外壳体轻,输送方便;又因为其工作介质是空气,就不必担心引起火灾;气动马达过载时能自动停转,而与供给压力保持平衡状态。由于上述特点,气动马达广泛应用于矿山机械、易燃易爆液体及气动工具等场合。

百叶式自动风窗使用型号为 VA8PFG1201 的气动马达。VA8PFG1201 气动马达工作气压为 0.5 MPa,耗气量为 75 L/s,输出功率为 3.6 kW,额定转速为 519.9 r/min,额定转矩为 41.5 N·m。

(2) 手动轮链条系统

为了防止在井下停电、压缩空气气压低或者中断等异常条件下,无法调整百叶式自动风窗过风面积,特设计开发了手动轮链条系统,应急调整风窗过风面积。

手动轮链条系统正常情况下摇把处于脱离状态,当需要应急人工调节风窗过风面积时,插入摇把,逆时针旋转,风窗面积逐渐增大,顺时针旋转,则风窗面积逐渐减小。完成手动调节风窗过风面积后,再将摇把拔出。

11.1.4 运动机构

运动机构安装于支撑框架上,主要由窗扇、连杆和小门组成。百叶式自动风窗过风面积调节过程中,在动力及传动装置的作用下,运动机构发生水平直线运动或者旋转运动,使得风窗过风面积发生变化。

（1）运动机构运动过程

百叶式自动风窗共有 5 个活动的窗扇,每个窗扇的轴与短连杆固定连接;5 个短连杆与长连杆同步铰接,长连杆在气动马达的作用下,带动短连杆,驱动窗扇调节风窗过风面积。图 11-3 为百叶式自动风窗处于不同状态时的示意图,可以看出:图 11-3(a)中窗扇处于竖直位置,此时风窗处于完全关闭状态,过风面积为 0 m^2;图 11-3(b)中窗扇旋转到 45°位置,此时过风面积为最大过风面积的 50%;图 11-3(c)中窗扇处于水平位置,风窗处于完全打开状态,此时过风面积最大,为 7.0 m^2。

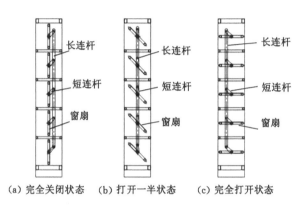

（a）完全关闭状态　（b）打开一半状态　（c）完全打开状态

图 11-3　百叶式自动风窗处于不同状态时的示意图

（2）小门

为了方便行人,在百叶式自动风窗右侧设置了行人小门。小门采用方钢管焊接构成门体框架,并且外敷 1 mm 的蒙皮。行人小门宽 0.8 m,高 1.5 m,行人稍稍低头即可顺利通过。

11.2　通风实时监测与控制系统开发

通风实时监测与控制系统包括地面主机、矿用隔爆兼本质安全型风门风窗控制用电控主机和外围传感器三部分组成。

11.2.1 地面主机

地面主机作为电控系统服务器,同时接入井下工业环网与地面办公网络。地面主机主要有两大功能:实时监测、存储井下系统各传感器数据和自动风门风窗运行状态;作为井下自动风门风窗及风量精测装置的控制管理平台,实现远程风量的精确测量和调节。地面主机主要安装的上位机软件为矿井通风智能分析决策系统(VentAnaly)和数据库管理软件 Microsoft SQL Server 2008。VentAnaly 通过直接读取通风系统图,建立全场景三维通风系统模型,具有矿井通风网络智能分析决策、自动风门风窗远程调控、通风系统优化调节、实时网络解算、通风网络故障诊断、通风系统辅助设计、安全性与可靠性分析等核心功能,以及网络拓扑分析、误差分析、数据分析、数据管理等辅助功能,为矿井通风系统科学管理提供有效的技术手段。Microsoft SQL Server 2008 数据库对通风数据进行存储管理。

11.2.2 井下电控主机研发

KJ980-F 型矿用隔爆兼本质安全型风门风窗控制用电控主机(以下简称"电控柜")主要用于煤矿井下的风门自动化控制、风窗自动化控制、风量智能化调节,采用 PLC 可编程控制器作为核心设备,具有较强的适用性、可扩展性、高可靠性和强大的通信能力。其逻辑控制方式可通过软件的编程来实现,使复杂的控制逻辑变得简单易行。电控柜内部对输入和输出信号采用可靠的隔离措施,从而确保系统的稳定运行;多种类型的输入和输出接口可以完美地同各种类型传感器、执行器、各种设备电控回路进行连接和匹配,使用更加灵活、通用。电控柜实物图片如图 11-4 所示,控制系统电气原理示意图如图 11-5 所示。

图 11-4 电控柜实物图片

11.2.3 电控系统外围传感器

电控系统外围传感器包括增量型旋转编码器、开关量传感器和模拟量传感器。光电式旋转编码器通过光电转换,可将输出轴的角位移、角速度等机械量转换成相应的电脉冲以数字量输出,可以实现自动风窗开度的精确测量和控制。本系统使用 BQH12 矿用本质安全型旋转编码器,如图 11-6 所示。行程开关主要用于运动机构的极限位置检测,防止运动机构冲出极限位置,造成运动机构或动力装置损坏。当运动机构运动到极限位置,行程开关被触发,返回信号,电控柜发出命令,停止运动。本系统使用 BKW-5/60 型矿用隔爆型行程开关,如图 11-7 所示。为了实时监测自动风窗相关环境参数,设置了风速、甲烷、一氧化碳、温度、压差、气源压力等各类模拟量传感器,如图 11-8 所示。

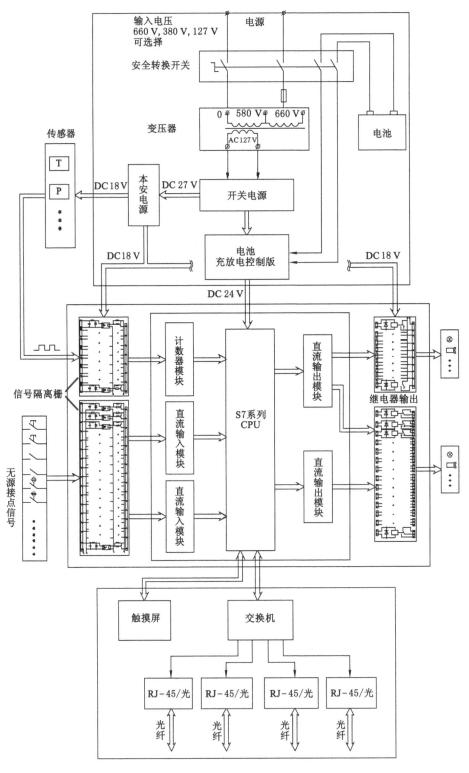

图 11-5 控制系统电气原理示意图

图 11-6　BQH12 矿用本质安全型旋转编码器

图 11-7　BKW-5/60 型矿用隔爆型行程开关

图 11-8　模拟量传感器

11.3 通风智能分析决策系统软件开发

基于矿井通风网络的数学描述和阻力定律、节点风量平衡、回路阻力平衡三大基本定律,开展矿井通风系统三维可视化研究。根据矿井通风系统实际情况,利用面向对象编程技术和 OpenGL 三维图形编程接口,对通风系统整体,井下巷道、节点、风机、风筒、风门、密闭墙等通风设施,以及各类传感器进行三维可视化建模仿真,如图 11-9 至图 11-11 所示。

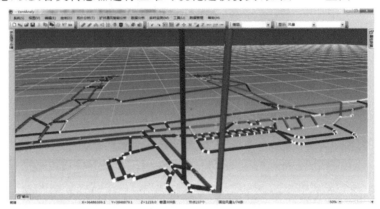

图 11-9 矿井通风系统整体可视化效果

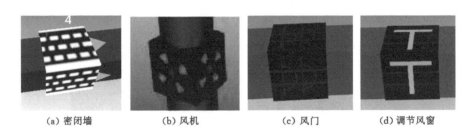

| (a) 密闭墙 | (b) 风机 | (c) 风门 | (d) 调节风窗 |

图 11-10 密闭墙、风机、风门、调节风窗可视化效果

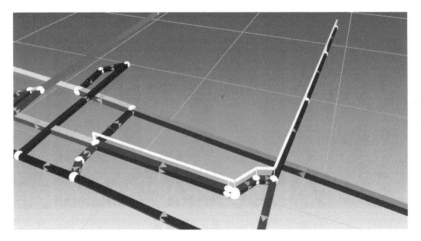

图 11-11 巷道、节点、风筒可视化效果

　　在矿井通风基础数据库设计与开发、角联风路快速识别技术研究、运用节点分层法求解通风网络中的所有通路、开展矿井通风网络智能分析技术研究、基于最小功耗的智能优化调节技术研究、基于有限调节设施的通风网络智能决策方法研究的基础上,开展矿井通风实时网络解算技术研究,将网络解算与通风系统实时监测相结合,以井下实时监测风量为基准,快速求解通风网络中所有巷道的风量,解决了传统网络解算落后于矿井实际情况的问题,消除了矿井风量监测盲区,如图 11-12 所示。

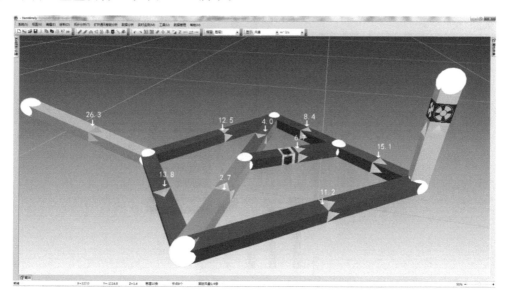

图 11-12　某时刻实时网络解算结果三维显示

11.4　工作面智能通风调节系统构建

11.4.1　系统总体架构

　　综放工作面通风智能调节系统由远程控制机械装置(自动风窗)、通风实时监测控制系统(电控系统)和通风智能分析决策系统(上位机软件 VentAnaly)组成。综放工作面通风智能调节系统实现了矿井通风系统的实时监测、分析和控制,即在地面上实时监测显示综放工作面巷道的风流状态,动态分析局部通风系统的安全性、智能决策调节方案,远程控制井下的通风设施、准确进行风量调节,保证了矿井通风系统的安全可靠。综放工作面通风智能调节系统总体架构及软件界面如图 11-13 和图 11-14 所示。

11.4.2　三维通风模型

　　采用了 DXF 格式文件直接导入 VentAnaly 软件的方式生成三维通风模型。在矿井现有通风系统图的基础上,进行了系统的检查,在此基础上,新建一个图层,在该图层上重新按照实际巷道布置情况,利用单线图重新绘制一遍通风系统,绘制完成后另存为 DXF 格式文件,如图 11-15 所示。打开 VentAnaly 软件,导入刚生成的 DXF 文件生成三维通风系统模型,如图 11-16 所示。

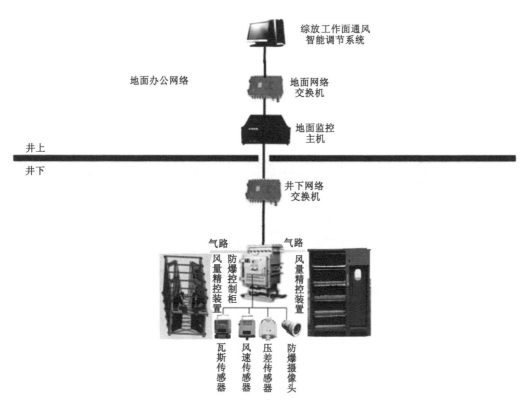

图 11-13　综放工作面通风智能调节系统总体架构

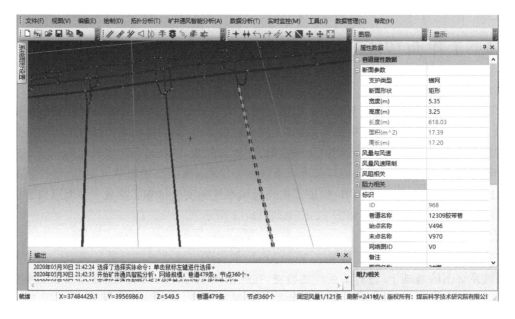

图 11-14　综放工作面通风智能调节系统软件界面

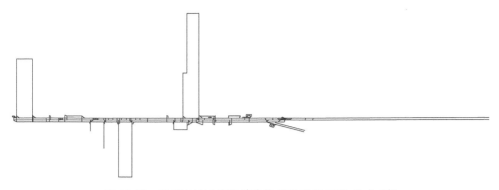

图 11-15 基于通风系统图单线描图形成的 DXF 格式文件

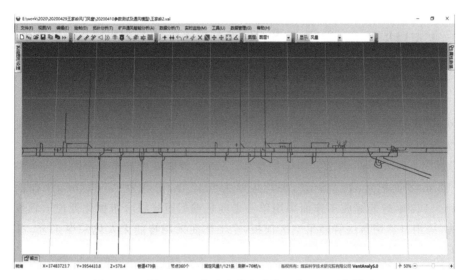

图 11-16 导入 DXF 格式文件生成的三维通风系统模型

11.5 本章小结

阐述了开发的工作面通风定量调节设施、通风实时监测与控制系统、通风智能分析决策系统软件,构建的工作面智能通风调节系统,建立的三维通风模型,以此实现了对采煤工作面风量的实施监测、分析、调节和控制,提升了王家岭矿综放工作面的通风智能调节水平。

12 矿井瓦斯分源精准治理技术工程应用及效果检验

12.1 工程技术集成应用概况

12.1.1 12309智能综放工作面

（1）工作面基本情况

12309智能综放工作面位于王家岭矿123盘区中部西翼，由运输巷、回风巷、开切眼及相关绕道、硐室等组成。12309智能综放工作面北邻12311工作面采空区，南邻12307设计工作面，东邻2号煤中央回风大巷，西邻井田保护煤柱。12309智能综放工作面走向长为1 321 m，倾斜长为260 m，斜面积为343 209 m²，平均煤厚为6.37 m，密度为1.44 t/m³，工作面储量为298.5万t。12309智能综放工作面采用单一走向长壁后退式综合机械化低位放顶煤开采的采煤方法，采用自然垮落法管理采空区顶板，全工作面采用智能无人化采煤工艺。12309智能综放工作面示意图如图12-1所示。

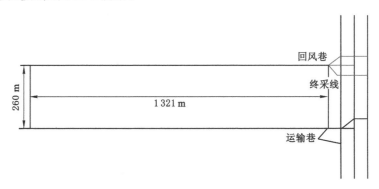

图 12-1 12309智能综放工作面示意图

（2）工作面煤岩结构

基本顶：细粒砂岩，以石英为主，长石次之，含少量云母及煤屑。夹粉砂岩薄层及条带，波状斜层理。

直接顶：粉砂岩，含少量云母碎片，夹细粒砂岩条带。含少量植物根茎化石。

直接底：细砂岩-碳质泥岩。细砂岩呈灰色，以石英、长石为主，钙质胶结，含灰黑色粉砂岩条带，向下逐渐增多、增厚；碳质泥岩呈黑色，松软，呈鳞片状。

基本底:K_7细粒砂岩,以石英为主,长石次之,含少量云母及煤屑。夹粉砂岩薄层及条带,波状斜层理。

(3)工作面瓦斯治理问题

12309智能综放工作面采用"U"型通风,上隅角容易形成通风盲区,在上隅角空顶垮落、产量增大及采空区漏风量大时,易造成瓦斯溢出,引起瓦斯积聚,影响智能工作面的安全高效生产。因此,提出将本书所得的研究成果集成应用于12309智能综放工作面,进一步验证技术成果的适用性和可靠性。

12.1.2 瓦斯精准治理技术应用概况

12309智能综放工作面是王家岭矿的第一个智能生产工作面,为了完善智能生产工作面的配套瓦斯治理技术体系,保障安全高效生产,现将前文所提出的技术在该工作面进行应用。在12309智能综放工作面开采过程中,煤层瓦斯治理采用液态CO_2爆破致裂增透后压抽一体化的抽采技术,采空区瓦斯治理采用顶板高位定向钻孔和上隅角埋管相结合的抽采技术,并且全开采过程采用智能通风技术对工作面瓦斯精细调节,从而保证工作面瓦斯处于稳定可控状态。12309智能综放工作面瓦斯精准治理流程图如图12-2所示,技术集成应用位置图如图12-3所示。

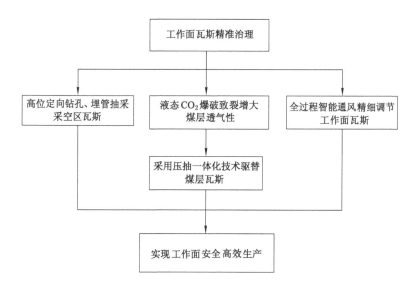

图 12-2　12309智能综放工作面瓦斯精准治理流程图

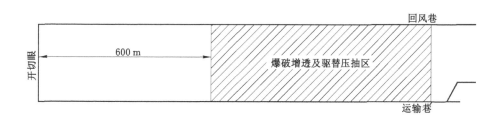

图 12-3　12309智能综放工作面瓦斯精准治理技术集成应用位置图

12.2 煤层瓦斯强化治理技术应用

12.2.1 液态 CO_2 爆破增透

根据 12309 智能综放工作面的推进和生产情况,确定增透区域从距离开切眼 600 m 处开始。在工作面距开切眼 600 m 处回风巷中布置间距为 3 m 的液态 CO_2 爆破孔,爆破筒布置深度为 28 m。爆破孔布置图如图 12-4 所示,其参数如表 12-1 所列。

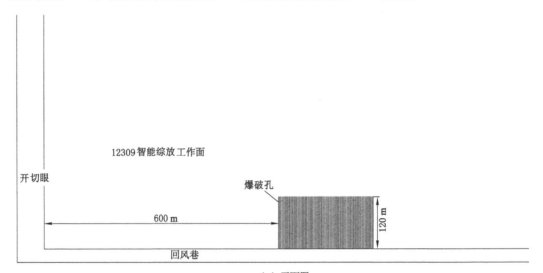

（a）平面图

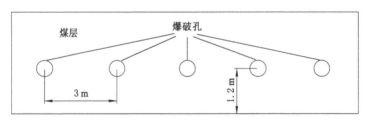

（b）剖面图

图 12-4　爆破孔布置图

表 12-1　爆破孔参数表

钻孔类型	钻孔编号	与巷道夹角/(°)	仰角/(°)	孔间距/m	钻孔长度/m	备注
爆破孔	1-1	90	5	3	120	爆破孔单侧布置,共计5个,开孔高度距巷道底板1.2 m
	1-2	90	5	3	120	
	1-3	90	5	3	120	
	1-4	90	5	3	120	
	1-5	90	5	3	120	

12.2.2　压抽一体化促抽

液态 CO_2 爆破增透技术实施后,在增透区域进一步实施压抽一体化技术。压抽钻孔布置方式为"一注四产"双排布置,采用"边注边抽"持续性注气驱替压抽模式,注气压力为 0.7 MPa,注气时长为 30～35 d,注气半径为 5 m。压抽钻孔布置图如图 12-5 所示,其参数如表 12-2 所列。

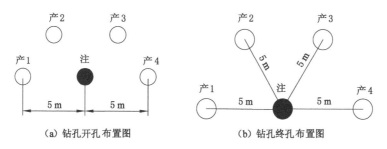

(a) 钻孔开孔布置图　　　(b) 钻孔终孔布置图

图 12-5　压抽钻孔开孔、终孔布置图

表 12-2　压抽钻孔参数

孔号	开孔高度/m	方位角/(°)	倾角/(°)	孔深/m	封孔长度/m
注	1.5	180	3.0	100	30
产1	1.5	180	3.0	100	20
产2	2.1	180	4.5	100	20
产3	2.1	180	4.5	100	20
产4	1.5	180	3.0	100	20

12.2.3　应用效果考察

在"增透-压抽"区域选取一组典型钻孔进行效果考察,分别考察钻孔瓦斯抽采参数和煤层瓦斯治理效果。

12.2.3.1　"增透-压抽"瓦斯参数分析

分析"增透-压抽"后汇流管混合流量、瓦斯浓度和瓦斯纯流量相较于常规负压抽采的变化情况。

(1) 汇流管混合流量

图 12-6 为汇流管混合流量变化情况,可以看出,前 20 天常规负压抽采期间,汇流管混合流量呈现低值稳定波动的趋势,至"增透-压抽"开始前,平均混合流量为 0.064 3 m³/min。第 20 天开始"增透-压抽",随后很快汇流管混合流量达到 0.426 8 m³/min,较常规负压抽采期间平均混合流量增大了 5.64 倍,至第 35 天混合流量达到最大值,为 0.731 7 m³/min,较常规负压抽采期间平均混合流量增大了 10.38 倍。"增透-压抽"持续至第 40 天,其间汇流管平均混合流量为 0.550 9 m³/min,较常规负压抽采期间平均混合流量增大了 7.57 倍,且呈现波动上升的趋势。

(2) 汇流管瓦斯浓度

图 12-7 为汇流管瓦斯浓度变化情况,可以看出,前 20 天常规负压抽采期间,汇流管瓦斯浓度变化范围为 20.61%～59.32%,平均瓦斯浓度为 39.95%,整体呈现波动变化的趋势。

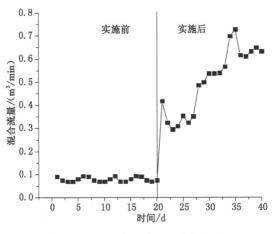

图 12-6   汇流管混合流量变化情况

"增透-压抽"期间,汇流管瓦斯浓度维持在低位水平,变化范围为 $3.81\%\sim6.02\%$,平均瓦斯浓度为 4.92%,较常规负压抽采期间浓度降低。

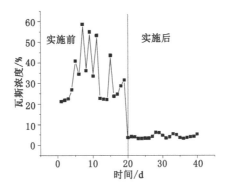

图 12-7   汇流管瓦斯浓度变化情况

（3）汇流管瓦斯纯流量

图 12-8 为汇流管瓦斯纯流量变化情况,可以看出,前 20 天常规负压抽采期间,汇流管瓦斯纯流量呈现低值波动的趋势,平均瓦斯纯流量为 0.018 2 m³/min。"增透-压抽"开始前,汇流管瓦斯纯流量为 0.018 6 m³/min,第 20 天开始"增透-压抽"后,瓦斯纯流量呈现波动上升的趋势,最大值为 0.094 6 m³/min,较常规负压抽采期间平均瓦斯纯流量增大了 4.20 倍。"增透-压抽"期间,汇流管平均瓦斯纯流量为 0.061 0 m³/min,较常规负压抽采期间平均瓦斯纯流量增大了 2.35 倍,提升明显。

12.2.3.2   "增透-压抽"治理效果分析

"增透-压抽"瓦斯治理效果分析主要通过"增透-压抽"实施后区域内的吨煤瓦斯含量比实施前下降 0.5 m³/t 及以上这个指标来实现。

为验证"增透-压抽"技术的有效性,"增透-压抽"结束后施工效果验证孔,检验煤层原始瓦斯含量降低幅度。在"增透-压抽"区域采取 2 组煤样,实验室测定煤样瓦斯含量,如表 12-3 所列。

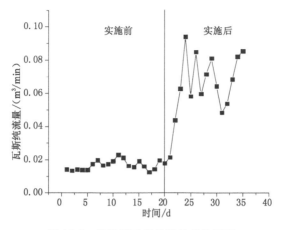

图 12-8　汇流管瓦斯纯流量变化情况

表 12-3　"增透-压抽"前后煤层瓦斯含量对比

"增透-压抽"前瓦斯含量/(m³/t)		"增透-压抽"后瓦斯含量/(m³/t)	
回风巷 650 m 处	2.122 9	样品 1	1.540 6
		样品 2	1.702 7
平均值	2.122 9	平均值	1.621 7

从测试结果可以看出,"增透-压抽"实施后区域内煤层瓦斯含量明显降低,实施前瓦斯含量均值为 2.122 9 m³/t,实施后瓦斯含量均值为 1.621 7 m³/t,煤层瓦斯含量降幅为 0.501 2 m³/t。

12.3　采空区瓦斯精准治理技术应用

12.3.1　高位定向钻孔抽采优化

根据前文基于"开采-地质-瓦斯"综合信息的高位定向钻孔抽采优化研究可知,抽采效果较好的钻孔的垮落范围和垮落边界变化规律与工作面的日推进距离具有一定的关系,因此统计了 12309 智能综放工作面的日推进距离,如图 12-9 所示。由图可知,2 月 28 日至5 月 20 日的 83 d 统计期间内,12309 智能综放工作面的日推进距离最小为 0 m,最大为10.70 m,其中有 49 d 的日推进距离在 4～8 m 之间,有 12 d 工作面未生产,即当日的日推进距离为 0 m,表明只要工作面正常推进生产,工作面的日推进距离大部分都在 4～8 m 之间,因此可以根据矿井近期的推进速度对工作面的高位定向钻孔进行优化设计。

根据不同日推进距离下垮落范围可知,当工作面日推进距离在 4～8 m 时,瓦斯抽采效果较好的钻孔平距集中在 10～60 m,层位集中在 8～45 m,抽采效果较好的钻孔平距和层位的拟合效果较好,钻孔平距(x)和层位(y)服从一次线性方程 $y=0.723\ 9x+3.420\ 6$,R^2 为 0.654 2。因此为了合理地设计工作面的高位定向钻孔,同时也考虑钻孔分布的均匀性,以钻孔平距为 20 m、30 m、40 m、50 m 来分别计算钻孔的层位,得出钻孔的层位分别为17.90 m、25.14 m、32.38 m、39.62 m。高位定向钻孔布置图如图 12-10 所示,其参数如表 12-4 所列。

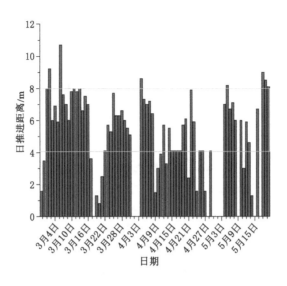

图 12-9　12309 智能综放工作面日推进距离

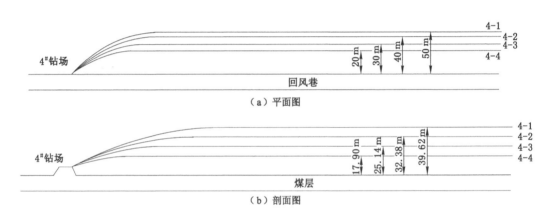

图 12-10　高位定向钻孔布置图

表 12-4　高位定向钻孔参数

钻场	钻孔号	平距/m	层位/m	钻孔长度/m
4#	4-1	50	39.62	462
	4-2	40	32.38	459
	4-3	30	25.14	456
	4-4	20	17.90	453

优化后的高位定向钻孔的瓦斯抽采效果如图 12-11 所示,可以看出,工作面 4# 钻场 4 个钻孔生命周期从 5 月 20 日至 8 月 3 日,在此期间瓦斯抽采浓度和抽采纯流量总体呈小幅度波动,4-1、4-2、4-3、4-4 这 4 个钻孔的瓦斯抽采浓度区间分别为 4.02%～12.47%、5.01%～

10.25%、$4.39\%\sim12.32\%$、$4.26\%\sim11.72\%$,平均瓦斯抽采浓度分别为 6.87%、7.27%、6.33%、7.25%,瓦斯抽采纯流量区间分别为 $0.72\sim1.32$ m^3/min、$0.37\sim1.06$ m^3/min、$0.60\sim1.11$ m^3/min、$0.48\sim1.09$ m^3/min,平均瓦斯抽采纯流量分别为 1.00 m^3/min、0.62 m^3/min、0.82 m^3/min、0.72 m^3/min,各钻孔的瓦斯抽采浓度和抽采纯流量较稳定,抽采效果较好。

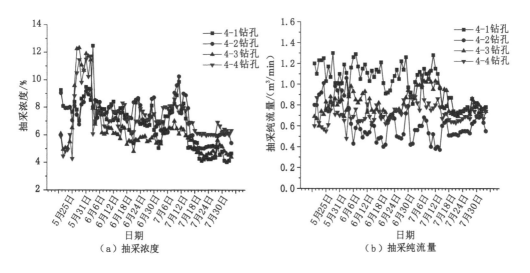

图 12-11　高位定向钻孔瓦斯抽采效果

12.3.2　采空区埋管抽采优化

根据对采空区埋管抽采上隅角瓦斯的优化研究可知,采空区的埋管间距为 15 m 时的抽采效果较好,因此对 12309 智能综放工作面的埋管管路布置进行了设计,如图 12-12 所示。

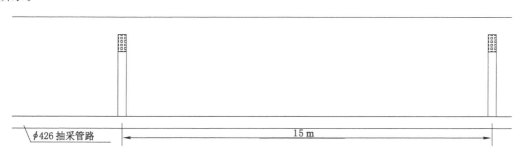

图 12-12　埋管布置示意图

在管路中每隔 2 根抽采管设置一个三通,在最末端三通处设立管,立管上端布置花眼,立管下端焊接法兰与三通连接,随工作面推进埋入采空区后进行抽采,循环步距为 15 m,抽采负压为 15 kPa。

采空区埋管瓦斯抽采效果如图 12-13 所示,可以看出,整个抽采期间,采空区埋管瓦斯抽采有小幅度波动,瓦斯抽采纯流量在 $0.42\sim0.74$ m^3/min 之间波动,平均瓦斯抽采纯流量为 0.57 m^3/min,抽采效果整体较稳定。

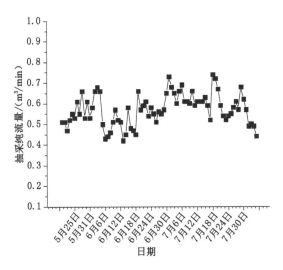

图 12-13　采空区埋管瓦斯抽采效果

12.4　工作面智能通风技术应用

12.4.1　通风系统基础参数测试

12.4.1.1　风网风阻测试

　　王家岭矿通风基础测试采用精密气压计法。精密气压计法是用精密气压计同时测出两测点间的绝对静压差,再加上动压差和位压差计算通风阻力。矿井测试路线一为 12309 智能综放工作面所在的通风线路,通风路线较长,因此以测试路线一的通风阻力作为矿井实测通风阻力。实测矿井通风系统总阻力为 2 481.900 Pa,矿井通风系统总风量为 19 018.194 m^3/min,即为 316.970 m^3/s。

　　(1) 矿井通风系统总风阻

　　矿井通风系统总风阻计算公式为:

$$R = \frac{h_m}{Q^2} \tag{12-1}$$

式中　R——矿井通风系统总风阻,$N \cdot s^2/m^8$;

　　　　h_m——矿井通风系统总阻力,Pa;

　　　　Q——矿井通风总风量,m^3/s。

　　将实测数据代入上式可得矿井通风系统总风阻为 0.024 703 $N \cdot s^2/m^8$,因此,可以得出矿井通风系统总阻力特性曲线方程为:

$$h_m = 0.024\ 703Q^2 \tag{12-2}$$

　　(2) 矿井等积孔

　　矿井等积孔计算公式为:

$$A = 1.19 \times \frac{Q}{\sqrt{h_m}} \tag{12-3}$$

式中　A——矿井等积孔,m^2。

将实测数据代入上式可得矿井等积孔为 7.57 m²，同时矿井通风阻力符合要求，所以该矿井属于通风容易矿井。

（3）矿井通风阻力分布情况

王家岭矿碟子沟回风斜井系统通风长度与阻力统计表如表 12-5 所列，三区通风长度和阻力分布如图 12-14 所示。由表 12-5 和图 12-14 可知，三区通风长度分布比例为：进风区：用风区：回风区＝46.58％：9.61％：43.81％，三区通风阻力分布比例为：进风区：用风区：回风区＝29.92％：7.60％：62.48％。

表 12-5   王家岭矿碟子沟回风斜井系统通风长度与阻力统计表

区域	通风长度		通风阻力	
	实测值/m	分布比例/%	实测值/Pa	分布比例/%
进风区	5 806.8	46.58	742.5	29.92
用风区	1 197.1	9.61	188.7	7.60
回风区	5 461.1	43.81	1 550.7	62.48
合　计	12 465.0	100.00	2 481.9	100.00

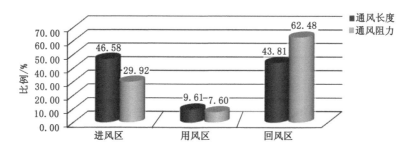

图 12-14   王家岭矿碟子沟回风斜井系统三区通风长度和阻力分布

12.4.1.2   矿井自然风压测试

矿井自然风压既可以作为矿井通风的动力，也可能成为矿井通风阻力，因此测试分析矿井自然风压具有重要意义。矿井自然风压主要是巷道内的风流密度和高差引起的，自然风压的测试就是测试各巷道的空气密度和测点标高值，从而分析矿井自然风压的影响程度。测试路线一实测自然风压为 100.8 Pa，测试路线二实测自然风压为 92.1 Pa。

12.4.2   智能通风调节系统安装与应用

为了实现 12309 智能综放工作面通风系统的智能决策与远程控制，通风远程控制机械装置安装位置如图 12-15 所示，百叶式自动风窗安装在回风巷辅运绕道，用于调节 12309 智能综放工作面的风量。百叶式自动风窗是实现 12309 智能综放工作面风量远程调节的关键井下执行机构。

（1）启动自动风窗控制程序

启动矿井通风监测与调峰设施控制系统 VentMonitor，点击"自动风窗远程控制"，选择"12309 回风巷辅运绕道"，然后点击"确定"会弹出"自动风窗远程控制"窗口（图 12-16），将风窗初始面积调整为最大面积，即 6.20 m²。

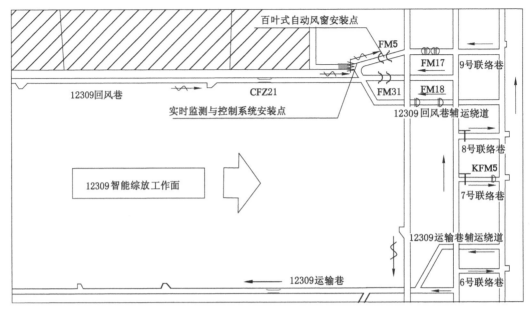

图 12-15　远程控制机械装置安装位置示意图

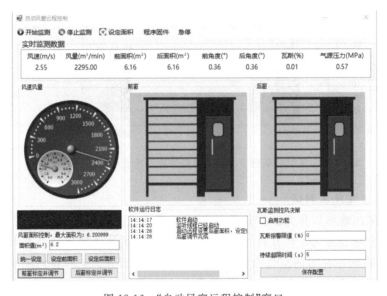

图 12-16　"自动风窗远程控制"窗口

（2）自动风窗过风面积远程调节

① 自动风窗初装调节顺序

在自动风窗安装之前，12309回风巷辅运绕道已经安装了传统的风窗。为了保证在自动风窗安装调试期间，不对12309智能综放工作面生产及通风系统产生大的影响，安装期间保留原通风设施，安装调试完成后再拆除原风窗的插板。

② 调节方法及误差计算

首先测量原通风调节设施过风面积为A_0，使用上位机软件将自动调节通风设施过风面

积也设定为 A_0，再人工测量调节完成后的过风面积 A_1，得出过风面积自动调节误差为 $|A_1-A_0|/A_1\times100\%$。然后拆除原来通风调节设施，等风流稳定后，测风员测量风量，计划风量、传感器监测风量、测风员测量风量分别为 Q_0、Q_1 和 Q_2。

③ 百叶式自动风窗首次应用

12309 回风巷辅运绕道原过风面积约为 3.0 m²，采用直接设定面积方式进行自动风窗的首次调节。在 VentAnaly 软件中点击菜单项"实时监控"，继续点击"风门控制"，弹出"选择通风设施"窗口，然后选择"百叶式自动风窗"，点击"确定"后弹出"自动风窗远程控制"窗口。"自动风窗远程控制"窗口上部显示了风速、风量、面积、窗叶角度、气源压力及瓦斯浓度等实时监控数据；中部从左至右依次为风速风量仪表、百叶式自动风窗图片；下部依次为风窗开度仪表、功能按钮区。12309 智能综放工作面原调节设施尚未拆除，为了保证风量，将远程自动风窗面积设置为 4.2 m²，然后点"统一设定"，开始自动风窗远程调节。调节完成后实测前风窗和后风窗面积分别为 4.17 m² 和 4.25 m²。12309 回风联络巷百叶式自动风窗面积调节误差如表 12-6 所列。

表 12-6　12309 回风联络巷百叶式自动风窗面积调节误差

序号	项目	设定值/m²	实测值/m²	相对误差/%
1	前风窗面积	4.20	4.17	0.71
2	后风窗面积	4.20	4.25	1.19

12.4.3　瓦斯监测控风决策与远程控制技术应用

12309 智能综放工作面正在进行开采作业，实际配风量为 2 050 m³/min。矿井通风智能分析决策系统在后台单独开设了一个线程用于实时监测采煤工作面回风风流中的瓦斯浓度和风速，应用工作面动态需风量计算方法，时刻判断是否需要动态计算需风量。一旦瓦斯浓度和风量监测值满足动态风量计算条件，软件会发出警报，并给出风量调节决策方案，供工程技术人员参考，若决策方案被采纳，则可实现"一键"远程调节风量，防止瓦斯浓度超限。

在开始动态风量智能决策与远程控制之前，首先要进行系统设置，设置动态决策参数，共有三项内容，分别为回风巷瓦斯浓度报警上限、瓦斯浓度连续超过安全上限次数和瓦斯浓度持续超限时间（可设为 5 s）。矿井通风智能分析决策系统根据这三个参数进行预警决策。预警规则：如果检测到回风巷瓦斯浓度超过安全上限和限定的时间，则判定采煤工作面具有瓦斯浓度超限倾向，开始报警与决策。一旦采煤工作面具有瓦斯浓度超限的可能，矿井通风智能分析决策系统立即通过系统软件屏幕弹出窗口的方式进行报警并给出决策方案（图 12-17），提醒工程技术人员立即处理。

12.4.4　实施效果考察

（1）运行效果考察

为了确保 12309 智能综放工作面的安全高效生产，进行工作面风量智能决策与远程控制技术应用，在系统投入使用后，将回风巷的瓦斯上限浓度设置为 0.35%，并进行工作面通风智能决策与远程控制试验。试验期间矿井通风智能分析决策系统共动态智能决策与远程定量调节 2 次，均取得了良好的效果，详细记录汇总如表 12-7 所列。通过统计可知，风量调节准确度大于 95%，智能决策响应时间小于 30 s，自动风窗调节时间小于 30 s。

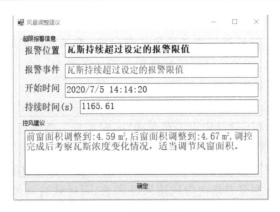

图 12-17　"动态决策"窗口

表 12-7　动态决策调节记录汇总

序号	日期	决策前/决策模拟/调节后			决策历时/调节历时	备注
		瓦斯浓度/%	风量/(m³/min)	百叶窗面积/m²	/s	
1	7 月 2 日	0.36/0.34/0.34	2 260/2 391/2 446	4.17/4.59/4.55	25.3/19.4	瓦斯预警
2	7 月 4 日	0.37/0.33/0.33	2 313/2 519/2 550	4.25/4.67/4.70	23.7/21.1	瓦斯预警

（2）调节效果考察

设定调节阈值为 0.35%，即 12309 智能综放工作面回风风流瓦斯浓度大于 0.35% 时，智能通风调节系统开始进行调节。通过对 12309 智能综放对工作面回风风流瓦斯浓度进行监测，以此进行调节效果验证。

收集 12309 智能综放工作面 7 月 1 日回风风流瓦斯浓度变化情况，对比智能通风调节系统的工作情况，发现在 7 月 1 日 6 时和 20 时瓦斯浓度达到 0.35% 以上，智能通风调节系统进行工作，分别在 8 时和 21 时将瓦斯浓度降至 0.30% 和 0.26%，如图 12-18 所示。可以明显看出在工作面正常开采过程中，当瓦斯浓度升高至阈值后，智能通风调节系统进行风量及风窗的适当调节，可以有效降低工作面瓦斯浓度。

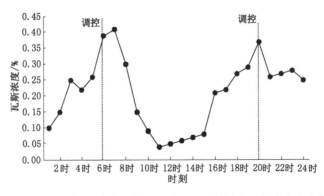

图 12-18　12309 智能综放工作面 7 月 1 日回风风流瓦斯浓度变化情况

12.5　本 章 小 结

介绍了王家岭矿 12309 智能综放工作面的基本情况及瓦斯治理问题,提出将本书所得技术成果集成应用于该工作面,通过"增透-压抽"强化治理煤层瓦斯、高位定向孔和埋管抽采精准治理采空区瓦斯、智能通风精细调节工作面瓦斯,保障了该工作面的安全高效生产,进一步综合验证了低瓦斯赋存高瓦斯涌出高强度开采矿井瓦斯精准治理技术体系。

13　结论、效益及推广

13.1　主要结论

（1）经现场和实验室测定了王家岭矿 2 号煤层瓦斯基础参数，综合分析得出该煤层属于低瓦斯赋存较难抽采煤层。地面三维地震勘探对落差大的断层的探测结果较为可靠，但对落差较小、延伸长度较短的断层的探测程度较弱。采用主成分分析法对瓦斯赋存主控因素进行分析和评价，建立了 2 号煤层基于数量化理论 I 的瓦斯含量预测模型，能较好反映出煤层瓦斯赋存规律。

（2）利用单元法对工作面瓦斯分布进行了三维空间测定，得到了工作面生产班和检修班瓦斯涌出分布特征，并对工作面瓦斯涌出来源进行了划分。基于图像识别技术得到了工作面落煤粒度分布特征，并对落煤粒度主要分布区域进行了数值计算，定量分析了不同粒度的落煤瓦斯涌出强度。通过数值模拟分析了采空区和落煤瓦斯涌出规律。

（3）通过采场覆岩活动规律物理相似材料模拟、数值分析和现场实测，综合分析判定了采动覆岩"三带"分布特征和矿压显现特征。工作面采动卸压瓦斯在覆岩采动裂隙中的运移特征主要分为"活跃区"、"过渡区"和"压实区"，活跃区裂隙网络相对压实区裂隙网络更加发育，透气性较大，为采动卸压瓦斯提供了良好的储集和运移通道。

（4）通过数值模拟分析了采空区、工作面及上隅角瓦斯浓度分布特征，以及采空区覆岩瓦斯空间分布和运移特征。根据王家岭矿覆岩的"三带"分布高度、垮落角等参数，模拟研究了考虑采动裂隙场的卸压瓦斯场时空分布特征，获得了采动裂隙带瓦斯聚集区的空间位置。

（5）通过数值模拟对比了液态 CO_2 相变爆破前后煤层预抽时瓦斯压力、有效抽采半径分布规律，以此验证了液态 CO_2 相变爆破对提高煤层瓦斯抽采效果的可行性。结合现场工程实例，着重说明了液态 CO_2 相变爆破增透工艺参数及液态 CO_2 相变爆破对煤层瓦斯强化抽采的效果，揭示了液态 CO_2 相变爆破过程的瓦斯抽采变化规律。

（6）在低渗透煤层特性及压抽过程混合流体流动机理的基础上，实验验证了 N_2 能够置换煤层内常压条件下难以解吸的 CH_4，起到"驱替"的效果，并着重探索了压抽一体化强化抽采技术的工艺流程及相关技术指标。

（7）结合综放工作面瓦斯的涌出特点，考虑到采落煤、放落煤、采空区、煤壁等分源瓦斯涌出规律的不同，分别建立了不同来源的瓦斯涌出预测模型，建立了周期来压影响下的瓦斯涌出预测模型，并通过现场瓦斯涌出测试，验证了预测模型的准确性。结合实例分析，揭示了不同割煤速度、运煤时间、采放比、采出率、瓦斯抽采流量等因素影响下的瓦斯涌出规律，并对以上影响瓦斯涌出的关键工艺进行定量优化。

（8）提出了高强度开采时采空区瓦斯富集区的分时分区治理技术,运用不同的瓦斯抽采方法分别对采空区卸压瓦斯和上隅角高浓度瓦斯进行治理。依据瓦斯抽采效果对高位定向钻孔的布置位置和埋管管路布置参数进行优化,并结合钻孔瓦斯抽采纯流量和抽采浓度对优化方案进行了检验,优化后的瓦斯抽采纯流量和抽采浓度指标都有明显提升。

（9）研发并搭建了矿井瓦斯监测子系统共享数据管理和预警平台,建立了瓦斯监测数据集成中心平台,实现了3个瓦斯监测子系统的数据实时共享、数据存储、数据检索、实时数据和历史曲线查询,可以对瓦斯报表自动生成与打印及瓦斯抽采达标自评价,还可以对井下超限指标进行实时报警。经长期的应用验证,系统运行稳定可靠。

（10）介绍了工作面智能通风调节系统、通风实时监测与控制系统、通风智能分析决策系统的开发及其设计构建的过程。主要研究了工作面通风实时监控与决策调控技术,研发了百叶式自动风窗以实现风窗过风面积的精确监测调节,实现了对矿井采煤工作面风量的实时监测、分析和控制,有效防止了工作面风流异常和瓦斯浓度超限,提升了王家岭矿综放工作面的通风智能调节水平,保障了矿井安全高效生产。

13.2　经济及社会效益

本书的研究成果已应用于王家岭矿,指导了工作面瓦斯防治工作,有效地控制了工作面瓦斯涌出,瓦斯治理达到预期效果,实现了矿井的安全高效生产,取得了良好的经济效益和社会效益。2019年,新增产值5 600万元,新增产量8万t,新增利税3 000余万元。

研究成果的应用为矿井安全高效生产提供了有力保障,为矿井发展创造了有利环境,随着矿井安全性能的提高,企业形象得到明显的改善,这有利于稳定职工心态,提高工作效率,对矿区安定团结、和谐发展起到重要作用。

通过研究成果的应用,提高了类似条件矿井瓦斯综合治理的有效性和针对性,显著提升了工作面瓦斯隐患的治理效率,消除了瓦斯灾害带来的生产安全隐患,达到了安全高效矿井建设的基本要求。

因此,本书的研究成果对开采低瓦斯含量、低透气性,高强度开采、高瓦斯涌出的煤层具有较强的理论价值及实践指导意义,可有效提高我国低瓦斯赋存高瓦斯涌出矿井的安全高效性,对于保障矿井安全高效生产和现代化矿井建设具有一定的参考借鉴和推广价值,研究成果的进一步应用将带来更大的经济效益和社会效益。

13.3　推广应用前景

本书的研究成果已在王家岭矿进行了推广应用,主要针对我国典型的低瓦斯煤层高强度开采导致的高瓦斯矿井瓦斯治理难题,开展了系统研究,形成了低瓦斯赋存高瓦斯涌出高强度开采矿井瓦斯分源精准治理技术体系,提升了该条件下的瓦斯综合治理水平,杜绝了矿井瓦斯浓度超限,保障了矿井的安全高效生产,为类似条件矿井瓦斯治理提供重要的理论依据和技术保障。

同时,本书的研究成果实现了数学、力学、采矿工程、安全科学与工程、计算机科学与技术等多学科的交叉、融合及促进,丰富了矿井瓦斯治理理论体系,提高了现场工程技术人员的瓦斯防治技术水平。本书的研究成果在低瓦斯赋存高瓦斯涌出高强度开采矿井瓦斯治理中具有广泛的推广应用前景,对于推进我国现代化高效矿井建设具有一定的社会意义和应用价值,可在同类矿井进一步推广应用。

参 考 文 献

[1] 李红霞,陈磊,连亚伟.基于去产能政策下我国煤炭产业战略分析[J].煤炭工程,2020,52 (6):184-190.

[2] 丁宣升,曹勇,刘潇潇,等.能源革命成效显著 能源转型蹄疾步稳:中国能源"十三五"回 顾与"十四五"展望[J].当代石油石化,2021,29(2):11-19.

[3] 袁宝伦.多重任务下煤炭行业全要素协同创新及模式选择研究[D].青岛:山东科技大 学,2019.

[4] 袁亮,张平松.煤炭精准开采地质保障技术的发展现状及展望[J].煤炭学报,2019, 44(8):2277-2284.

[5] 刘峰,曹文君,张建明,等.我国煤炭工业科技创新进展及"十四五"发展方向[J].煤炭学 报,2021,46(1):1-15.

[6] 丁国峰,吕振福,曹进成,等.我国大型煤炭基地开发利用现状分析[J].能源与环保, 2020,42(11):107-110,120.

[7] 张庆华,宁小亮,宋志强,等.瓦斯灾害区域安全态势预警技术[J].工矿自动化,2020, 46(7):42-48.

[8] 张巨峰,施式亮,鲁义,等.矿井瓦斯与煤自燃共生灾害:耦合关系、致灾机制、防控技术 [J].中国安全科学学报,2020,30(10):149-155.

[9] 刘黎.瓦斯灾害多元信息叠加预测法研究及应用[J].煤炭工程,2019,51(2):54-57.

[10] 蓝航,陈东科,毛德兵.我国煤矿深部开采现状及灾害防治分析[J].煤炭科学技术, 2016,44(1):39-46.

[11] 袁亮,张平松.我国矿井地质工作35年回顾及未来的发展思考[C]//中国煤炭学会矿 井地质专业委员会.中国煤炭学会矿井地质专业委员会成立三十五周年暨中国煤炭学 会矿井地质专业委员会2017年学术论坛论文集.淮南:中国煤炭学会矿井地质专业委 员会,2017:10-18.

[12] 张镭.煤矿瓦斯防治技术现状与问题[J].中国科技信息,2020(17):105-106.

[13] 孟永兵,李健威.高产高效矿井工作面瓦斯涌出量与生产能力的关系分析[J].煤矿安 全,2014,45(11):165-167.

[14] 李奇,高中宁,张怡,等.深部环境高产高效工作面瓦斯涌出规律试验研究[J].中国煤炭 地质,2019,31(8):40-43.

[15] 陈殿赋.高产高效综放工作面瓦斯治理技术与实践[J].矿业安全与环保,2015,42(3): 66-70.

[16] 任发科.低瓦斯煤层高强度生产工作面高位定向钻孔抽采技术研究[D].焦作:河南理工大学,2019.

[17] 卢慧颖.防范化解风险 坚守安全底线:当前全国煤矿安全生产工作综述[N].中国应急管理报,2020-01-09(4).

[18] 龚选平,武建军,李树刚,等.低瓦斯煤层高强开采覆岩卸压瓦斯抽采合理布置研究[J].采矿与安全工程学报,2020,37(2):419-428.

[19] 龚选平,陈龙,陈善文,等.高强度开采低瓦斯煤层时瓦斯涌出的时空分布特征及关键影响因素[J].矿业安全与环保,2020,47(4):17-23,28.

[20] 龙威成,范宁.王家岭煤矿煤层瓦斯含量预测及瓦斯抽采技术分析[J].煤炭技术,2015,34(4):231-234.

[21] 彭冬.王家岭矿上隅角瓦斯治理机制及定向钻孔关键设计参数研究[D].北京:煤炭科学研究总院,2019.

[22] 杨宏民,于士芹,梁龙辉,等.低瓦斯煤层高强度开采矿井瓦斯涌出特征及分源治理[J].中国安全生产科学技术,2018,14(5):109-115.

[23] 徐青云,张磊,李永明.布尔台矿综采工作面瓦斯分布规律和构成特征[J].辽宁工程技术大学学报(自然科学版),2014,33(7):887-891.

[24] 李树刚,丁洋,安朝峰,等.高瓦斯特厚煤层综放开采工作面瓦斯涌出及分布特征研究[J].煤炭技术,2015,34(5):113-116.

[25] 张培,王文才.高瓦斯特厚煤层首采工作面瓦斯涌出分布特征研究[J].科学技术与工程,2017,17(2):176-180.

[26] 郭玉森,林柏泉,周业彬,等.回采工作面瓦斯涌出分布规律[J].煤矿安全,2007(12):66-68.

[27] 崔宏磊,王岩,赵海波,等.下沟煤矿高瓦斯特厚煤层综放工作面瓦斯涌出分布规律[J].煤矿安全,2016,47(8):178-181.

[28] 余博.数学拟合方法在回采工作面瓦斯浓度分布研究中的应用[J].华北科技学院学报,2016,13(4):11-14.

[29] 董海波.煤矿采场瓦斯分布与分布场重构技术研究[D].徐州:中国矿业大学,2012.

[30] 董海波,童敏明,张丽苹,等.基于实测数据的工作面瓦斯分布场重建[J].采矿与安全工程学报,2012,29(1):144-149.

[31] 董海波,童敏明,王晶晶,等.煤矿采场的瓦斯分布场重建技术[J].西安科技大学学报,2011,31(6):731-734.

[32] 裴冠朕,杨宏民,孙峰,等.王家岭矿综放工作面上隅角瓦斯体积分数场分布规律研究[J].河南理工大学学报(自然科学版),2019,38(1):1-6.

[33] 钱鸣高,缪协兴,许家林,等.岩层控制的关键层理论[M].徐州:中国矿业大学出版社,2000.

[34] 宋振骐.实用矿山压力控制[M].徐州:中国矿业大学出版社,1988.

[35] 袁亮,郭华,沈宝堂,等.低透气性煤层群煤与瓦斯共采中的高位环形裂隙体[J].煤炭学报,2011,36(3):357-365.

[36] 魏有胜.综放工作面采空区"三带"高度分布特征数值模拟研究[J].煤炭科技,2019,40

(1):32-35.

[37] 柴华彬,张俊鹏,严超.基于 GA-SVR 的采动覆岩导水裂隙带高度预测[J].采矿与安全工程学报,2018,35(2):359-365.

[38] 钱鸣高,许家林.煤炭开采与岩层运动[J].煤炭学报,2019,44(4):973-984.

[39] 李树刚,石平五,钱鸣高.覆岩采动裂隙椭抛带动态分布特征研究[J].矿山压力与顶板管理,1999(增刊):44-46.

[40] 李树刚,林海飞,赵鹏翔,等.采动裂隙椭抛带动态演化及煤与甲烷共采[J].煤炭学报,2014,39(8):1455-1462.

[41] 叶建设,刘泽功.顶板巷道抽放采空区瓦斯的应用研究[J].淮南工业学院学报,1999,19(2):32-36.

[42] 周世宁,孙辑正.煤层瓦斯流动理论及其应用[J].煤炭学报,1965(1):24-37.

[43] 梁冰,章梦涛,潘一山,等.煤和瓦斯突出的固流耦合失稳理论[J].煤炭学报,1995,20(5):492-496.

[44] 姜文忠.采空冒落区瓦斯扩散-通风对流模型建立及计算方法初探[J].煤矿安全,2008(8):81-83,88.

[45] 孙培德.煤层瓦斯流动方程补正[J].煤田地质与勘探,1993,21(5):34-35.

[46] 孙培德.瓦斯动力学模型的研究[J].煤田地质与勘探,1993,21(1):33-39.

[47] 孙培德,鲜学福.煤层瓦斯渗流力学的研究进展[J].焦作工学院学报(自然科学版),2001,20(3):161-167.

[48] 李宗翔.综放工作面采空区瓦斯涌出规律的数值模拟研究[J].煤炭学报,2002,27(2):173-178.

[49] 胡千庭,梁运培,刘见中.采空区瓦斯流动规律的 CFD 模拟[J].煤炭学报,2007,32(7):719-723.

[50] 李树刚,张伟,邹银先,等.综放采空区瓦斯渗流规律数值模拟研究[J].矿业安全与环保,2008,35(2):1-3,7,91.

[51] 张为,李兵,张永成.低瓦斯矿井高产高效工作面瓦斯地面抽采技术[J].煤矿开采,2019,24(1):136-139.

[52] 王克武,孙福玉,姜伟东.低瓦斯矿井工作面上隅角瓦斯超限治理技术[J].煤炭科学技术,2012,40(5):49-51,54.

[53] 左前明,程卫民,王刚,等.低瓦斯矿井高瓦斯区域瓦斯综合治理技术[J].工业安全与环保,2009,35(12):41-43.

[54] 李成武.低瓦斯矿井瓦斯异常区域综合治理技术[J].煤炭科学技术,2005,33(3):1-5.

[55] 邢纪伟,邬剑明.低瓦斯矿井上隅角瓦斯超限原因分析及治理技术[J].煤炭技术,2016,35(1):188-190.

[56] 吴联文.浅谈低瓦斯矿井通风管理存在的问题及对策[J].煤矿安全,2010,41(12):98-101.

[57] 刘明举,王洁,赵发军.瓦斯涌出异常的低瓦斯矿井瓦斯赋存规律分析[J].煤炭科学技术,2012,40(3):41-45.

[58] 王跃明,王金光,王海洋,等.低瓦斯矿井高瓦斯综采面瓦斯治理技术[J].煤矿安全,

2015,46(4):66-69.

[59] 王宁.低瓦斯矿井高瓦斯区域上隅角瓦斯治理技术[J].山西煤炭,2018,38(2):32-37.

[60] 王勃,姚红星,王红娜,等.沁水盆地成庄区块煤层气成藏优势及富集高产主控地质因素[J].石油与天然气地质,2018,39(2):366-372.

[61] 煤炭工业部.煤的坚固性系数测定方法:MT 49—1987[S].北京:煤炭工业出版社,1987.

[62] 煤炭工业部科技教育司.煤的甲烷吸附量测定方法(高压容量法):MT/T 752—1997[S].北京:中国标准出版社,1998.

[63] 国家安全生产监督管理总局,国家煤矿安全监察局.煤的瓦斯放散初速度指标(Δp)测定方法:AQ 1080—2009[S].北京:煤炭工业出版社,2010.

[64] 鲁自盛.径向不稳定流动法测试煤层瓦斯透气性系数[J].淮南职业技术学院学报,2010,10(3):4-6.

[65] 高魁,刘泽功,刘健,等.工作面漏风对采空区瓦斯流动规律影响的数值模拟[J].煤矿安全,2012,43(7):8-11.

[66] 张红杰,蔡振华,李春,等.考虑剪切变稀和吸附滞留的聚合物驱相对渗透率研究[J].科学技术与工程,2015,15(24):61-65.

[67] 王继刚,汪日生.高瓦斯低透煤层综采工作面瓦斯涌出规律研究[J].山西焦煤科技,2017,41(4):16-18,27.

[68] 张镭,崔聪.近距离煤层群一次采全高工作面瓦斯涌出源精准分析[J].中国煤炭,2021,47(10):38-44.

[69] 邓维元,康天合.采空区下特厚煤层首采综放工作面顶板断裂的微震监测研究[J].煤矿安全,2017,48(4):59-62.

[70] 李思远.采动影响下覆岩应变—孔隙率—渗透率演化模型开发及应用[D].徐州:中国矿业大学,2017.

[71] 张广辉,邓志刚,蒋军军,等.KJ768 微震监测系统在高瓦斯矿井强矿压灾害预警中的应用[J].煤矿安全,2020,51(9):144-147.

[72] 郭辉,王新萍,芦盛亮,等.基于微震监测的高强度开采工作面煤岩破坏规律研究[J].矿业研究与开发,2018,38(12):52-56.

[73] 朱权洁,李青松,张尔辉,等.采动影响下突出煤层地质异常区域的微震特征规律研究[J].煤炭科学技术,2019,47(7):39-46.

[74] 王创业,谷雷,高照.微震监测技术在矿山中的研究与应用[J].煤炭技术,2019,38(10):45-48.

[75] 王维华.采动覆岩裂隙演化规律及渗透特性分析[D].阜新:辽宁工程技术大学,2013.

[76] 曹建明.煤层采动卸压瓦斯抽采顶板裂隙带定向长钻孔施工技术[J].现代矿业,2020,36(12):225-226,233.

[77] 陈继福.底抽巷穿层钻孔液态 CO_2 相变致裂增透技术研究[J].煤炭工程,2020,52(3):62-65.

[78] 韦善阳,孙威,苗青,等.液态 CO_2 相变致裂技术在金佳煤矿的应用[J].煤炭科学技术,2019,47(2):94-100.

［79］ 王磊.液态 CO_2 相变致裂增透技术在贝勒矿的应用研究［D］.西安:西安科技大学,2018.

［80］ 秦恒洁.考虑吸附解吸的受载含瓦斯煤渗流规律与气固动态耦合模型研究［D］.焦作:河南理工大学,2014.

［81］ 赵龙,王兆丰,孙矩正,等.液态 CO_2 相变致裂增透技术在高瓦斯低透煤层的应用［J］.煤炭科学技术,2016,44(3):75-79.

［82］ 杨鑫.低渗煤层高压注氮驱替强化抽采技术及应用研究［D］.北京:中国矿业大学(北京),2019.

［83］ 王汉斌.煤与瓦斯突出的分形预测理论及应用［D］.太原:太原理工大学,2009.

［84］ 王志权.基于煤巷掘进面瓦斯涌出指标实时突出预测技术研究［D］.阜新:辽宁工程技术大学,2010.

［85］ 刘泉.煤与瓦斯突出软煤层掘进区域综合防突关键技术研究［D］.焦作:河南理工大学,2017.